"十二五"职业教育国家规划教材
经全国职业教育教材审定委员会审定

普通机床的零件加工

第2版

主　编　汪晓云

副主编　郭　胜　彭　超

参　编　黄贞贞　高锦南

主　审　陈少艾

机 械 工 业 出 版 社

本书是"十二五"职业教育国家规划教材,经全国职业教育教材审定委员会审定。

本书内容由金属切削加工的基础知识(金属切削机床的基础知识、金属切削刀具的基础知识和金属切削过程的基本规律)、外圆表面加工(车削加工)、平面加工(铣削加工和刨削加工)、内孔加工(钻、扩、铰加工和镗削加工)、表面精加工(磨削加工)以及其他加工(齿轮加工和螺纹加工、拉削加工、珩磨与研磨)六大模块组成。

本书内容通俗易懂,从知识系统和技能系统两方面,强调以学生为主体的"教、学、做"一体化,突出操作过程的程序化、规范化。本书适合高职高专、中职、技校、职工培训等机械类和近机类专业教学使用,也可供机械、机电类技术人员参考使用。

本书配有电子课件,凡使用本书作教材的教师可登录机械工业出版社教育服务网(http://www.cmpedu.com)下载,或发送电子邮件至cmpgaozhi@sina.com索取。咨询电话:010-88379375。

图书在版编目(CIP)数据

普通机床的零件加工/汪晓云主编. —2 版. —北京:机械工业出版社,2015.8(2022.5重印)

"十二五"职业教育国家规划教材

ISBN 978-7-111-51004-8

Ⅰ.①普… Ⅱ.①汪… Ⅲ.①机床零部件 – 金属切削 – 高等职业教育 – 教材 Ⅳ.①TG502.3

中国版本图书馆 CIP 数据核字(2015)第 174737 号

机械工业出版社(北京市百万庄大街22号 邮政编码100037)

策划编辑:王英杰 责任编辑:王英杰

责任校对:薛 娜 封面设计:鞠 杨

责任印制:邰 敏

北京富资园科技发展有限公司印刷

2022 年 5 月第 2 版第 8 次印刷

184mm×260mm · 17.5 印张 · 429 千字

标准书号:ISBN 978-7-111-51004-8

定价:49.00 元

电话服务

客服电话:010-88361066

010-88379833

010-68326294

封底无防伪标均为盗版

网络服务

机 工 官 网:www.cmpbook.com

机 工 官 博:weibo.com/cmp1952

金 书 网:www.golden-book.com

机工教育服务网:www.cmpedu.com

前　　言

《普通机床的零件加工》第 1 版于 2010 年出版，教材内容按照职业教育课程的教学特点，从知识系统和技能系统两方面，强调以学生为主体的"教、学、做"一体化，在知识系统性和全面性的基础上，把"够用为度"作为内容取舍的主要标准，内容通俗易懂。

近几年来，随着生源的变化，人才培养模式要强化学生素质培养，改进教育教学过程，既要满足学生的就业要求，又要为学生职业发展和继续学习打好基础。教材的编写应适应课程的改革，该课程对应的职业岗位是普通机床的操作员和工艺员，应以职业活动为导向、以能力为目标、以学生为主体、以素质为基础、以项目为载体，达到知识、理论和实践的一体化。

本次修订主要在以下方面做了调整：

1. 增加了文明生产与安全技术的内容，以培养学生的安全意识及规范操作的意识。

2. 弱化或减少了机床结构方面的内容。车床和铣床的内部结构及工作原理等内容作为选学部分，用小字排印，相应的习题加上"*"符号，以示区别，这部分内容主要是为机床设备及拆装的理论实践教学服务。删除了滚齿机床内部结构等内容。

3. 增加了车工、铣工培训的内容，学生实训前的文明生产与安全技术教育，强调以学生为主体的"教、学、做"一体化，突出操作过程的程序化、规范化，建立技能考核标准。

本教材建议学时如下：

教材内容	计划学时数/节
单元 1　金属切削机床的基础知识	4
单元 2　金属切削刀具的基础知识	6
单元 3　金属切削过程的基本规律	8
单元 4　车削加工	8 ~ 10
单元 5　铣削加工	6 ~ 8
单元 6　刨削加工	4 ~ 6
单元 7　钻、扩、铰加工	4 ~ 6
单元 8　镗削加工	4 ~ 6
单元 9　磨削加工	4 ~ 6
单元 10　齿轮加工	6
单元 11　螺纹加工、拉削加工、珩磨与研磨	6
总计	60 ~ 72

本书由武汉船舶职业技术学院汪晓云主编，黄冈职业技术学院郭胜、襄阳职业技术学院彭超任副主编，襄阳职业技术学院黄贞贞、黄冈职业技术学院高锦南参编。其中，汪晓云编写单元 1、单元 2、单元 3、单元 4、单元 7、单元 10 及单元 11 的 11.1、11.3 和 11.4，郭胜和高锦南编写了单元 5 和单元 9，彭超编写了单元 8，黄贞贞编写了单元 6 和单元 11 的 11.2。本书由陈少艾主审。

本书适合高职高专、中职、技校、职工培训等机械类和近机类专业教学使用，也可供机械、机电类技术人员参考使用。

　　本书在编写过程中得到了许多同行和专家的帮助和大力支持，参考了许多兄弟院校老师编写的教材和资源，在此一并表示衷心的感谢。

　　由于编者水平有限，加之时间仓促，修订的教材中难免有不妥和错误之处，恳请各位读者和专家批评指正。

编　者

目　　录

模块 1　金属切削加工的基础知识

单元 1　金属切削机床的基础知识

1.1　金属切削机床的分类及型号

1.1.1　机床的分类

机床的品种规格繁多，为便于区别及使用、管理，需加以分类，并编制型号。

机床的分类方法很多，最基本的是按机床的主要加工方法、所用刀具及其用途进行分类。根据我国制定的机床型号编制方法（GB/T 15375—2008），目前将机床分为 11 大类：车床、钻床、镗床、磨床、齿轮加工机床、螺纹加工机床、铣床、刨插床、拉床、锯床及其他机床。在每一类机床中，又按工艺范围、布局形式和结构性能等不同，分为若干组，每一组又细分为若干系（系列）。

除上述基本分类方法外，机床还可以按其他特征进行分类。

按照工艺范围宽窄，机床可分为通用机床、专门化机床和专用机床三类。通用机床的工艺范围很宽，通用性较好，可以加工多种零件的不同工序，但结构比较复杂，主要适用于单件、小批量生产，如卧式车床、卧式镗床、万能升降台铣床等。专门化机床的工艺范围较窄，只能加工某一类或几类零件的某一道或几道特定工序，如凸轮轴车床、曲轴车床、齿轮机床等。专用机床的工艺范围最窄，只能用于加工某一零件的某一道特定工序，适用于大批量生产，如加工机床主轴箱的专用镗床、加工车床导轨的专用磨床等，汽车制造中大量使用的组合机床也属于此类。

按照质量和尺寸不同，机床可以分为仪表机床、中型机床（一般机床）、大型机床（质量达 10t 及以上）、重型机床（质量达 30t 以上）和超重型机床（质量达 100t 以上）。

按照自动化程度不同，机床可分为手动、半自动和自动机床。

此外，机床还可以按照加工精度、机床主要工作部件（如主轴等）的数目进行分类。随着机床的发展，其分类方法也将不断地发展。

1.1.2　通用机床型号的编制

机床型号是机床产品的代号，用于简明地表达机床的类型、主要规格及有关特性等。我国通用机床的型号由汉语拼音字母和阿拉伯数字按一定规律排列组成。型号中的汉语拼音字母一律按机床名称读音。下面以通用机床为例予以说明。

机床型号由基本部分和辅助部分组成，中间用"/"隔开。基本部分按要求统一管理，辅助部分由企业决定是否纳入机床型号。机床型号的表示方法如图 1-1 所示。

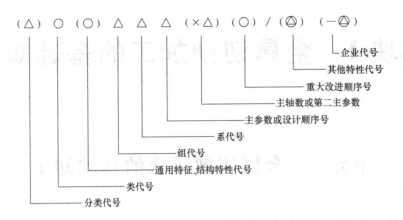

图 1-1　机床型号的表示方法

图 1-1 所示的机床型号的表示方法中符号的含义如下：

1）有"（　）"的代号或数字，当无内容时，则不表示，若有内容则不带括号。

2）有"○"符号者，为大写的汉语拼音字母。

3）有"△"符号者，为阿拉伯数字。

4）有"⌾"符号者，为大写的汉语拼音字母或阿拉伯数字，或两者兼有之。

1. 机床的分类及类代号

机床分为若干类，其代号用大写的汉语拼音字母表示，按其相应的汉字字意读音。必要时，每类可分为若干分类，分类代号在类代号前，作为型号的首位，并用阿拉伯数字表示。第一分类代号的"1"可以省略。机床的分类和类代号见表 1-1。

表 1-1　机床的分类和类代号

类别	车床	钻床	镗床	磨　　床			齿轮加工机床	螺纹加工机床	铣床	刨插床	拉床	锯床	其他机床
代号	C	Z	T	M	2M	3M	Y	S	X	B	L	G	Q
读音	车	钻	镗	磨	二磨	三磨	牙	丝	铣	刨	拉	割	其

2. 机床的特性代号

机床的特性代号用汉语拼音字母表示，位于类代号之后。

（1）通用特性代号　通用特性代号有统一的固定含义，它在各类机床的型号中表示的意义相同。当某类型机床，除有普通型外，还有下列某种通用特性时，则在类代号之后加通用特性代号予以区分。如果某类型机床仅有某种通用性能，而无普通型者，则通用特性不予表示。

当在一个型号中需要同时使用两至三个通用特性代号时，一般按重要程度排列顺序。

机床的通用特性代号见表 1-2。

（2）结构特性代号　对主参数值相同而结构、性能不同的机床，在型号中加结构特性代号予以区分。根据各类机床的具体情况，对某些结构特性代号，可以赋予一定含义。但结构特性代号与通用特性代号不同，它在型号中没有统一的含义，只在同类机床中起区分机床

表 1-2　机床的通用特性代号

通用特性	高精度	精密	自动	半自动	数控	加工中心（自动换刀）	仿形	轻型	加重型	简式或经济型	柔性加工单元	数显	高速
代号	G	M	Z	B	K	H	F	Q	C	J	R	X	S
读音	高	密	自	半	控	换	仿	轻	重	简	柔	显	速

结构、性能的作用。当型号中有通用特性代号时，结构特性代号排在通用特性代号之后。结构特性代号用汉语拼音字母（通用特性代号已用的字母和"I、O"两个字母不能用）表示，当单个字母不够用时，可将两个字母组合使用。

（3）机床的组、系代号　将每类机床划分为 10 个组，每个组又划分为 10 个系（系列）。组、系划分的原则为：在同一类机床中，主要布局或使用范围基本相同的机床，即为同一组。在同一组机床中，主参数相同、主要结构及布局形式相同的机床，即为同一系。

机床的组、系代号分别用一位阿拉伯数字表示，位于类代号或通用特性代号之后。

（4）主参数和设计顺序号　主参数是机床最主要的一个技术参数，它直接反映机床的加工能力，并影响机床其他参数和基本结构的大小。对于通用机床和专门化机床，主参数通常以机床的最大加工尺寸（最大工件尺寸或最大加工面尺寸），或与此有关的机床部件尺寸来表示。机床型号中主参数用折算值表示，位于系代号之后。当折算值大于 1 时，则取整数，前面不加"0"；当折算值小于 1 时，则取小数点后第一位，并在前面加"0"。

某些通用机床，当无法用一个主参数表示时，则在型号中用设计顺序号表示。设计顺序号由 1 开始，当设计顺序号小于 10 时，则在设计顺序号前加"0"。例如，某厂设计试制的第五种仪表磨床为刀具磨床，其型号为 M0605。

（5）第二主参数的表示方法　为了更完整地表示出机床的工作能力和加工范围，有些机床还规定了第二主参数。例如，卧式车床的第二主参数是最大工件长度。凡以长度表示的第二主参数（如最大工作长度、最大切削长度、最大行程和最大跨距等），均采用"1/100"的折算系数；凡以直径、深度和宽度表示的第二主参数，均采用"1/10"的折算系数（出现小数时可化为整数）；凡以厚度、最大模数和机床主轴数（如多轴车床、多轴钻床、排式钻床等，若为单轴则可省略，不予表示）表示的第二主参数，均采用实际数值表示。

第二主参数如需要在型号中表示，则应按一定手续审批，在型号中用折算值表示，置于主参数之后。用"×"分开，读作"乘"。

（6）机床的重大改进顺序号　当机床的结构、性能有更高的要求，并需按新产品重新设计、试制和鉴定时，才按改进的先后顺序选用 A、B、C 等汉语拼音字母（"I、O"除外），加在型号基本部分的尾部，以区别原机床型号。凡属于局部的小改进，或增减某些附件、测量装置及改变装夹工件的方法等，对原机床结构、性能没有作重大改变的，不属于重大改进，其型号不变。

（7）其他特性代号和企业代号　这是机床型号的辅助部分。其中，同一型号机床的变型代号应放在其他特性代号之首。

机床的变型代号主要用于因加工需要常在基本型号的基础上对机床的部分性能结构作适当的改变，为与原机床区别，在原机床型号的尾部加变型代号。变型代号用阿拉伯数字 1、

2 等顺序号表示，并用"/"分开（读作"之"）。如 MB8240/2 表示 MB8240 型的半自动曲轴磨床的第二种形式。

企业代号包括机床生产厂及机床研究单位代号，如"JCS"表示北京机床研究所。"—"读作"至"，若辅助部分仅有企业代号，则不加"—"。

例 1-1 MG1432A 型高精度万能外圆磨床的型号编制示例，如图 1-2 所示。

例 1-2 T4163A 是工作台宽度为 630mm 的单柱坐标镗床，经第一次重大改进。

1.1.3 专用机床型号的编制

专用机床的编号方法如图 1-3 所示。

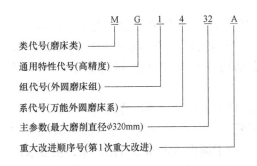

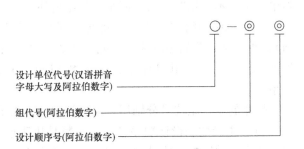

图 1-2 通用机床的型号编制示例 　　　　图 1-3 专用机床的编号方法

1. 设计单位代号

设计单位为机床厂时，设计单位代号由该厂所在城市名称的汉语拼音第一个字母（大写）及该厂在该城市建立的先后顺序号或该厂名称的汉语拼音第一个字母（大写）联合表示。

设计单位为机床研究所时，设计单位代号由该研究所名称的汉语拼音第一个字母（大写）表示。

2. 组代号

专用机床的组代号用一位阿拉伯数字表示。该数字由 1 开始，位于设计单位代号之后，并用"—"分开（读作"至"）。

专用机床的组按产品的工作原理进行划分，由各机床厂和研究所根据本厂、本所的产品情况自行确定。

3. 设计顺序号

按各机床厂和研究所的设计顺序排列，由"001"起始，位于组代号之后。

例 1-3 北京机床研究所以通用机床和专用机床为某厂设计的第一条机床自动线，其型号用"JCS—ZX001"表示。

例 1-4 上海机床厂设计制造的第十五种专用机床为专用磨床，其型号用"H— 015"表示。

以上是通用机床和专用机床的型号现行编制方法的主要内容。若需进一步了解其详细内容，可查阅 GB/T 15375—2008《金属切削机床 型号编制方法》。

1.2　金属切削机床的运动

各种类型的机床在进行切削加工时，为了获得具有一定几何形状、一定加工精度和表面质量的工件，刀具和工件需作一系列的运动。按其功用不同，常将机床在加工中所完成的各种运动分为表面成形运动和辅助运动两大类。

1.2.1　表面成形运动

机床在切削工件时，使工件获得一定表面形状所必需的刀具与工件之间的相对运动，称为表面成形运动，简称成形运动。

形成某种形状表面所需要的表面成形运动的数目和形式取决于采用的加工方法和刀具结构。例如，用尖头刨刀刨削成形面需要两个成形运动（见图 1-4a），用成形刨刀刨削成形面只需要一个成形运动（见图 1-4b）。

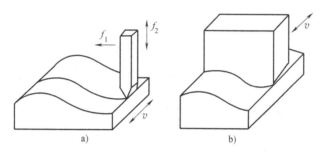

图 1-4　形成所需表面的成形运动

a）尖头刨刀刨削　b）成形刨刀刨削

表面成形运动按其组成情况不同，可分为简单成形运动和复合成形运动两种。

1. 简单成形运动

如果一个独立的成形运动是由单独的旋转运动或直线运动构成的，则称此成形运动为简单成形运动。例如，用尖头车刀车削圆柱面（见图 1-5a）时，工件的旋转运动 B_1 和刀具的直线移动 A_2 就是两个简单成形运动；在磨床上磨外圆（见图 1-5b）时，砂轮的旋

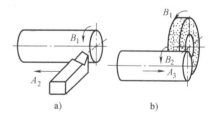

图 1-5　简单成形运动

a）车外圆　b）磨外圆

转运动 B_1、工件的旋转运动 B_2 和直线运动 A_3 是三个简单成形运动。在机床上，简单成形运动一般是主轴的旋转运动、刀架和工作台的直线移动。

2. 复合成形运动

如果一个独立的表面成形运动是由两个或两个以上的旋转运动和（或）直线运动按照某种确定的运动关系组合而成的，则称此成形运动为复合成形运动。例如，车削螺纹（见图 1-6a）时，形成螺旋线所需要的刀具和工件之间的相对螺旋轨迹运动就是复合成形运动。为简化机床结构和易于保证精度，通常将其分解成工件的等速旋转运动 B 和刀具的等速直线运动 A。B 和 A 彼此不能独立，它们之间必须保持严格的相对运动关系，即工件每转 1 转，刀具直线移动的距离应等于被加工螺纹的导程，从而 B_{11} 和 A_{12} 这两个运动组成一个复

合成形运动。用尖头车刀车削回转体成形面（见图1-6b）时，车刀的曲线轨迹运动，通常由相互垂直坐标方向上的、有严格速比关系的两个直线运动 A_{21} 和 A_{22} 来实现，A_{21} 和 A_{22} 也组成一个复合成形运动。

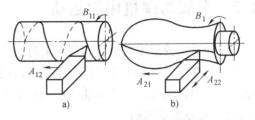

图1-6　复合成形运动
a）车螺纹　b）车回转体成形面

由复合成形运动分解的各个部分，虽然都是直线运动或旋转运动，与简单成形运动相似，但二者的本质不同。复合成形运动的各部分组成运动之间必须保持严格的相对运动关系，是互相依存而不是独立的；简单成形运动之间是独立的，没有严格的相对运动关系。

3. 常见工件表面加工方法

按表面的成形原理不同，加工方法可分为四大类，如图1-7所示。

（1）轨迹法　刀具切削刃与工件表面之间为点接触，通过刀具与工件之间的相对运动，由刀具刀尖的运动轨迹来形成表面形状的加工方法，称为轨迹法，如图1-7a所示。这种加工方法所能达到的形状精度，主要取决于成形运动的精度。

（2）成形法　刀具切削刃与工件表面之间为线接触，利用成形刀具切削刃的几何形状切削出工件形状的加工方法，称为成形法，如图1-7b所示。这种加工方法所能达到的精度，主要取决于切削刃的形状精度与刀具的安装精度。

（3）相切法　刀具作旋转主运动的同时，刀具中心作轨迹移动来形成工件表面的加工方法，称为相切法，如图1-7c所示。

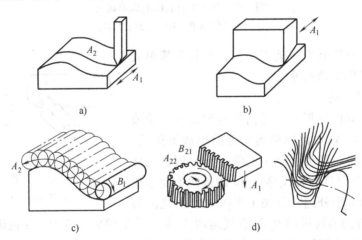

图1-7　常见工件表面的加工方法
a）轨迹法　b）成形法　c）相切法　d）展成法

（4）展成法（范成法）　刀具和工件做展成切削运动时，切削刃在被加工表面上的包络面形成成形表面的加工方法，称为展成法。这种加工方法所能达到的精度，主要取决于机床展成运动的传动链精度与刀具的制造精度等因素，如图1-7d所示。

1.2.2　辅助运动

机床在加工过程中除完成成形运动外，还需要完成其他一系列运动，这些与表面成形过程没有直接关系的运动，统称为辅助运动。辅助运动的作用是实现机床加工过程中所需要的各种辅助动作，为表面成形创造条件。辅助运动的种类很多，一般包括：

（1）切入运动 刀具相对工件切入一定深度，以保证工件获得一定的加工尺寸的运动，称为切入运动。

（2）分度运动 加工均匀分布的若干个完全相同的表面时，使表面成形运动得以周期性进行的运动，称为分度运动。例如，多工位工作台、刀架等的周期性转位或移动，以便依次加工工件上的各有关表面，或依次使用不同刀具对工件进行顺序加工。

（3）操纵和控制运动 操纵和控制运动包括起动、停止、变速、换向，部件与工件的夹紧、松开、转位，以及自动换刀、自动检测等。

（4）调位运动 调位运动是指加工开始前机床有关部件的移动，以调整刀具和工件之间的相对位置。

（5）空行程运动 空行程运动是指进给前后的快速运动。例如，在装卸工件时为避免碰伤操作者或划伤已加工表面，刀具与工件应相对退离；在进给开始之前刀具快速引进，使刀具与工件接近；进给结束后刀具应快速退回。

如图1-8所示，车削外圆的运动有：纵向靠近Ⅱ，横向靠近Ⅲ，横向切入Ⅳ，工件旋转Ⅰ，纵向直线运动Ⅴ，横向退离Ⅵ，纵向退离Ⅶ。除了工件旋转Ⅰ和纵向直线Ⅴ是表面成形运动外，其他都是辅助运动。

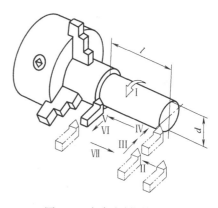

图1-8 车床车削圆柱表面

辅助运动虽然不参与表面成形过程，但对机床整个加工过程是不可缺少的，同时对机床的生产率和加工精度往往也有重大影响。

根据在切削过程中的作用不同，表面成形运动可分为主运动和进给运动。主运动是切除工件上的被切削层，使之转变为切屑的主要运动，如图1-8中工件的旋转运动Ⅰ。进给运动是不断地把切削层投入切削，以逐渐切出整个工件表面的运动，如图1-8中的纵向直线运动Ⅴ。主运动的速度高，消耗的功率大；进给运动的速度低，消耗的功率也较小。任何一台机床，通常只有一个主运动，但进给运动可能有一个或几个，也可能没有。

1.3 金属切削机床的传动与运动联系

1.3.1 机床的传动形式

为了实现加工过程所需要的各种运动，机床必须具备三个基本部分：执行件、运动源和传动装置。执行件是执行机床运动的部件，如主轴、刀架、工作台等，其任务是安装刀具和装夹工件，直接带动它们完成一定形式的运动，并保证其运动轨迹的准确性；运动源是为执行件提供运动和动力的装置，如交流异步电动机、直流电动机、步进电动机等；传动装置是传递运动和动力的装置，把执行件与运动源或一个执行件与另一个执行件联系起来，使执行件获得一定速度的运动，并使有关执行件之间保持某种确定的运动关系。

机床的传动形式，按其所采用的传动介质不同，可分为机械传动、液压传动、电气传动和气压传动等形式。

（1）机械传动　机械传动采用齿轮、带、离合器、丝杠、螺母等传动件实现运动联系。这种传动形式工作可靠，维修方便，目前在机床上应用最广。

（2）液压传动　液压传动采用油液作介质，通过泵、阀、液压缸等液压元件传递运动和动力。这种传动形式结构简单，传动平稳，容易实现自动化，在机床上使用日益广泛。

（3）电气传动　电气传动采用电能，通过电气装置传递运动和动力。这种传动形式的电气系统比较复杂，成本较高，主要应用于大型和重型机床。

（4）气压传动　气压传动采用空气作介质，通过气压元件传递运动和动力。这种传动形式的主要特点是动作迅速，易于实现自动化，但其运动平稳性较差，驱动力较小，主要用于机床的某些辅助运动（如夹紧工件等）及小型机床的进给传动中。

根据机床的工作特点不同，有时在一台机床上往往采用以上几种传动形式的组合。

1.3.2　传动链及机床传动原理图

在机床上，为了得到需要的运动，通常用一系列的传动件（轴、带、齿轮副、蜗杆副、丝杠副等）把动力源和执行件或两个有关的执行件联接起来，用以传递运动和动力，这种传动联系称为传动链。用一些简明的符号表示具体的传动链，把传动原理和传动路线表示出来的图形就是传动原理图。

1. 传动机构

传动链中的传动机构可分为定比传动机构和换置机构两种。定比传动机构的传动比不变，如带传动、定比齿轮副、丝杠副等。换置机构可根据需要改变传动比或传动方向，如滑移齿轮变速机构、交换齿轮机构及各种换向机构等。

（1）改变传动比的换置机构　改变传动比的换置机构有滑移齿轮变速机构、离合器变速机构、交换齿轮变速机构和带轮变速机构等，如图1-9所示。

1）图1-9a所示为滑移齿轮变速机构。轴I上的z_1、z_2、z_3是轴向固定的齿轮。z_1'、z_2'、z_3'是三联滑移齿轮，通过花键与轴Ⅱ联接，滑移齿轮分别有左、中、右三个啮合位置。当轴I转速不变时，轴Ⅱ可获得三级不同的转速。滑移齿轮变速机构操作方便，但不能在运转中变速。

2）图1-9b所示为离合器变速机构。齿轮z_1和z_2固定安装在主动轴Ⅰ上，z_1'和z_2'空套在轴Ⅱ上，端面齿离合器M通过花键与轴Ⅱ相联接。M向左或向右移动时，可分别与齿轮z_1'和z_2'的端面齿相啮合，从而将z_1'或z_2'的运动传给轴Ⅱ，获得两级不同的转速。离合器变速机构变速时齿轮无需移动。

3）图1-9c、d所示为交换齿轮变速机构，通过更换齿轮的齿数改变传动比。图1-9c为采用一对交换齿轮的变速机构，图1-9d为采用两对交换齿轮的变速机构，中间轴通过交换齿轮架调整位置，使两对齿轮正确啮合。

4）图1-9e所示为带轮变速机构。在轴Ⅰ和轴Ⅱ上，分别装有塔形带轮1和3，轴Ⅰ转速一定时，只要改变传动带2的位置，轴Ⅱ便能获得三级不同的转速。带轮变速机构体积大、变速不方便、传动比不准确，主要用于台钻、内圆磨床等一些小型、高速的机床，也用于某些简式机床。

（2）改变传动方向的换置机构　改变传动方向的换置机构有滑移齿轮换向机构和锥齿轮换向机构，如图1-10所示。

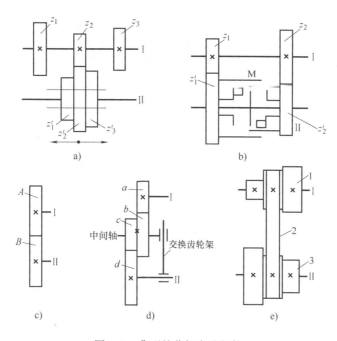

图 1-9   典型的分级变速机构

a) 滑移齿轮变速机构   b) 离合器变速机构   c) 一对交换齿轮变速机构

d) 两对交换齿轮变速机构   e) 带轮变速机构

1）图 1-10a 所示为滑移齿轮换向机构。轴 I 上一轴向固定的双联齿轮块，齿轮 z_1 和 z_1' 齿数相等，轴 II 上有一滑移齿轮 z_2，中间轴上有一空套齿轮 z_0，三轴在空间呈三角分布。当 z_2 在图示位置时，轴 I 的运动经中间轴传动到轴 II，轴 II 与轴 I 转向相同。当 z_2 滑移到左边时，z_2 与 z_1' 啮合，轴 I 的运动直接传动到轴 II，轴 II 与轴 I 转向相反。滑移齿轮换向机构刚性好，多用于主运动中。

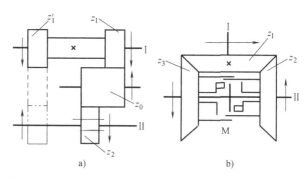

图 1-10   常用换向机构

a) 滑移齿轮换向机构   b) 锥齿轮换向机构

2）图 1-10b 所示为锥齿轮换向机构。主动轴 I 的固定锥齿轮与空套在轴 II 上的锥齿轮 z_2、z_3 啮合。利用花键与轴 II 相联接的离合器 M 两端都有齿爪，离合器向左或向右移动，就可分别与 z_3 或 z_2 的端面齿啮合，从而改变轴 II 的转向。锥齿轮换向机构的刚性稍差，多用于进给运动或其他辅助运动中。

2. 传动链

根据传动联系的性质，传动链可以分为两类：外联系传动链和内联系传动链。

外联系传动链联系的是动力源和机床执行件，使执行件获得预定速度的运动，且传递一定的动力。此外，外联系传动链不要求动力源和执行件间有严格的传动比关系，仅仅是把运动和动力从动力源传到执行件上。

例如，用圆柱铣刀铣削平面，需要铣刀旋转和工件直线移动两个独立的简单成形运动，实现这两个简单成形运动的传动原理如图 1-11a 所示。图中虚线代表所有的定比传动机构，菱形块代表所有的换置机构（如交换齿轮和进给箱中的滑移齿轮变速机构等）。通过外联系传动链"电动机—1—2—u_v—3—4"将主轴和动力源（电动机）联系起来，可使铣刀获得一定转速和转向的旋转运动。再通过外联系传动链"电动机—5—6—u_f—7—8"将动力源和工作台联系起来，可使工件获得一定进给速度和方向的直线运动。利用换置机构 u_v 和 u_f，可以改变铣刀的转速、转向及工件的进给速度、方向，以适应不同加工条件的需要。显然，机床上有几个简单成形运动，就需要有几条外传动链，它们可以有各自独立的运动源（如本例），也可以几条传动链共用一个运动源。

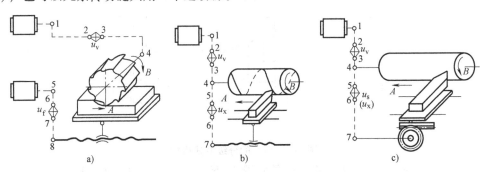

图 1-11 传动原理图

a) 铣削平面　b) 车削外螺纹　c) 车削外圆

内联系传动链联系的是复合成形运动中的多个分量，也就是说它所联系的是有严格运动关系的两执行件，以获得准确的加工表面形状及较高的加工精度。有了内联系传动链，机床工作时，由其所联系的两个执行件就按照规定的运动关系做相对运动。但是，内联系传动链本身并不能提供运动，为使执行件获得相应的运动，还需要外联系传动链将运动传到内联系传动链上来。

以卧式车床车削外螺纹（见图 1-11b）为例，车圆柱螺纹需要工件旋转和车刀直线移动组成的复合成形运动，这两个运动必须保持严格的传动比关系，即工件旋转一周，车刀直线移动工件螺纹一个导程的距离。为保证这一运动关系，用"4—5—u_x—6—7"这条传动链将主轴和刀架联系起来。u_x 表示该传动链的换置机构，利用换置机构可以改变工件和刀具之间的相对运动速度，以适应车削不同导程螺纹的需要。如前所述，内联系传动链本身并不能提供运动，在本例中，还需要外联系传动链"电动机—1—2—u_v—3—4"将运动源的运动传到内联系传动链上来。

如果在卧式车床上车削外圆柱面（见图 1-11c），由表面成形原理可以知道，主轴的旋转和刀具的移动是两个独立的简单成形运动。这时车床应有两条外联系传动链，其中一条为"电动机—1—2—u_v—3—4—主轴"，另一条为"电动机—1—2—u_v—3—4—5—u_s—6—7—刀架"。可以看出，"电动机—1—2—u_v—3—4"是两条传动链的公共部分。u_s 为刀架移动速度换置机构，它与车螺纹的 u_x 实际上是同一变换机构。这样，虽然车削螺纹和车削外圆柱面时运动的数量和性质不同，但可共用一个传动原理图。其差别在于，车削螺纹时，u_x 必须计算和调整精确；车削外圆时，u_s 不需要准确。此外，车削外圆柱面的两条传动链虽然也使刀具和工件的运动保持联系，但与车削螺纹时传动链不同，前者是外联系传动链，后者是内联系传动链。

1.3.3   机床传动系统图

实现机床加工过程中全部成形运动和辅助运动的各传动链，组成一台机床的传动系统。根据执行件所完成运动的作用不同，传动系统中各传动链分为主运动传动链、进给运动传动链、展成运动传动链和分度运动传动链等。

为了便于了解和分析机床的传动结构及运动传递情况，把传动原理图所表示的传动关系采用一种简单的示意图形式，即传动系统图体现出来。它是表示实现机床全部运动的一种示意图，每一条传动链的具体传动机构用简单的规定符号表示（规定符号详见国家标准 GB/T 4460—2013《机械制图 机构运动简图符号》），同时标明齿轮和蜗轮的齿数、蜗杆头数、丝杠导程、带轮直径、电动机功率和转速等，并按照运动传递顺序，以展开图形式绘制在一个能反映机床外形及主要部件相互位置的投影面上。传动系统图只表示传动关系，不代表各传动元件的实际尺寸和空间位置。

分析传动系统图的一般方法是：根据主运动、进给运动和辅助运动确定有几条传动链；分析各传动链联系的两个端件；按照运动传递或联系顺序，从一个端件向另一个端件依次分析各传动轴之间的传动结构和运动传递关系，以查明该传动链的传动路线以及变速、换向、接通和断开的工作原理。

图 1-12a 所示为某机床主传动系统图，其传动路线表达式为

$$电动机 - \frac{\phi 110}{\phi 194} I - \begin{bmatrix} \dfrac{36}{36} \\[4pt] \dfrac{30}{42} \\[4pt] \dfrac{24}{48} \end{bmatrix} - II - \begin{bmatrix} \dfrac{44}{44} \\[4pt] \dfrac{23}{65} \end{bmatrix} - III - \begin{bmatrix} \dfrac{76}{38} \\[4pt] \dfrac{19}{76} \end{bmatrix} - IV（主轴）$$

1.3.4   机床转速图

由于机床传动系统图不能直观地表明每一级转速是如何传动的，以及各变速组之间的内在联系，所以在机床传动分析过程中，还经常用到另一种形式的图——转速图，以简单的直线来表示机床分级变速系统的传动规律。

图 1-12b 所示为该传动系统的转速图。图中，间距相等的一组竖线表示各传动轴，各轴排列次序符合传动顺序，从左向右依次标出 I 、II 、III 、IV ，轴号与传动系统图中的各轴对应，最左边的 0 号轴代表电动机轴。

间距相等的一组水平线表示各级转速。由于转速数列采用等比数列及对数标尺，所以图上各级转速的间距相等。

两轴之间的转速连线（粗水平线和斜线）表示传动副的传动比。若传动比连线是水平的，表示等速传动，通过此传动副传动时，两轴转速相同；若传动比连线向上方倾斜，表示升速传动，转速升高；若传动比连线向下方倾斜，表示降速传动，转速降低。应当注意，一组平行的传动比连线，表示同一传动副的传动路线。例如，轴 II 和轴 III 之间有六条传动比连线，但分属于两组，每组三条。这个变速组共有两挡传动比（两对传动副），其中水平线表示传动比为 1:1（齿数比为 44:44），向下斜三格的传动比连线表示降速，其传动比为 1:2.83

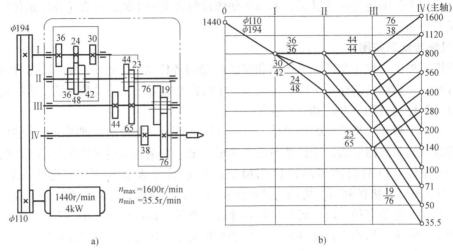

图 1-12　机床主传动系统

a) 传动系统图　b) 转速图

（齿数比为 23∶65）。

水平线与竖线相交处绘有一些圆点，表示该轴所能获得的转速。圆点数为该轴具有的转速级数；圆点位置表明了各级转速的数值。例如，轴 II 上有三个小圆点，表示有三级转速，其转速分别为 800r/min、560r/min 和 400r/min。主轴有 12 级转速，在转速图轴 IV 上共有 12 个圆点，且各级转速分别是 35.5r/min，50r/min，71r/min，…，1600r/min。

在转速图上还可以清楚地看出从电动机到主轴各级转速的传动路线。例如，主轴 IV 转速为 100r/min，其传动路线是电动机—带 $\dfrac{\phi 110}{\phi 194}$ —轴 I — $\dfrac{24}{48}$ —轴 II — $\dfrac{44}{44}$ —轴 III — $\dfrac{19}{76}$ —轴 IV（主轴）。

综上所述，转速图是由"三线一点"所组成的，它能够清楚地表示传动轴的数目、各传动轴的转速级数与大小，以及主轴各级转速的传动路线，得到这些传动路线所需要的变速组数目、每个变速组中的传动副数目及各个传动比的数值，因此，通常把转速图作为分析和设计机床变速系统的重要工具。

1.4　机床的选择

机械加工是在机床上完成的机械加工方法，依赖于加工机床的选择，因而合理选择机床是机械加工的重要前提。选择机床时应注意以下几点：

1）机床的主要规格尺寸应与加工零件的外廓尺寸相适应。即小零件选小机床、大零件选大机床，使设备得到合理使用。对于大型零件，在缺乏大型设备时，可采用"以小干大"的办法，或设计专用机床加工。

2）机床的精度（包括相对运动精度、传动精度、位置精度）应与加工工序要求的加工精度相适应。对于高精度零件的加工，在缺乏精密机床时，可通过设备改造，以粗干精。

3）机床的生产率与加工零件的生产类型相适应。如单件小批生产选用通用机床，大批大量生产选用生产率高的专用机床。

4）机床的选择还应结合现场的实际情况，如车间排列、负荷平衡等。

练习与思考

1-1 什么是表面成形运动？什么是辅助运动？各有何特点？

1-2 解释机床型号 CM6132、X4325、Z5140、TP619、B2021A、Z3140 × 16、X6132、T68、Z35 的含义。

1-3 请分别指出在车床上车削外圆锥面、端面以及钻孔时所需要的成形运动。

1-4 下列情况，采用何种分级变速机构为宜？①采用斜齿圆柱齿轮传动；②传动比要求不严，但要求传动平稳的传动系统；③不需经常变速的专用机床；④需经常变速的通用机床。

1-5 有传动系统如图 1-13 所示，试计算：①车刀的运动速度（m/min）；②主轴转一周时，车刀移动的距离（mm/r）。

1-6 图 1-14 所示为某机床的传动系统图，已知各齿轮齿数，且已知电动机转速 $n = 1450$ r/min，带传动效率 $= 0.98$。求：①系统的传动路线表达式；②输出轴 Ⅱ 的转速级数；③轴 Ⅱ 的极限转速。

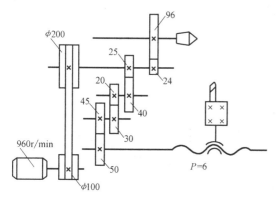

图 1-13 车床传动系统图

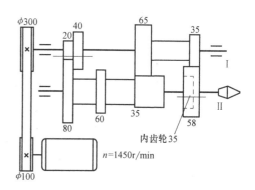

图 1-14 题 1-6 图

单元 2　金属切削刀具的基础知识

2.1　零件表面的形成和切削运动

2.1.1　切削运动

金属切削时，刀具与工件间的相对运动称为切削运动。切削运动分为主运动和进给运动。

（1）主运动　切下切屑所需的最基本的运动，称为主运动。在切削运动中，主运动只有一个，它的速度最高、消耗的功率最大。图 2-1a 所示的铣削时刀具的旋转运动为主运动，图 2-1b 所示的磨削时砂轮的旋转运动为主运动，而刨削加工（见图 2-1c）中，刀具的往复直线运动是主运动。

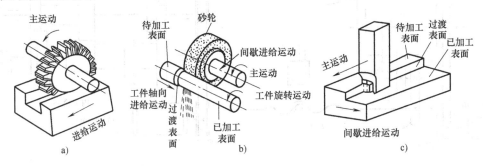

图 2-1　各种切削加工和加工表面
a）铣槽　b）磨外圆　c）刨平面

（2）进给运动　使多余材料不断被投入切削，从而加工出完整表面所需的运动，称为进给运动。进给运动可以有一个或几个，也可能没有。图 2-1b 所示的磨削外圆时工件的旋转、工作台带动工件的轴向移动以及砂轮的间歇运动都属于进给运动。

2.1.2　工件表面

在切削过程中，工件上存在三个变化着的表面。如图 2-2 所示，工件的旋转运动为主运动，车刀连续纵向的直线运动为进给运动。

（1）待加工表面　工件上即将被切除的表面，称为待加工表面。随着切削的进行，待加工表面将逐渐减小，直至完全消失。

（2）已加工表面　工件上多余金属被切除后形成的新表面，称为已加工表面。在切削过程中，已加工表面随着切削的进行逐渐扩大。

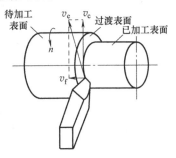

图 2-2　车削运动

（3）过渡表面　过渡表面是指在工件切削过程中，连接待加工表面与已加工表面的表面，或指切削刃正在切削着的表面。

2.2　切削要素

2.2.1　切削用量

切削用量是切削时各运动参数的总称，包括切削速度、进给量和背吃刀量三要素。切削用量是调整机床运动的依据，如图 2-3 所示。

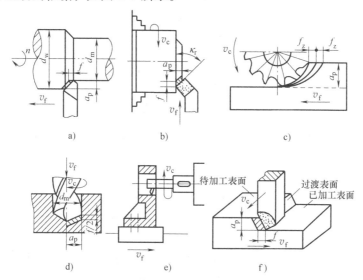

图 2-3　各种切削加工的切削运动及切削用量

1. 背吃刀量 a_p

背吃刀量是指待加工表面与已加工表面之间的垂直距离。车削外圆时，

$$a_p = \frac{d_w - d_m}{2} \tag{2-1}$$

式中，d_w 是待加工表面的直径；d_m 是已加工表面的直径。

2. 进给量 f

在主运动每转一转或每运动一个行程时，刀具与工件之间沿进给运动方向的相对位移，称为进给量，单位是 mm/r（用于车削、镗削等）或 mm/双行程（用于刨削）。

进给运动还可以用进给速度 v_f 或每齿进给量 f_z 来表示。进给速度 v_f，单位是 mm/min，是指在单位时间内刀具相对于工件在进给方向上的位移量。每齿进给量 f_z 是指当刀具齿数 $z > 1$ 时（如铣刀、铰刀等多齿刀具），每个刀齿相对于工件在进给方向上的位移量，单位是 mm/z。

进给速度 v_f、进给量 f 及每齿进给量 f_z 的关系可表示为

$$v_f = fn = f_z z n \tag{2-2}$$

式中，n 是主运动的转速（r/min）。

3. 切削速度 v_c

在单位时间内，工件或刀具沿主运动方向的相对位移，称为切削速度，单位为 m/s。若主运动为旋转运动，则切削速度的计算公式为

$$v_c = \frac{\pi dn}{1000 \times 60} \tag{2-3}$$

式中，d 是完成主运动的工件（或刀具）的最大直径（mm）；n 是主运动的转速（r/min）。

在实际生产中，往往是已知工件直径，根据工件材料、刀具材料和加工要求等因素选定切削速度，再将切削速度换算成车床主轴转速，以便调整车床，这时可把式（2-3）改写成

$$n = \frac{1000 \times 60 v_c}{\pi d}$$

若主运动为往复直线运动（如刨削），则常用其平均速度作为切削速度 v_c(m/s)，即

$$v_c = \frac{2L n_r}{1000 \times 60} \tag{2-4}$$

式中，L 是往复直线运动的行程（mm）；n_r 是主运动的往复次数（次/min）。

2.2.2 切削层参数

刀具切削刃沿进给方向移动一个进给量 f 时，从工件待加工表面上切下的金属层称为切削层。切削层参数用来衡量切削层的截面尺寸，它决定刀具所承受的负荷和切屑的尺寸大小。各种切削加工的切削层参数，可用典型的外圆纵车来说明。如图 2-4 所示，车削外圆时，工件每转一转，车刀沿工件轴线移动一个进给量 f 的距离，主切削刃及其对应的工件切削表面也连续由位置Ⅰ移至Ⅱ，加工表面Ⅰ、Ⅱ之间的一层金属被切下。

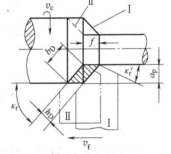

图 2-4 外圆纵车时切削层参数

（1）切削厚度 h_D 　加工表面Ⅰ、Ⅱ之间的垂直距离，称为切削厚度，以 h_D 表示。外圆纵车有

$$h_D = f \sin \kappa_r \tag{2-5}$$

（2）切削宽度 b_D 　沿主切削刃方向度量的切削层尺寸，称为切削宽度，以 b_D 表示。其计算公式为

$$b_D = a_p / \sin \kappa_r \tag{2-6}$$

（3）切削层面积 A_D 　切削层在基面内的截面面积称为切削层面积，以 A_D 表示。其计算公式为

$$A_D = h_D b_D = f a_p \tag{2-7}$$

2.2.3 切削方式

1. 直角切削和斜角切削

直角切削是指切削刃垂直于切削速度方向的切削方式。切削刃不垂直于切削速度方向的切削则称为斜角切削，如图 2-5 所示。

2. 自由切削和非自由切削

自由切削是指只有一条直线形主切削刃参与切削工作，而副切削刃不参与切削工作。其

特点是切削刃上各点切屑流出方向一致，且金属在二维平面内变形。图 2-5a 所示既是直角切削方式，又是自由切削方式，故称为直角自由切削方式。曲线形主切削刃或主、副切削刃都参与切削，称为非自由切削。

在实际生产中，切削多属于非自由切削方式。在研究金属变形时，为了简化条件常采用直角自由切削方式。

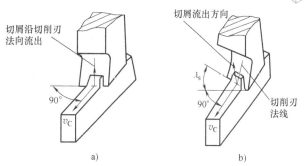

图 2-5　切削方式

a）直角切削　b）斜角切削

2.3　刀具切削部分的组成及刀具角度

2.3.1　刀具的类型

金属切削刀具是完成金属切削加工的重要工具。根据用途和加工方法的不同，刀具的分类方法很多，通常可分为以下几类：

（1）切刀类刀具　切刀类刀具一般根据加工方式进行分类，如车刀、铣刀、刨刀、插刀、镗刀、拉刀、滚齿刀、插齿刀以及一些专用切刀（如成形刀具、组合刀具）等。

（2）孔加工刀具　孔加工刀具一般用于在实体材料上加工出孔或对原有孔进行再加工，如麻花钻、扩孔钻、锪钻、深孔钻、铰刀、镗刀、丝锥等。

（3）螺纹刀具　螺纹刀具是指加工内、外螺纹表面用的刀具，常用的有丝锥、板牙、螺纹切头、螺纹滚压工具及螺纹车刀、螺纹梳刀等。

（4）齿轮刀具　齿轮刀具是指用于加工齿轮、链轮、花键等齿形的一类刀具，如齿轮滚刀、插齿刀、剃齿刀、花键滚刀等。

（5）磨具类刀具　磨具类刀具是指用于表面精加工和超精加工的刀具，如砂轮、砂带、抛光轮等。

2.3.2　刀具切削部分的组成

金属切削刀具的种类很多，结构各异，但各种刀具的切削部分具有共同的特征。外圆车刀是最基本、最典型的刀具，下面以外圆车刀为例来说明刀具切削部分的组成。

车刀由切削部分和刀杆组成。刀具中起切削作用的部分称切削部分，夹持部分称刀杆。刀具切削部分（又称刀头）由前刀面、主后刀面、副后刀面、主切削刃、副切削刃和刀尖组成，如图 2-6 所示。

（1）前刀面　刀具上切屑流过的表面，称为前刀面。

（2）主后刀面　主后刀面简称后刀面，是与工件上过渡表面相对并相互作用的刀面。

（3）副后刀面　与工件已加工表面相对的刀面，称为副后刀面。

（4）主切削刃　前刀面与主后刀面的交线，称为主切削刃，担负着主要的切削工作。

（5）副切削刃　前刀面与副后刀面的交线，称为副切削刃，协助主切削刃切除多余金属，形成已加工表面。

（6）刀尖　主切削刃和副切削刃汇交的一小段切削刃，称为刀尖。为了改善刀尖的切削性能，常将刀尖做成修圆刀尖或倒角刀尖，如图2-7所示。

1）修圆刀尖是指具有曲线切削刃的刀尖，如图2-7a所示，刀尖圆弧半径用r_ε表示。

2）倒角刀尖是指具有直线切削刃的刀尖，如图2-7b所示，刀尖倒角长度用b_ε表示。

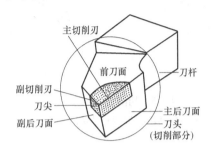

图2-6　车刀切削部分的组成

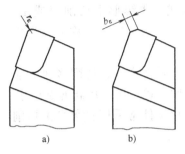

图2-7　刀尖
a）修圆刀尖　b）倒角刀尖

2.3.3　刀具角度的参考平面

刀具要从工件上切除金属，必须具有一定的切削角度，这些角度确定了刀具的几何形状。为了确定和测量刀具角度，必须建立空间坐标系，引入坐标平面。我国一般以正交平面参考系（见图2-8a）为主，也可采用法平面参考系（见图2-8b）和进给、切深平面参考系（见图2-8c）。

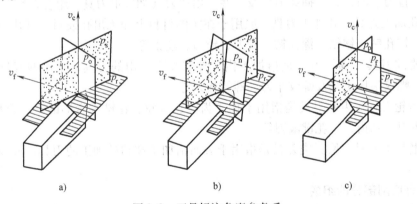

图2-8　刀具标注角度参考系
a）正交平面参考系　b）法平面参考系　c）进给、切深平面参考系

（1）基面p_r　通过主切削刃上选定点，垂直于假定主运动速度方向的平面。车刀切削刃上各点的基面都平行于车刀的安装面（即底面）。安装面是刀具制造、刃磨和测量时的定位基准面。

（2）切削平面p_s　通过切削刃上选定点与切削刃相切，并垂直于基面p_r的平面（与过渡表面相切）。

（3）正交平面p_o　通过切削刃上选定点，同时垂直于基面p_r和切削平面p_s的平面。

（4）法平面p_n　通过主切削刃上选定点，垂直于主切削刃的平面。

（5）假定工作平面p_f　通过切削刃上选定点，且垂直于基面p_r，它平行或垂直于刀具在制造、刃磨及测量时适合于安装或定位的一个平面或轴线，一般来说其方位要平行于假定的进给运动方向。

（6）背平面 p_p　通过切削刃上选定点，且垂直于基面 p_r 和假定工作平面 p_f 的平面。

2.3.4　刀具的标注角度

刀具的标注角度是刀具设计图上需要标注的刀具角度，它用于刀具的制造、刃磨和测量。

正交平面参考系由坐标平面 p_r、p_s 和 p_o 组成，其基本角度有以下六个，如图 2-9 所示。

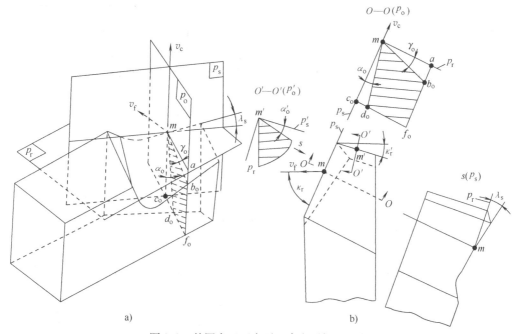

a)　　　　　　　　　　　　　　　　b)

图 2-9　外圆车刀正交平面参考系标注角度

车刀切削部分几何角度的定义、作用见表 2-1。

表 2-1　车刀切削部分几何角度的定义、作用

名　称		代号	定　义	作　用
主要角度	主偏角（基面内测量）	κ_r	主切削刃在基面上的投影与进给运动方向之间的夹角。常用车刀的主偏角有 45°、60°、75°、90° 等	改变主切削刃的受力及导热能力，影响切屑的厚度
	副偏角（基面内测量）	κ_r'	副切削刃在基面上的投影与背离进给运动方向之间的夹角	减少副切削刃与工件已加工表面的摩擦，影响工件表面质量及车刀强度
	前角（主正交平面内测量）	γ_o	前刀面与基面间的夹角。前刀面与基面平行时前角为零；前刀面在基面之下，前角为正；前刀面在基面之上，前角为负	影响刃口的锋利程度和强度，影响切削变形和切削力
	主后角（主正交平面内测量）	α_o	主后刀面与主切削平面间的夹角。刀尖位于后刀面最前点时，后角为正；刀尖位于后刀面最后点时，后角为负	减少车刀主后刀面与工件过渡表面间的摩擦
	副后角（副正交平面内测量）	α_o'	副后刀面与副切削平面间的夹角	减少车刀副后刀面与工件已加工表面间的摩擦
	刃倾角（主切削平面内测量）	λ_s	主切削刃与基面间的夹角	控制排屑方向。当刃倾角为负值时可增加刀头强度，并在车刀受冲击时保护刀尖

（续）

	名　称	代号	定　义	作　用
派生角度	刀尖角 （基面内测量）	ε_r	主、副切削刃在基面上的投影间的夹角	影响刀尖强度和散热性能
	楔角 （主正交平面内测量）	β_o	前刀面与后刀面间的夹角	影响刀头截面的大小，从而影响刀头的强度

在车刀切削部分的几何角度中，主偏角与副偏角没有正负值规定，但前角、后角和刃倾角都有正负值规定。车刀的前角和后角分别有正值、零度和负值三种情况，见表 2-1。

车刀刃倾角的正负值规定，车刀刃倾角有正值、零度和负值三种情况，其排屑情况、刀头受力点位置等见表 2-2。

表 2-2　车刀刃倾角 λ_s 的正负值规定及影响

项目内容	车刀刃倾角 λ_s		
	正值	零度	负值
正负值规定	 刀尖位于主切削刃最高点	 主切削刃和基面平行	 刀尖位于主切削刃最低点
排屑情况	 切屑流向待加工表面	 切屑沿垂直主切削刃方向排出	 切屑流向已加工表面
刀头受力点位置	 刀尖强度较差，车削时冲击点先接触刀尖，刀尖易损坏	 刀尖强度一般，车削时冲击点同时接触刀尖和切削刃	 刀尖强度较高，车削时冲击点先接触远离刀尖的切削刃处，从而保护了刀尖
适用场合	精车时，应取正值，λ_s 一般为 $0° \sim 8°$	工件圆整、余量均匀的一般车削时，λ_s 应取 $0°$	断续切削时，为了增强刀头强度应取负值，λ_s 一般为 $-15° \sim -5°$

2.3.5　刀具的工作角度

在切削过程中，因受安装位置和进给运动的影响，刀具标注角度坐标系参考平面的位置发生变动，从而造成刀具的工作角度不等于其标注角度。

1. 刀具安装位置对工作角度的影响

以车外圆为例，车刀安装应保证刀尖与机床主轴轴线同高。若刀尖高于或低于机床主轴轴线高度，则选定点的基面 p_r 和切削平面 p_s 发生了变化（见图 2-10），同时刀具的工作前角 γ_{oe} 不等于标注前角 γ_o，刀具的工作后角 α_{oe} 也不等于标注后角 α_o。

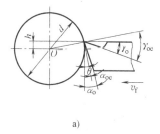
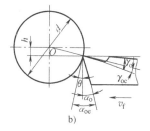

图 2-10　刀尖位置对工作角度的影响

2. 进给运动对工作角度的影响

1）当刀具做纵向进给运动时，车刀的工作前角 γ_{oe} 增大，工作后角 α_{oe} 减小，如图 2-11 所示。因此，车削导程较大的右旋外螺纹时，车刀左侧切削刃的后角应磨大些，右侧切削刃的后角应磨小些。

2）当刀具作横向进给运动时，以切断刀为例（见图 2-12），若不考虑进给运动，车刀切削刃上选定点 A 相对于工件的运动轨迹是一个圆周，基面 p_r 是过点 A 的径向平面，切削平面 p_s 为过点 A 垂直于基面 p_r 的平面，此时的前角为 γ_o、后角为 α_o。当考虑进给运动后，切削刃上点 A 的运动轨迹已是一阿基米德螺旋线，切削平面 p_{se} 为过点 A 与阿基米德螺旋线相切的平面，而基面 p_{re} 为

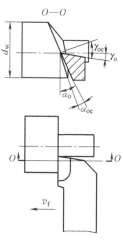

图 2-11　纵向进给对工作角度的影响

过点 A 垂直于切削平面 p_{se} 的平面，车刀的工作前角为 γ_{oe}，工作后角为 α_{oe}。

3. 刀杆中心线不垂直于工件轴线

如图 2-13 所示，当刀杆中心线与工件轴线互不垂直时，将引起主偏角 κ_r 和副偏角的 κ_r' 数值的改变。

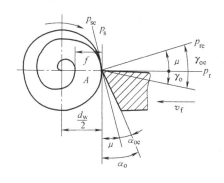

图 2-12　横向进给运动对刀具工作角度的影响

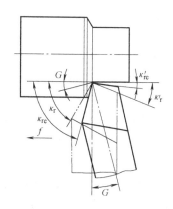

图 2-13　刀杆中心线与工件轴线互不垂直对工作角度的影响

4. 非圆柱表面的工件形状

如图 2-14 所示，加工凸轮类零件时，由于加工表面为非圆柱表面，必然引起切削时基面、切削平面的变化，从而引起切削时实际前、后角的变化。

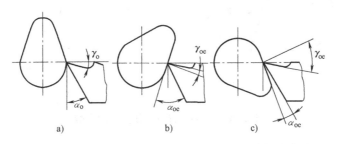

图 2-14　加工非圆柱表面的工作角度

2.4　刀具材料及其选用

刀具的切削部分和刀杆可以采用同种材料制成一体（如高速钢车刀），也可以采用不同材料分别制造，然后用焊接或机械夹持的方法将两者连接成一体。下面主要介绍刀具切削部分的材料。

2.4.1　刀具材料的基本要求

刀具切削部分在切削过程中，要承受很大的切削力和冲击力，并且在很高的温度下进行工作，经受连续和强烈的摩擦。因此，刀具切削部分材料必须具备以下基本要求：

（1）高硬度　刀具切削部分材料硬度必须高于工件材料硬度，其常温硬度一般要求在 60HRC 以上。

（2）良好的耐磨性　耐磨性是指抵抗磨损的能力，耐磨性除了与切削部分材料的硬度有关外，还取决于材料本身的化学成分和金相组织。

（3）足够的强度和韧性　强度和韧性主要是指刀具承受切削力、冲击力和振动而不破碎的能力。

（4）高的热硬性　热硬性是指材料在高温下仍能保持切削正常进行所需的硬度、耐磨性、强度和韧性的能力。刀具材料的热硬性越高，允许的切削速度越高。因此，热硬性是衡量刀具材料性能的重要指标。

（5）良好的工艺性和经济性　即要求材料本身的可加工性能、热处理性能、焊接性能要好。工艺性越好，越便于刀具的制造。刀具材料资源要丰富，价格低廉。

除上述要求外，刀具切削部分材料还应有良好的导热性和较好的化学惰性。这些要求有些是相互矛盾的，如硬度越高、耐磨性越好的材料，韧性和抗破损能力就越差。实际工作中，应根据具体的切削对象和条件，选择合适的刀具材料。

2.4.2　常用刀具材料的种类、性能和用途

在切削加工中常用的刀具材料有：工具钢（包括碳素工具钢、合金工具钢、高速钢）、硬质合金、陶瓷、立方氮化硼及金刚石等，其中高速钢和硬质合金为目前最常用的刀具材料。常用刀具材料的主要性能和应用范围见表 2-3。

表 2-3　常用刀具材料的主要性能和应用范围

种类	硬度	热硬温度/℃	抗弯强度/GPa	常用牌号		应用范围
碳素工具钢	60 ~ 64HRC (81 ~ 83HRA)	200	2.5 ~ 2.8	T8A T10A T12A		用于手动刀具，如丝锥、板牙、铰刀、锯条、锉刀、錾子、刮刀等
合金工具钢	60 ~ 65HRC (81 ~ 83.6HRA)	250 ~ 300	2.5 ~ 2.8	9SiCr CrWMn		用于手动或机动低速刀具，如丝锥、板牙、铰刀、拉刀等
高速钢	62 ~ 70HRC (82 ~ 87HRA)	540 ~ 600	2.5 ~ 4.5	W18Cr4V W6Mo5Cr4V2		用于各种刀具，特别是形状复杂的刀具，如钻头、铣刀、拉刀、齿轮刀具、丝锥、板牙等各种成形刀具
硬质合金	74 ~ 82HRC (80 ~ 94HRA)	800 ~ 1000	0.9 ~ 23.5	钨钴类 (K类) 红色	YG8 YG6 YG3　切削铸铁	用于形状简单的刀具，如车刀刀头、铣刀刀头、刨刀刀头等；或用于其他刀具镶片使用
				钨钛钴类 (P类) 蓝色	YT30 YT15 YT5　切削钢	
				钨钛钽钴类 (M类) 黄色	YW1 YW2　切削各种金属	

1. 高速钢

高速钢是含有 W、Mo、Cr、V 等合金元素较多的工具钢，俗称为锋钢或白钢。其性能见表 2-3。与硬质合金相比，高速钢的塑性、韧性、导热性和工艺性好，可以制造形状复杂的刀具；硬度、耐磨性和耐热性较差，故常用于制造低速刀具和成形刀具；加工材料范围很广泛，可加工钢、铁和有色金属等。

高速钢按化学成分可分为钨系、钼系；按切削性能可分为普通高速钢和高性能高速钢。

（1）普通高速钢　普通高速钢碳的质量分数为 0.7% ~ 0.9%，主要用于加工一般工程材料。按含钨量不同，普通高速钢可分为钨钢和钨钼钢。

（2）高性能高速钢　在普通高速钢内增加 C、V 的含量和添加 Co、Al 等合金元素就得到高性能高速钢，耐热性和耐磨性进一步提高。高性能高速钢的常温硬度可达 67 ~ 70HRC，高温硬度也相应提高，可用于高强度钢、高温合金、钛合金等难加工材料的切削加工，并可提高刀具使用寿命。

2. 硬质合金

硬质合金是由硬质相（高硬、难熔的金属碳化物，如 WC、TiC、TaC、NbC 等）和粘结相（金属粘结剂，如 Co、Ni）等经粉末冶金方法制成的。与高速钢相比，硬质合金具有如下特点：硬度高（89 ~ 93HRA）、耐热性高（刀具寿命可提高几倍到几十倍，在刀具寿命相同时切削速度可提高 4 ~ 10 倍，在 800 ~ 1000℃时仍可切削），耐磨性高，但其抗弯强度低（0.9 ~ 1.5GPa）、断裂韧度低。因此，硬质合金刀具承受切削振动和冲击负荷能力差。根据硬质相的不同，硬质合金主要分为两大类：

（1）WC（碳化钨）基硬质合金　WC 基硬质合金硬质相主要成分为 WC。

1）钨钴类（YG 类，也称 K 类）硬质合金：硬质相（WC）＋粘结相（Co）。

常用的牌号有 YG3、YG6、YG8、YG3X 等，其中数字表示 Co 的质量分数分别为 3%、6%、8%，YG3X 表示强度接近于 YG3，由于属细晶粒合金，耐磨性较高。

YG3（精加工）　YG6（半精加工）　YG8（粗加工）

————————————————————————————————→

Co的含量↑　韧性↑　强度↑　硬度↓　耐磨性↓

Co的含量↓　韧性↓　强度↓　硬度↑　耐磨性↑　脆性↑

YG 类硬质合金的抗弯强度、韧性较好，主要用于加工铸铁等脆性材料、有色金属及非金属材料。不适合加工钢料，原因是 YG 类硬质合金在 640℃时会发生严重粘结，使刀具磨损，刀具寿命下降。

2）钨钛钴类（YT 类，也称 P 类）：硬质相（WC + TiC）+粘结相（Co）。

常用的牌号有 YT5、YT15、YT30 等，其中数字表示 TiC 的质量分数分别为 5%、15%、30%。

YT5（粗加工）　　YT14、YT15（半精加工）　　YT30（精加工）

————————————————————————————————→

TiC含量↑　硬度↑　耐磨性↑　脆性↑　韧性↓

TiC含量↓　硬度↓　耐磨性↓　脆性↓　韧性↑

YT 类硬质合金比 YG 类硬质合金硬度高、耐热性好，在切削塑性材料时的耐磨性较好，但韧性较差，易崩刃，一般适合加工塑性材料，如钢料等；一般不用于加工含 Ti 的材料，如 1Cr15Ni9Ti，因为 YT 类硬质合金中的 Ti 与被加工材料中的 Ti 的亲和力较大，使刀具磨损较快。

3）钨钛钽钴类硬质合金（YW 类，也称 M 类）是在 YT 类硬质合金中加入了稀有金属 TaC。可提高其抗弯强度、抗疲劳强度、冲击韧度、高温硬度、高温强度、抗氧化能力和耐磨性。这类合金可以加工铸铁及有色金属，也可以加工钢材，因此常称为通用硬质合金，主要用于加工难加工材料。常用牌号有 YW1 和 YW2。

国产的硬质合金一般有 YG 和 YT 两大类。

（2）TiC（碳化钛）基硬质合金（YN）　TiC 基硬质合金硬质相主要成分为 TiC。这种合金有很高的耐磨性、较好的耐热性和较强的抗氧化能力，化学稳定性好，与工件材料的亲和力小，抗粘结能力较强，可以加工钢材、铸铁。唯有抗弯强度不如 WC 基硬质合金，目前仅用于精加工和半精加工。TiC 基硬质合金因抗塑性变形、抗崩刃能力差，不适于重切削及断续切削。

3. 新型刀具材料

近年来，由于高硬度难加工材料的出现，对刀具材料提出了更高的要求，推动了刀具新材料的不断开发。

（1）涂层硬质合金　涂层硬质合金是采用韧性较好的基体（如硬质合金刀片或高速钢等），通过化学气相沉积和真空溅射等方法，在基体表面涂以厚度为 5～12μm 的涂层材料，以提高刀具的抗磨损能力和使用寿命（硬质合金刀具可提高 1～3 倍，高速钢可提高 2～10 倍）。但涂层刀具存在锋利性、韧性、抗崩刃性差及成本昂贵等缺点。

涂层材料为 TiC、TiN、Al_2O_3 等，适合于各种钢材、铸铁的半精加工和精加工，也适合于负荷较小的粗加工。

（2）陶瓷　陶瓷是以氧化铝（Al_2O_3）或氮化硅（Si_3N_4）为主要成分，经压制成形后烧结而成的刀具材料。陶瓷硬度高，耐氧化，被广泛用于高速切削加工中；但由于其强度低，韧性差，长期以来主要用于精加工。

（3）立方氮化硼（CBN）　立方氮化硼是 20 世纪 70 年代发展起来的一种新型刀具材料，由六方氮化硼（俗称白石墨）和催化剂（材料选自碱金属，碱土金属，锡、铅、锑及其氮化物）在高温高压下合成。其硬度很高，可达 8000～9000HV，仅次于金刚石；其热稳定性很好，远远高于金刚石，可耐 1300～1500℃ 以上的高温；其化学稳定性也很好，在高温（1200～1300℃）时也不会与铁族金属起反应。立方氮化硼一般用于高硬度、难加工材料的精加工。

（4）金刚石　金刚石分天然和人造两种，都是碳的同素异构体。天然金刚石由于价格昂贵用得很少。人造金刚石是在高温高压下由石墨转化而成的，其硬度接近于 10000HV，故可用于高速精加工有色金属及合金、非金属硬脆材料。它不适合加工铁族金属，因为高温时极易氧化、碳化，与铁发生化学反应，刀具极易损坏。目前，金刚石主要用作牙科磨具和磨料。

练习与思考

2-1　何谓切削用量三要素？它们是怎样定义的？

2-2　已知工件材料为钢，需钻直径为 10mm 的孔，选择切削速度为 31.4m/min，进给量为 0.1mm/r，试求 2min 后钻孔的深度。

2-3　刀具标注角度参考系有几种？它们是由什么参考平面构成的？试定义这些参考平面。

2-4　基面、切削平面、正交平面的几何关系如何？在各个平面内度量的几何角度有哪些？

2-5　试述刀具标注角度的定义。一把平前刀面外圆车刀必须具备哪几个基本标注角度？这些标注角度是怎样定义的？它们分别在哪个参考平面内测量？

2-6　试述判定车刀前角 γ_o、后角 α_o 和刃倾角 λ_s 的正负值的规则。

2-7　说明刃倾角的作用。

2-8　试述刀具标注角度与工作角度的区别。为什么横向进给时进给量不能过大？

2-9　曲线主切削刃上各点的标注角度是否相同？为什么？

2-10　试标出图 2-15 所示端面切削情况下该车刀的 γ_o、α_o、λ_s、κ_r、κ_r' 以及 a_p、f、h_D、b_D。如果刀尖的安装高度高于工件中心 h，切削时点 a、b 的实际前角、后角是否相同？以图说明。

2-11　用图表示切断刀的 γ_o、α_o、λ_s、κ_r、κ_r' 以及 a_p、f、h_D、b_D。

2-12　对刀具切削部分的材料有什么要求？目前常用的刀具材料有哪些？

2-13　试列举普通高速钢和常用硬质合金的品种与牌号，并说明它们在性能上有什么不同？各用于制造什么刀具？

2-14　简述高速钢和硬质合金刀具的主要用途。

2-15　YG、YT 类硬质合金刀具材料各适用于什么场合？为什么？

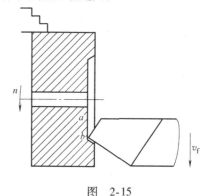

图　2-15

单元 3 金属切削过程的基本规律

3.1 切削过程中的金属变形

3.1.1 金属切削过程中的三个变形区

对塑性金属进行切削时，切屑的形成过程就是切削层金属的变形过程。根据切削过程中整个切削区域金属材料的变形特点，可将刀具切削刃附近的切削层划分为三个变形区，如图 3-1 所示。

（1）第 I 变形区 从 OA 线开始金属发生剪切变形，到 OM 线金属晶粒的剪切滑移基本结束，AOM 区域称为第 I 变形区，也称为金属的剪切变形区。其变形的主要特征是金属晶格间出现剪切滑移以及随之产生的加工硬化。

（2）第 II 变形区 切屑沿刀具前刀面流出时受到前刀面的挤压和摩擦，使靠近前刀面的切屑底层金属晶粒进一步塑性变形的变形区称为第 II 变形区。其特征是晶粒剪切滑移剧烈呈纤维化，离前刀面越近，纤维化现象越明显。

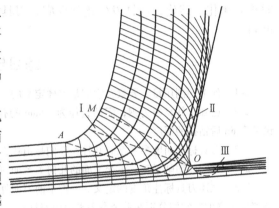

图 3-1　切削变形区

（3）第 III 变形区 第 III 变形区是刀具与工件已加工表面间的摩擦区，已加工表面受到刀具切削刃钝圆部分及后刀面的挤压和摩擦，使切削层金属发生变形。

这三个变形区汇集在刀具切削刃附近，相互关联相互影响，称为切削变形区。切削过程中产生的各种现象均与这三个区域的变形有关。

3.1.2 切屑的类型

在金属切削过程中，刀具切除工件上的多余金属层，被切离工件的金属称为切屑。由于工件材料及切削条件不同，会产生不同类型的切屑。常见的切屑有四种类型（见图 3-2），即带状切屑、挤裂切屑、单元切屑和崩碎切屑。

（1）带状切屑 如图 3-2a 所示，加工塑性金属材料，通常切削厚度较小、切削速度较高、刀具前角较大时得到带状切屑。形成这种切屑时，切削过程平稳，已加工表面的表面粗糙度值较小，需采取断屑措施，可通过减小前角、加宽负倒棱、降低切削速度等措施促进卷屑，在前刀面上磨断屑槽也可促进断屑。

（2）挤裂切屑 如图 3-2b 所示，挤裂切屑变形程度比带状切屑大。这种切屑是在加工塑性金属材料，切削厚度较大、切削速度较低、刀具前角较小时得到的。此时切削过程中产生一定的振动，已加工表面较粗糙。

（3）单元切屑 又称为粒状切屑，如图 3-2c 所示，加工塑性较差的金属材料时，在挤

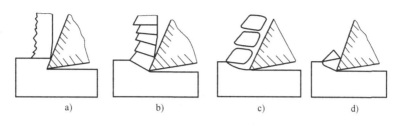

图 3-2　切屑类型

a）带状切屑　b）挤裂切屑　c）单元切屑　d）崩碎切屑

裂切屑基础上将切削厚度进一步增大，切削速度和前角进一步减小，使剪切裂纹进一步扩展而断裂成梯形的单元切屑。

以上三种切屑只有在加工塑性材料时才可能得到。在生产中最常见的是带状切屑，有时得到挤裂切屑，单元切屑则很少见。

（4）崩碎切屑　如图 3-2d 所示，切削铸铁等脆性金属材料时，由于材料的塑性差、抗拉强度低，切削层往往未经塑性变形就产生了脆性崩裂，形成不规则的崩碎切屑。此时，切削力波动很大，有冲击载荷，已加工表面凹凸不平。

3.1.3　积屑瘤

1. 积屑瘤的形成

在一定切削速度范围内，加工钢材、有色金属等塑性材料时，在切削刃附近的前刀面上粘附着一块金属硬块，它包围着切削刃且覆盖着部分前刀面，这块剖面呈三角状的金属硬块称为积屑瘤，如图 3-3 所示。形成积屑瘤的条件主要取决于切削温度，例如切削中碳钢的切削温度在 300～380℃时，易产生积屑瘤。

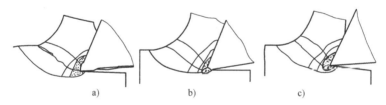

图 3-3　积屑瘤的形成

2. 积屑瘤对切削的影响

（1）对切削力的影响　积屑瘤粘结在前刀面上，增大了刀具的实际前角，可使切削力减小。但由于积屑瘤不稳定，导致了切削力的波动。

（2）对已加工表面粗糙度的影响　积屑瘤不稳定，易破裂，其碎片随机性地散落，可能会留在已加工表面上。另外，积屑瘤形成的刃口不光滑，使已加工表面变得粗糙。

（3）对刀具寿命的影响　积屑瘤相对稳定时，可代替切削刃切削，减小了切屑与前刀面的接触面积，延长了刀具寿命；积屑瘤不稳定时，破裂部分有可能引起硬质合金刀具的剥落，反而降低了刀具寿命。

显然，积屑瘤有利有弊。粗加工时，对精度和表面粗糙度要求不高，如果积屑瘤能稳定生长，则可以代替刀具进行切削，保护刀具，同时减小切削变形；精加工时，则应避免积屑瘤的出现。

3. 减小或避免积屑瘤的措施

1）避免采用易产生积屑瘤的速度进行切削，即宜采用低速或高速切削，因低速切削加工效率低，故多采用高速切削。

2）采用大前角刀具切削，以减少刀具前刀面与切屑接触的压力。

3）适当提高工件材料的硬度，减小加工硬化倾向。

4）使用润滑性能好的切削液，减小前刀面的表面粗糙度值，降低刀具与切屑接触面的摩擦因数。

3.2 切削力

金属切削时，刀具切入工件，使工件材料产生变形成为切屑所需要的力称为切削力。切削力是计算切削功率、设计刀具、机床和机床夹具以及制定切削用量的重要依据。在自动化生产中，还可通过切削力来监控切削过程和刀具的工作状态。

3.2.1 切削力及切削功率

1. 切削力的来源

切削力的来源，一方面是在切屑形成过程中，弹性变形和塑性变形产生的抗力；另一方面是切屑和刀具前刀面之间的摩擦阻力及工件和刀具后刀面之间的摩擦阻力，如图 3-4a 所示。

2. 切削合力与分解

切削时的总切削力 F 是一个空间力，为了便于测量和计算，以适应机床、夹具、刀具的设计和工艺分析的需要，常将 F 分解为三个互相垂直的切削分力 F_c、F_p 和 F_f。

（1）主切削力 F_c　是总切削力 F 在主运动方向上的投影，其方向垂直于基面。F_c 是计算机床功率、刀具强度以及夹具设计、选择切削用量的重要依据。F_c 可以用经验公式，也可以用单位切削力 k_c（单位为 N/mm²）进行计算：$F_c = k_c A_D = k_c h_D b_D = k_c a_p f$。

（2）背向力 F_p　是总切削力 F 在垂直于进给方向的分力。它是影响工件变形、造成系统振动的主要因素。

（3）进给力 F_f　是总切削力 F 在进给运动方向上的切削分力。它是设计、校核机床进给机构和计算机床进给功率的主要依据。

如图 3-4b 所示，是总切削力 F 分解为 F_c 与 F_D，F_D 又分解为 F_p 与 F_f，它们的关系为

$$F = \sqrt{F_c^2 + F_D^2} = \sqrt{F_c^2 + F_p^2 + F_f^2} \tag{3-1}$$

$$F_f = F_D \sin\kappa_r \tag{3-2}$$

$$F_p = F_D \cos\kappa_r \tag{3-3}$$

3. 切削功率

切削功率是指切削力在切削过程中所消耗的功率，用 P_m 表示，单位为 kW。在车削外圆时，它是主切削力 F_c 与进给力 F_f 消耗功率之和，由于进给力 F_f 消耗功率所占比例很小（仅为 1%~5%），故一般 F_f 消耗的功率可忽略不计，且 F_p 不做功，于是得出

$$P_m = F_c v_c \times 10^{-3} \tag{3-4}$$

式中，F_c 是主切削力（N）；v_c 是切削速度（m/s）。

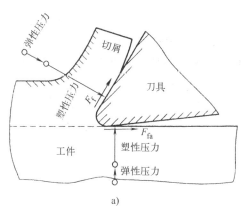

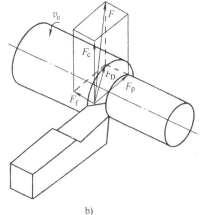

图 3-4　切削力

a) 切削力的来源　b) 切削合力与分力

考虑机床的传动效率，由切削功率 P_m 可求出机床电动机功率 P_E，即

$$P_E \geqslant P_m / \eta \qquad (3-5)$$

式中，η 是机床的传动效率，一般取 $0.75 \sim 0.85$。

3.2.2　影响切削力的主要因素

1. 工件材料的影响

工件材料的强度、硬度越高，虽然切屑变形略有减小，但总的切削力还是增大的。加工强度、硬度相近的材料，塑性大，则与刀具的摩擦因数也较大，故切削力增大；加工脆性材料，因塑性变形小，切屑与刀具前刀面摩擦小，切削力较小。

2. 切削用量的影响

（1）背吃刀量 a_p 和进给量 f　当 f 和 a_p 增加时，切削面积增大，主切削力也增加，但两者的影响程度不同。在车削时，当 a_p 增大一倍时，主切削力约增大一倍；而 f 加大一倍时，主切削力只增大 68% ～ 86%。因此，在切削加工中，如果从主切削力和切削功率来考虑，加大进给量比加大背吃刀量有利。

（2）切削速度 v_c　图 3-5 所示为用 YT15 硬质合金车刀加工 45 钢（$a_p = 4mm$，$f = 0.3mm/r$）时切削速度对切削力的影响曲线。切削塑性金属时，在积屑瘤区，积屑瘤的生长能使刀具实际前角增大，切屑变形减小，切削力减小；反之，积屑瘤的减小使切削力增大。无积屑瘤时，随着切削速度 v_c 提高，切削温度增高，前刀面摩擦减小，变形减小，

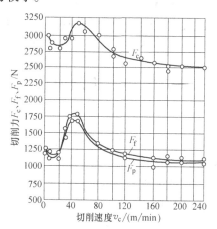

图 3-5　切削速度对切削力的影响

切削力减小，因此生产中常用高速切削来提高生产率。切削脆性金属时，v_c 增加，切削力略有减小。

3. 刀具几何参数的影响

（1）前角　前角对切削力影响最大。当切削塑性金属时，前角增大，能使被切层材料所受挤压变形和摩擦减小，排屑顺畅，总切削力减小；当切削脆性金属时，前角对切削力影

响不明显。

（2）负倒棱　如图3-6所示，在锋利的切削刃上磨出负倒棱，可以提高刃口强度，从而提高刀具使用寿命，但此时被切削金属的变形加大，使切削力增加。

（3）主偏角　如图3-7所示，主偏角对切削力的影响主要是通过切削厚度和刀尖圆弧曲线长度的变化来影响变形，从而影响切削力的。主偏角对主切削力 F_c 的影响较小，但对背向力 F_p 和进给力 F_f 的比例影响明显。F_D' 为工件对刀具的反推力，由于 $F_p' = F_D'\cos\kappa_r$、$F_f' = F_D'\sin\kappa_r$，增大主偏角 κ_r，会使进给力 F_f' 增大、背向力 F_p' 减小。当车削细长工件时，为减小或防止工件弯曲变形可选较大主偏角。

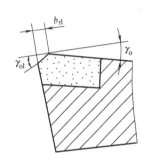

图3-6　负倒棱对切削力的影响

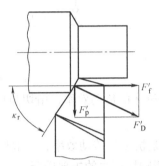

图3-7　主偏角对切削力的影响

4. 其他因素的影响

刀具、工件材料之间的摩擦因数因影响摩擦力而影响切削力的大小。在同样的切削条件下，高速钢刀具切削力最大，硬质合金刀具次之，陶瓷刀具最小。在切削过程中使用切削液，可以降低切削力，并且切削液的润滑性能越高，切削力的降低越显著。刀具后刀面磨损越严重，摩擦越剧烈，切削力越大。

3.3　切削热与切削温度

切削热和由此产生的切削温度，会使加工工艺系统产生热变形，不但影响刀具的磨损和使用寿命，而且影响工件的加工精度和表面质量。

3.3.1　切削热的产生与传导

切削中所消耗的能量几乎全部转化为热量，三个变形区即三个发热区。

切削热来自工件的弹性变形和塑性变形所消耗的能量，以及切屑与刀具前刀面、已加工表面与刀具后刀面之间产生的摩擦热，通过切屑、工件、刀具和周围介质传出去。一般情况下，切屑带走的热量最多。

例如，车削时切削热的50%～86%由切屑带走，10%～40%传入车刀，3%～9%传入工件，1%左右传入空气；钻削时切削热带走比例大约是切屑28%，刀具14.5%，工件52.5%，周围介质5%。

3.3.2　切削温度及影响因素

切削温度一般指切屑与刀具前刀面接触区域的平均温度。切削温度的高低，取决于该处产生热量的多少和传散热量的快慢。因此，凡是影响切削热产生与传出的因素都影响切削温度的高低。

（1）工件材料　工件材料的强度和硬度越高，单位切削力越大，切削时所消耗的功率就越大，产生的切削热也越多，切削温度就越高；工件材料的塑性越大，变形系数也越大，产生的热量越多；工件材料的热导率越小，传散的热量越少，切削区的切削温度就越高；热容量大的材料，在切削热相同时，切削温度低。

（2）切削用量　增大切削用量时，切削功率增大，产生的切削热也多，切削温度就会升高。由于切削速度、进给量和背吃刀量的变化对切削热的产生与传导的影响不同，所以对切削温度的影响也不相同。

1）切削速度 v_c。切削速度 v_c 对切削温度的影响最大。其原因是，当 v_c 增加时，变形所消耗的热量与摩擦热急剧增多，虽然切屑带走的热量相应增多，但刀具的传热能力没什么变化。

对于硬质合金刀具，v_c 不宜低于 50m/min，目的是防止刀具太脆，提高韧性，但 v_c 一般不能大于 300m/min，目的是防止温度太高导致刀具急剧磨损；对于高速钢刀具，v_c 一般小于 30m/min。

2）进给量 f。进给量 f 对切削温度的影响小一些。其原因是当 f 增加时，切削厚度 h_D 增厚（切屑热容量增加，带走热量增多），但切削宽度 b_D 不变（散热面积不变，刀头的散热条件没有改善），切削温度有所增加。

3）背吃刀量 a_p。背吃刀量 a_p 对切削温度的影响最小，原因是若 a_p 增加一倍，切削宽度 b_D 也按比例增加一倍，散热面积也相应地增加一倍，改善了刀头的散热条件，切削温度只是略有增加。

通过对进给量 f 和背吃刀量 a_p 的分析可知，采用宽而薄（b_D 大、h_D 小）的切削层剖面有利于控制切削温度。

从控制切削温度的角度出发，在机床条件允许的情况下，选用较大的背吃刀量和进给量，比选用大的切削速度更有利。

（3）刀具几何参数　刀具的前角和主偏角对切削温度影响较大。增大前角，可使切削变形及切屑与前刀面的摩擦减小，产生的切削热减少，切削温度下降；但前角过大（≥20°）时，刀头散热面积减小，反而使切削温度升高。减小主偏角，可增加切削刃的工作长度，增大刀头散热面积，降低切削温度。

（4）其他因素　刀具后刀面磨损增大时，加剧了刀具与工件间的摩擦，使切削温度升高。切削速度越高，刀具磨损对切削温度的影响越明显。利用切削液的润滑功能降低摩擦因数，减少切削热的产生，同时切削液也可带走一部分切削热，所以采用切削液是降低切削温度的重要措施。

3.4　刀具磨损与刀具寿命

刀具切除工件余量的同时，本身也逐渐被磨损。当磨损到一定程度时，如不及时重磨、换刀或刀片转位，刀具便丧失切削能力，从而影响已加工表面质量和生产率。

3.4.1　刀具磨损的形式

刀具磨损是指刀具与工件或切屑的接触面上，刀具材料的微粒被切屑或工件带走的现象，这种磨损现象称为正常磨损。若由于冲击、振动、热效应等原因使刀具崩刃、碎裂而损坏，则称为非正常磨损。刀具正常磨损形式有以下三种：

（1）前刀面磨损（月牙洼磨损） 切削塑性材料，当切削厚度较大时（$h_D > 0.5mm$），刀具前刀面承受巨大的压力和摩擦力，而且切削温度很高，使前刀面产生月牙洼磨损，如图 3-8 所示。随着磨损的加剧，月牙洼逐渐加深加宽，当接近刃口时，会使刃口突然破损。前刀面磨损量大小，用月牙洼的宽度 KB 和深度 KT 表示。

（2）后刀面磨损 刀具后刀面虽然有后角，但由于切削刃不是理想的锋利状态，而是有一定的钝圆，因此，后刀面与工件实际上是面接触，磨损就发生在这个接触面上。在切削铸铁等脆性金属或以较低的切削速度、较小的切削厚度（$h_D < 0.1mm$）切削塑性金属时，由于前刀面上的压力和摩擦力不大，主要发生后刀面磨损，如图 3-8 所示。由于切削刃各点工作条件不同，其后刀面磨损带是不均匀的。C 区和 N 区磨损严重，中间 B 区磨损较均匀。

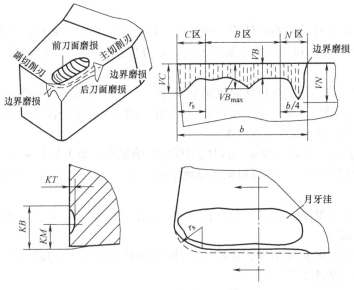

图 3-8 刀具的磨损形态

（3）前刀面和后刀面同时磨损 前刀面和后刀面同时磨损是一种兼有上述两种情况的磨损形式。在切削塑性金属时（$h_D = 0.1 \sim 0.5mm$），经常会发生这种磨损。

3.4.2 刀具磨损的原因

刀具磨损的原因很复杂，在高温（$700 \sim 1200℃$）和高压（大于材料的屈服强度）下，有力、热、化学、电等方面作用，产生的磨损主要有以下几个方面：硬质点磨损、粘结磨损、扩散磨损、化学磨损、相变磨损、热电偶磨损等。

3.4.3 刀具磨损过程及磨钝标准

1. 刀具的磨损过程

在正常条件下，随着刀具的切削时间增长，刀具的磨损量将增加。通过实验得到如图 3-9 所示的刀具后刀面磨损量 VB 与切削时间的关系曲线。由图可知，刀具磨损过程可分为三个阶段：

（1）初期磨损阶段 初期磨损阶段的特点是磨损快，时间短。一把新刃磨的刀具表面尖峰突出，在与切屑摩擦过程中，峰点的压强很大，造

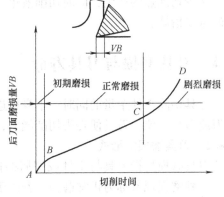

图 3-9 刀具的磨损过程

成尖峰很快被磨损，使压强趋于均衡，磨损速度减慢。

（2）正常磨损阶段　正常磨损阶段比初期磨损阶段磨损得慢些，经历的切削时间较长，是刀具的有效工作阶段。刀具表面峰点基本被磨平，表面的压强趋于均衡，刀具的磨损量 VB 随着时间的延长而均匀地增加。

（3）剧烈磨损阶段　当刀具磨损量达到一定程度，磨损量 VB 剧增，切削刃已变钝，切削力、切削温度急剧升高，刀具很快失效，即进入剧烈磨损阶段。应在此阶段之前及时更换刀具，以合理使用刀具并保证加工质量。

2. 刀具的磨钝标准

刀具磨损到一定限度后就不能继续使用，否则将影响切削力、切削温度和加工质量，这个磨损限度称为磨钝标准。

国际标准 ISO 统一规定以 1/2 背吃刀量处后刀面磨损带宽度 VB（见图 3-8）作为刀具的磨钝标准。磨钝标准的具体数值可查阅有关手册。

3.4.4　刀具寿命及其合理选择

在实际生产中，不可能经常停机去测量后刀面上的 VB 值，以确定是否达到磨钝标准，而是采用与磨钝标准相对应的切削时间，即刀具寿命来表示。刀具寿命是指刃磨后的刀具自开始切削直到磨损量达到刀具的磨钝标准所经过的净切削时间，用 T 表示，单位为 s（或 min）。刀具总寿命是指刀具从开始投入使用到报废为止的总切削时间。刀具寿命 T 长，表示刀具磨损慢。常用刀具寿命见表 3-1。

表 3-1　刀具寿命 T 参考值　　　　　　（单位：min）

刀具类型	刀具寿命	刀具类型	刀具寿命
车刀、刨刀、镗刀	60	仿形车刀具	120～180
硬质合金可转位车刀	30～45	组合钻床刀具	200～300
钻头	80～120	多轴铣床刀具	400～800
硬质合金面铣刀	90～180	组合机床、自动机床、自动线刀具	240～480
切齿刀具	200～300		

1. 切削用量与刀具寿命的关系

因为切削速度对切削温度影响最大，故对刀具磨损影响也最大，即对刀具寿命影响也最大。在一定切削条件下，切削速度越高，刀具寿命越低。其次是进给量，背吃刀量影响最小。

用实验方法求得切削速度、进给量和背吃刀量与刀具寿命的关系，得到切削用量三要素与刀具寿命的关系为

$$T = \frac{C_{\mathrm{T}}}{v_c^{\frac{1}{m}} f^{\frac{1}{m_1}} a_p^{\frac{1}{m_2}}} \tag{3-6}$$

式中，C_{T} 是与工件材料、刀具材料和其他切削条件有关的系数；m、m_1 和 m_2 是分别表示切削速度、进给量、背吃刀量影响程度的系数。

2. 一定刀具寿命 T 允许的切削速度 v_{T} 计算

在一般条件下，刀具寿命为 T 时，所允许的切削速度 v_{T} 可由式（3-7）得出

$$v_T = \frac{C_v}{T^m f^x a_p^y} K_v \tag{3-7}$$

式中，x、y 是刀具寿命为 T 时 a_p 与 f 对 v_T 的影响指数；C_v 是刀具寿命为 T 时与工件材料、加工形式、刀具材料及进给量有关的系数；K_v 是刀具寿命为 T 时其他因素对 v_T 的影响系数。

C_v、m、x、y、K_v 可查表。

例3-1 用 YT15 车刀纵车 45 钢外圆，材料的抗拉强度 $\sigma_b = 0.637\text{GPa}$，选用切削用量 $a_p = 3\text{mm}$、$f = 0.35\text{mm/r}$，使用车刀几何角度为 $\gamma_o = 10°$、$\alpha_o = 8°$、$\kappa_r = 75°$。

求：① 刀具寿命 $T = 60\text{min}$ 时，v_{60} 应为多少？② 刀具寿命 $T = 15\text{min}$ 时，v_{15} 应为多少？

解： 按公式、查手册得出：

① $v_{60} = \dfrac{C_v}{T^m f^x a_p^y} K_v = \dfrac{242}{60^{0.2} \times 0.35^{0.35} \times 3^{0.15}} \times 0.86\text{m/min} = 112\text{m/min}$。

② $v_{15} = \dfrac{C_v}{T^m f^x a_p^y} K_v = \dfrac{242}{15^{0.2} \times 0.35^{0.35} \times 3^{0.15}} \times 0.86\text{m/min} = 149\text{m/min}$。

3. 刀具寿命的合理选择

在生产中，选择刀具寿命的原则是根据优化目标确定的。一般按最大生产率、最低成本为目标选择刀具寿命。

（1）最大生产率寿命　最大生产率是指工件（或工序）加工所用时间最短。最大生产率寿命是指以单位时间内生产数量最多的产品或加工每个零件所消耗的生产时间最少为原则确定的刀具寿命。

（2）最低成本寿命　最低成本寿命是指以每个零件（或工序）加工费用最低为原则确定的刀具寿命。

因此，选择刀具寿命时，当需要完成紧急任务或产品供不应求以及完成限制性工序时，可采用最大生产率寿命；而一般情况下，通常采用最低成本寿命，以利于市场竞争。

3.5　切削条件及其合理选择

3.5.1　工件材料的切削加工性

1. 工件材料切削加工性的概念

在一定的加工条件下，工件材料被切削加工的难易程度，称为材料的切削加工性。

一般良好的切削加工性是指：刀具寿命较长或一定寿命下的切削速度较高；在相同的切削条件下切削力较小，切削温度较低；容易获得好的表面质量；切屑形状容易控制或容易断屑。但衡量一种材料切削加工性的好坏，还要看具体的加工要求和切削条件。例如，纯铁切除余量很容易，但获得光洁的表面比较难，所以粗加工时认为其切削加工性好，精加工时认为其切削加工性不好；不锈钢在普通机床上加工并不困难，但在自动机床上加工难以断屑，则认为其切削加工性较差。

衡量材料切削加工性的指标中常用的是一定刀具寿命下的切削速度 v_T 和相对加工性 K_v。

v_T 是指当刀具寿命为 T 时，切削某种材料所允许的最大切削速度。v_T 越高，表示材料的切削加工性越好。通常取 $T = 60\mathrm{min}$，则 v_T 写作 v_{60}。在判别材料的切削加工性时，一般以正火状态 45 钢的 v_T 为基准，写作 $(v_{60})_j$，而把其他各种材料的 v_{60} 同它相比，其比值 K_v 称为相对加工性，即

$$K_v = \frac{v_{60}}{(v_{60})_j} \tag{3-8}$$

常用工件材料的相对加工性可分为 8 级，见表 3-2。凡 $K_v > 1$ 的材料，其加工性比 45 钢好；$K_v < 1$ 的材料，其加工性比 45 钢差。K_v 也反映了不同的工件材料对刀具磨损和刀具寿命的影响。

表 3-2 工件材料的相对加工性等级

加工性等级	名称及种类		相对加工性	代表性材料
1	很容易切削材料	一般有色金属	>3.0	ZCuSn5Pb5Zn5 铸造锡青铜、YZAlSi9Cu4 压铸铝铜合金、铝镁合金
2	容易切削材料	易切削钢	2.5 ~ 3.0	退火 15Cr，$\sigma_b = 0.373 \sim 0.441\mathrm{GPa}$；自动机床用钢，$\sigma_b = 0.392 \sim 0.490\mathrm{GPa}$
3		较易切削钢	1.6 ~ 2.5	正火 30 钢，$\sigma_b = 0.441 \sim 0.549\mathrm{GPa}$
4	普通材料	一般钢及铸铁	1.0 ~ 1.6	45 钢、灰铸铁、结构钢
5		稍难切削材料	0.65 ~ 1.0	20Cr13 调质，$\sigma_b = 0.8288\mathrm{GPa}$；85 钢轧制，$\sigma_b = 0.8829\mathrm{GPa}$
6	难切削材料	较难切削材料	0.5 ~ 0.65	45Cr 调质，$\sigma_b = 1.03\mathrm{GPa}$；60Mn 调质，$\sigma_b = 0.9319 \sim 0.981\mathrm{GPa}$
7		难切削材料	0.15 ~ 0.5	50CrV 调质、12Cr18Ni9 未淬火、α 型钛合金
8		很难切削材料	<0.15	β 型钛合金、镍基高温合金

2. 改善工件材料切削加工性的途径

工件材料的切削加工性对生产率和表面质量有很大影响，因此在满足零件使用要求的前提下，尽量选用加工性较好的材料。在实际生产中，还可采取如下一些措施来改善材料的切削加工性：

（1）调整工件材料的化学成分 因为材料的化学成分直接影响其力学性能，如普通碳素结构钢，随着碳的质量分数的增加，其强度和硬度一般都提高，其塑性和韧性降低，故高碳钢强度和硬度较高，切削加工性较差；低碳钢的塑性和韧性较高，切削加工性也较差；中碳钢的强度、硬度、塑性和韧性都居于高碳钢和低碳钢之间，故切削加工性较好。

（2）进行适当的热处理 化学成分相同的材料，当其金相组织不同时，力学性能就不一样，其切削加工性就不同。因此，通过对不同材料进行不同的热处理，是改善材料切削加工性的另一重要途径。例如，对高碳钢进行球化退火处理，可降低硬度；对低碳钢进行正火处理，可降低塑性，提高硬度，使切削加工性得到改善。

（3）改善切削条件 通过改善切削条件来改善材料的切削加工性，如选择合适的刀具材料，确定合理的刀具角度和切削用量，制订适当的工艺过程等。

3.5.2 刀具几何参数的选择

当刀具材料和结构确定之后，刀具切削部分的几何参数就对切削性能有十分重要的影响。例如，切削力的大小、切削温度的高低、切屑的连续与碎断、加工质量的好坏以及刀具寿命、生产效率、生产成本的高低等都与刀具几何参数有关。因此，刀具几何参数的合理选用是提高金属切削效益的重要措施之一。

合理的刀具几何参数是在保证加工质量和刀具寿命的前提下，能够满足较高生产率和较低的加工成本。一个刀具参数对刀具切削性能的影响，既有有利方面，也有不利方面，如选用大的前角可以减小切屑变形和切削力，但前角增大的同时也会使刀具楔角减小，散热变差，刃口强度削弱。因此，应根据具体情况选取合理值。

1. 前角 γ_o 的功用及选择

（1）前角 γ_o 的功用　前角是切削刀具上的重要几何角度之一，它的大小直接影响切削力、切削温度和切削功率，影响刃区和刀头的强度与导热面积，从而影响刀具寿命和切削加工生产率。

（2）前角 γ_o 的选择　合理的前角主要取决于工件材料和刀具材料的性质和种类以及加工要求等，可查表找到硬质合金车刀合理前角的参考值。前角 γ_o 的选择原则如下：

1）加工塑性材料时，为减小切削变形，降低切削力和切削温度，刀具合理前角值 γ_o 要大些；加工脆性材料时，由于产生崩碎切屑，切削力集中在切削刃附近，前角对切削变形影响不大，同时为了防止崩刃，应选择较小的前角。当工件材料的强度、硬度大时，为保证刀尖的强度，前角应选得小些。

2）刀具材料的抗弯强度和冲击韧度越大时，应选用较大的前角 γ_o，如高速钢刀具比硬质合金刀具允许选用更大的前角（γ_o 可增大 $5° \sim 10°$）。

3）粗加工时切削力大，特别是断续切削有较大的冲击力，为保证切削刀具有足够的强度，应适当减小前角 γ_o；精加工时切削力小，要求刃口锋利，合理的前角应选大些。

4）工艺系统刚性差和机床功率不足时，应选取较大的前角 γ_o。自动机床或自动线用刀具，应主要考虑刀具的尺寸、寿命及工作的稳定性，而选用较小的前角。

（3）前刀面形式的选择　常见的前刀面形式如图3-10所示。

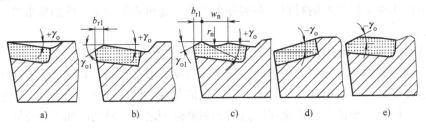

图 3-10　前刀面的形式

a）正前角平面型　b）正前角平面带倒棱型　c）正前角曲面带倒棱型
d）负前角单平面型　e）负前角双平面型

1）正前角平面型（见图3-10a）。这是前刀面的基本形式，其特点是结构简单，切削刃锋利，但刀尖强度低，卷屑能力及散热能力均较差，常用于精加工。

2）正前角平面带倒棱型（见图3-10b）。这种形式是在正前角平面型基础上沿切削刃磨出很窄的棱边（负倒棱）而形成的。它增强了切削刃强度，常用于脆性大的刀具材料，如陶瓷刀具、硬质合金刀具，尤其适用于在断续切削时使用。负倒棱宽度要选择适当，否则会变成负前角切削。负倒棱宽度 $b_{\gamma1} = (0.3 \sim 0.8)f$，粗加工时取大值，精加工时取小值；负倒棱前角 $\gamma_{o1} = -5° \sim -10°$。

3）正前角曲面带倒棱型（见图 3-10c）。这种前刀面是在正前角平面倒棱型的基础上磨出一定曲面形成的。它增大了前角 γ_o，并能起卷屑作用，主要用于粗加工和半精加工塑性材料。

4）负前角单平面型（见图 3-10d）。用硬质合金刀具切削高强度、高硬度材料时，为使刀具能承受较大的切削力，常采用此种形式的前刀面，其最大特点是抗冲击能力强。

5）负前角双平面型（见图 3-10e）。当刀具前刀面有磨损时，为了减小前刀面刃磨面积、充分利用刀片材料，可采用负前角双平面型。

2. 后角 α_o 的功用及选择

（1）后角 α_o 的功用　增大后角，可减小刀具后刀面与已加工表面的摩擦，减小刀具磨损，还可使切削刃钝圆半径减小，刀尖锋利，提高工件表面质量。但后角太大，使刀楔角显著减小，削弱切削刃的强度，使散热条件变差，降低刀具寿命。

（2）后角 α_o 的选择

1）工件的强度、硬度较高时，为增加切削刃的强度，应选择较小的后角 α_o；工件材料的塑性、韧性较大时，为减小刀具后刀面的摩擦，可取较大的后角 α_o。

2）粗加工或断续加工时，为了强化切削刃，应选择小的后角 α_o；精加工或连续切削时，刀具的磨损主要发生在后刀面，应选择较大的后角 α_o。

3）当工艺系统刚性较差、容易出现振动时，应适当减小后角 α_o。

4）有尺寸要求的刀具，为保证重磨后尺寸基本不变，合理后角 α_o 应选小一些。

5）前角大的刀具，为了使刀具具有一定的强度，应选择小的后角 α_o。

为了使制造、刃磨方便，一般副后角等于主后角。

（3）后刀面形式的选择

1）双重后角（见图 3-11a）。保证刃口强度，减少刃磨后刀面的工作量。

2）消振棱（见图 3-11b）。在后刀面上刃磨出一条有负后角的倒棱，增加了后刀面与过渡表面之间的接触面积，其阻尼作用能消除振动。$b_{\alpha1} = 0.1 \sim 0.3mm$，$\alpha_{o1} = -5° \sim -20°$。

3）刃带（见图 3-11c）。刃带是在后刀面上刃磨出的后角为 0° 的小棱边，用于一些定尺寸刀具（如钻头、铰刀等），目的是便于控制刀具尺寸，避免重磨后尺寸精度的变化。刃带可对刀具起稳定、导向和消振的作用，延长刀具的使用时间。刃带不宜太宽，否则会增大摩擦作用，宽度 $b_\alpha = 0.02 \sim 0.03mm$。

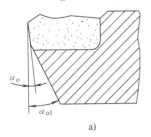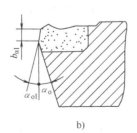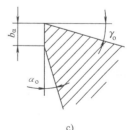

图 3-11　后刀面的形式

a）双重后角　b）消振棱　c）刃带

3. 主偏角、副偏角的功用及选择

（1）主偏角 κ_r 的功用

1）主偏角 κ_r 减小时，刀尖角增大，使刀尖强度提高，散热体积增大，刀具寿命提高。

2）主偏角 κ_r 减小时，切削宽度 b_D 增大，切削厚度 h_D 减小，切削刃工作长度增大，单位切削刃负荷减小，有利于提高刀具寿命。

3）主偏角 κ_r 减小时，使背向力 F_p 增大，易引起振动，使工件弯曲变形，降低加工精度。

4）减小主偏角 κ_r，可降低残留面积的高度，提高工件表面质量。

（2）主偏角 κ_r 的选择

1）粗加工时，因为其切削力大、振动大，对于抗冲击性差的刀具材料（如硬质合金），应选择大的主偏角，以减小振动。

2）工艺系统的刚性较好时，主偏角应选小值。

3）加工强度高、硬度高的材料时，为减小切削刃上的单位负荷、改善切削刃区的散热条件，应选择小一些的主偏角。

4）主偏角的选择还要考虑工件形状和加工条件，如车削细长轴时，可取 $\kappa_r = 90°$。

（3）副偏角 κ_r' 的选择原则及参考值　主要根据工件已加工表面的表面粗糙度要求和刀具强度来选择，在不引起振动的前提下尽量取小值。粗加工时，取 $\kappa_r' = 10° \sim 15°$；精加工时，取 $\kappa_r' = 5° \sim 10°$。当工艺系统刚度差或从工件中间切入时，可取 $\kappa_r' = 30° \sim 45°$。

4. 刃倾角 λ_s 的功用及选择

（1）刃倾角 λ_s 的功用

1）影响切屑的流出方向（见表2-2）。

2）影响切削刃切入时的接触位置（见表2-2）。

3）影响切削刃的锋利程度。当正的刃倾角值增大时，可使刀具的实际前角增大，刃口实际钝圆半径减小，增大切削刃的锋利性。

4）影响切削刃的工作长度。当 a_p 不变时，刃倾角的绝对值越大，切削刃工作长度越长，单位切削长度上的负荷越小，刀具寿命越高。

（2）刃倾角 λ_s 的选择原则

1）加工一般钢料和灰铸铁，粗车时取 $\lambda_s = 0° \sim -5°$；精车时取 $\lambda_s = 0° \sim +5°$；有冲击载荷时，取 $\lambda_s = -5° \sim -15°$。

2）加工高强度钢、淬硬钢或强力切削时，为提高刀头强度，取 $\lambda_s = -30° \sim -10°$。

3）工艺系统刚性不足时，尽量不用负刃倾角，以避免背向力的增加。

4）微量切削时，为增加切削刃的锋利程度和切薄能力，方法之一是采用大刃倾角刀具，$\lambda_s = 45° \sim 75°$。

3.5.3 切削用量的选择

选择合理的切削用量是切削加工中十分重要的环节，它对保证加工质量、降低加工成本和提高生产率有着非常重要的意义。切削条件不同，切削用量的合理值有较大的变化。切削用量的合理值是指在充分发挥机床、刀具的性能，保证加工质量的前提下，获得高的生产率和低的加工成本的切削用量值。

选择切削用量时，要综合考虑其对切削过程、生产率和刀具寿命的影响，最后确定一个

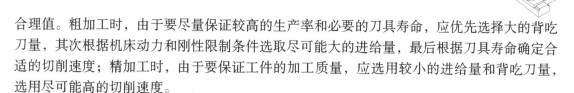

合理值。粗加工时，由于要尽量保证较高的生产率和必要的刀具寿命，应优先选择大的背吃刀量，其次根据机床动力和刚性限制条件选取尽可能大的进给量，最后根据刀具寿命确定合适的切削速度；精加工时，由于要保证工件的加工质量，应选用较小的进给量和背吃刀量，选用尽可能高的切削速度。

（1）背吃刀量 a_p 的选择　粗加工时，在机床功率足够时，应尽可能选取较大的背吃刀量，最好一次进给将该工序的加工余量全部切完。当加工余量太大、机床功率不足、刀具强度不够时，可分两次或多次进给将余量切完。切削表层有硬皮的铸件、锻件或切削不锈钢等加工硬化较严重的材料时，应尽量使背吃刀量越过硬皮或硬化层深度，以保护刀尖。半精加工和精加工时的背吃刀量是根据加工精度和表面粗糙度要求，由粗加工后留下的余量确定的。如半精车时选取 $a_p = 0.5 \sim 2.0$mm，精车时选取 $a_p = 0.1 \sim 0.8$mm。

（2）进给量 f 的选择　粗加工时，进给量 f 的选择主要受切削力的限制。在机床—刀具—夹具—工件工艺系统的刚度和强度良好的情况下，可选择较大的进给量值；在半精加工和精加工时，由于进给量对工件已加工表面的表面粗糙度值影响很大，进给量一般取值较小。

（3）切削速度 v_c 的选择　粗加工时，背吃刀量和进给量都较大，切削速度受合理刀具寿命和机床功率的限制，一般取较小值；反之精加工时选择较大的 v_c。选择切削速度时，还应考虑工件材料、刀具材料（如用硬质合金车刀精车时，一般采用较高的切削速度，$v_c > 80$m/min；用高速钢车刀精车时，一般选用较低的切削速度，$v_c < 5$m/min）以及切削条件等因素。

在实际生产中，往往是已知工件直径，根据工件材料、刀具材料和加工要求等因素选定切削速度，再将切削速度换算成车床主轴转速，以便调整车床。

例 3-2　在 CA6140 型卧式车床上车削 $\phi260$mm 的带轮外圆，选择切削速度为 90m/min，求主轴转速。

解： $n = 1000v_c / \pi d = [1000 \times 90 / (3.14 \times 260)]$r/min $= 110$r/min。

计算出车床主轴转速后，应选取与铭牌上接近的较小的转速。故车削该工件时，应选取 CA6140 型卧式车床铭牌上接近的较小转速，即选取 $n = 100$r/min 作为车床的实际转速。

切削用量的选取方法有计算法和查表法。在大多数情况下，切削用量应根据给定的条件按有关切削用量手册中推荐的数值选取。

3.5.4　切削液的选择

在切削过程中合理使用切削液，可以改善切屑、工件与刀具的摩擦状况，降低切削力和切削温度，减少刀具磨损，抑制积屑瘤的生长，从而提高生产率和加工质量。

1. 切削液的作用

切削液主要起冷却和润滑的作用，同时还具有良好的清洗和防锈功用。

（1）冷却作用　切削液的冷却作用，主要靠热传导带走大量的热来降低切削温度。一般来说，水溶液的冷却性能最好，油类最差，乳化液介于两者之间而接近于水溶液。

（2）润滑作用　切削液渗透到切削区后，在刀具、工件、切屑界面上形成润滑油膜，减小摩擦。润滑性能的强弱取决于切削液的渗透能力、形成润滑膜的能力和强度。

（3）清洗作用　在加工脆性材料形成崩碎切屑或加工塑性工件形成粉末切屑（如磨削）时，要求切削液具有良好的清洗作用和冲刷作用。清洗作用的好坏，与切削液的渗透性、流动性和使用的压力有关。为了提高切削液的清洗能力，及时冲走碎屑及磨粉，在使用时往往给予一定的压力，并保持足够的流量。

（4）防锈作用　为了减小工件、机床、刀具受周围介质（空气、水分等）的腐蚀，要求切削液具有一定的防锈作用。防锈作用的好坏，取决于切削液本身的性能和加入的防锈添加剂的作用。在气候潮湿地区，对防锈作用的要求显得更为突出。

2. 切削液的种类

金属切削加工中，最常用的切削液可分为水溶性切削液和油溶性切削液两大类，见表3-3。

表3-3　切削液的种类、成分、性能和作用以及用途

种　　类		成　　分	性能和作用	用　　途
水溶性切削液	水溶液	以软水为主，加入防锈剂、防霉剂，有的还加入油性添加剂、表面活性剂以增强润滑性	主要起冷却作用	常用于粗加工
	乳化液	配制成3%～5%的低含量乳化液	主要起冷却作用，但润滑和防锈性能较差	用于粗加工、难加工的材料和细长工件的加工
		配制成高含量乳化液	提高其润滑和防锈性能	精加工用高含量乳化液
		加入一定的极压添加剂和防锈添加剂		用高速钢刀具粗加工和对钢料精加工时用极压乳化液 钻削、铰削和加工深孔等半封闭状态下，用黏度较小的极压乳化液
	合成切削液	由水、各种表面活性剂和化学添加剂组成，如国产DX148多效合成切削液有良好的使用效果	冷却、润滑、清洗和防锈性能较好，不含油，可节省能源，有利于环保	国内外推广使用的高性能切削液，国外的使用率达到60%，在我国工厂中的使用也日益增多
油溶性切削液	切削油 矿物油	L-AN15、L-AN22、L-AN32 全损耗系统用油	润滑作用较好	在普通精车、螺纹精加工中使用甚广
		轻质柴油、煤油等	煤油的渗透和清洗作用较突出	在精加工铝合金、铸铁和高速钢铰刀铰孔中使用
	切削油 动植物油	食用油	能形成较牢固的润滑膜，其润滑效果比纯矿物油好，但易变质	应尽量少用或不用
	复合油	矿物油与动植物油的混合油	润滑、渗透和清洗作用均较好	应用范围广
	极压切削油	在矿物油中添加氯、硫、磷等极压添加剂和防锈添加剂配制而成。常用的有氯化切削油和硫化切削油	它在高温下不破坏润滑膜，具有良好的润滑效果，防锈性能也得到了提高	用高速钢刀具对钢料精加工时，用钻削、铰削和加工深孔等半封闭状态下工作时，用黏度较小的极压切削油

3. 切削液的选择

切削液品种繁多、性能各异，在切削加工时应根据工件材料、刀具材料、加工方法和加工要求的具体情况合理选用，以取得良好的效果。另外，还要求切削液无毒、无异味、绿色环保、不影响人身健康、不变质以及有良好的化学稳定性等。

（1）根据工件材料选用　切削钢材等塑性材料需用切削液，切削铸铁等脆性材料可不用切削液，后者使用切削液的作用不明显，而且会弄脏工作场地和使碎屑粘附在机床导轨与滑板间造成阻塞和擦伤。切削高强度钢、高温合金等难切削材料时，应选用极压切削油或极压乳化液；切削铜、铝及其合金时，不能使用含硫的切削液，因为硫对其有腐蚀作用。

（2）根据刀具材料选用　高速钢刀具热硬性差，粗加工时应选用以冷却作用为主的切削液，主要目的是降低切削温度，但在中、低速精加工切削时（包括铰削、拉削、螺纹加工、剃齿等），应选用润滑性能好的极压切削油或高浓度的极压乳化液。硬质合金刀具热硬性好，耐热、耐磨，一般不用切削液，必要时可使用低浓度的乳化液或合成切削液，但必须连续、充分浇注，以免刀具因冷热不均匀，产生较大内应力而导致破裂。

（3）根据加工方法选用　对于钻孔、攻螺纹、铰孔和拉削等，由于导向部分和校准部分与已加工表面摩擦较大，通常选用乳化液、极压乳化液和极压切削油。成形刀具、螺纹刀具及齿轮刀具应保证有较高的寿命，通常选用润滑性能好的切削油、高浓度的极压乳化液或极压切削油。磨削加工，由于磨屑微小而且磨削温度很高，故选用冷却和清洗性能好的切削液，如水溶液、乳化液。磨削难加工材料时，宜选用有一定润滑性能的水溶液和极压乳化液。

（4）根据加工要求选用　粗加工时，金属切除量大，切削温度高，应选用冷却作用好的切削液；精加工时，为保证加工质量，宜选用润滑作用好的极压切削液。

4. 使用切削液的注意事项

1）油状乳化液必须用水稀释后才能使用。但乳化液会污染环境，应尽量选用环保型切削液。

2）切削液必须浇注在切削区域内，如图 3-12 所示，因为该区域是切削热源。

3）控制好切削液的流量。流量太小或断续使用，起不到应有作用；流量太大，则会造成切削液浪费。

4）加注切削液的方法可以采用浇注法和高压冷却法。浇注法是一种简便易行、应用广泛的方法，一般车床均有这种冷却系统，如图 3-13a 所示；高压冷却法是以较高的压力和流量将切削液喷向切削区，如图 3-13b 所示，这种方法一般用于半封闭加工或车削难加工材料。

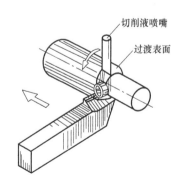

图 3-12　切削液浇注的区域

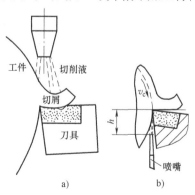

图 3-13　加注切削液的方法
a）浇注法　b）高压冷却法

练习与思考

3-1 金属切削过程的本质是什么？切削过程中的三个变形区是怎样划分的？各变形区有何特征？

3-2 切屑类型有哪几种？各种类型切屑的形成条件是什么？切削塑性金属时，为了使切屑容易折断可采用哪些措施？

3-3 积屑瘤是如何形成的？对加工有何影响？如何避免？

3-4 试判断图 3-14a、b 所示两种切削方式中哪种平均变形大、哪种切削力大，为什么？（切削条件：$\kappa_r = 90°$，$r_\varepsilon = 0.5\,\text{mm}$，$a_p = 1\,\text{mm}$，$f = 1\,\text{mm/r}$）

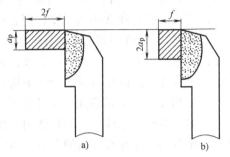

图 3-14　题 3-4 图

3-5 各切削分力分别对加工过程有何影响？影响切削力的因素有哪些？它们是怎样影响切削力的？

3-6 用 $\kappa_r = 60°$、$\gamma_o = 20°$ 的外圆车刀在 CA6140 型卧式车床上车削细长轴，车削后工件呈腰鼓形，其原因是什么？在刀具上采用什么措施可以减小甚至消除此误差？

3-7 试分析 $\kappa_r = 93°$ 的外圆车刀车削外圆时工件的受力情况。

3-8 切削力是怎样产生的？为什么要研究切削力？

3-9 背吃刀量和进给量对切削力的影响有何不同？对切削的影响有何不同？为什么？

3-10 已知工件材料为 HT200（退火状态），加工前直径为 70mm，用主偏角为 75° 的硬质合金车刀车削外圆时，工件的速度为 6r/s，加工之后直径为 62mm，刀具每秒钟沿工件轴向移动 2.4mm，单位切削力 κ_c 为 1118N/mm²。求：

① 切削用量三要素 a_p、f 和 v_c；②选择刀具材料牌号；③计算切削力和切削功率。

3-11 切削热是怎样传出的？切削热对切削加工有什么影响？影响切削热传出的因素有哪些？

3-12 为什么切削钢件时，其刀具前刀面的温度要比后刀面高，而切削灰铸铁等脆性材料时则相反？

3-13 刀具磨损与一般机器零件磨损相比，有何特点？

3-14 为什么硬质合金刀具与高速钢刀具相比，所规定的磨钝标准要小些？

3-15 何谓刀具寿命？刀具寿命与刀具总寿命的区别是什么？从提高生产率或降低成本的观点看，刀具寿命是否越高越好？为什么？

3-16 材料的相对加工性如何表示？它与加工中的哪些因素有关？有何作用？

3-17 说明前角、后角的大小对切削过程的影响。

3-18 从刀具寿命的角度分析刀具前角、后角的合理选择。

3-19 分析主偏角、副偏角的大小对切削过程的影响。

3-20 粗加工、精加工时，为何所选用的切削液不同？

模块2　外圆表面加工

单元4　车削加工

4.1　车削工作内容

4.1.1　车削加工范围

通常，车削的主运动由工件随主轴旋转来实现，进给运动由刀架的纵横向移动来完成。车床使用的刀具为各种车刀，也可用钻头、扩孔钻、铰刀进行孔加工，用丝锥、板牙加工内外螺纹表面。由于大多数机器零件都具有回转表面，车床的工艺范围又较广，因此，车削加工的应用极为广泛。图4-1所示是卧式车床所能加工的典型表面。

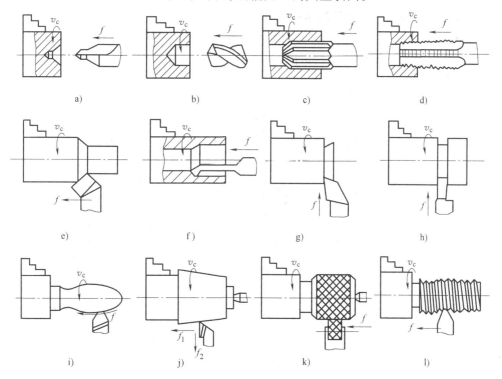

图4-1　卧式车床的典型加工表面

a）钻中心孔　b）钻孔　c）铰孔　d）攻螺纹　e）车外圆　f）镗孔　g）车端面

h）车槽　i）车成形面　j）车圆锥　k）滚花　l）车螺纹

4.1.2 车削加工能达到的技术精度和工艺特点

车削适合于加工各种内外回转面。它对工件材料、结构、精度和表面粗糙度以及生产批量有较强的适应性，因而应用较为广泛。例如，它除了可车削各种钢材、铸铁、有色金属外，还可车削各种玻璃、尼龙、夹布胶木等非金属。对一些有色金属零件，不适合磨削的，可在车床上用金刚石车刀进行精细车削（高的切削速度、小的背吃刀量和进给量）。对于非常硬的材料（如淬火钢、冷硬铸铁），则可采用立方氮化硼车刀进行精细车削，达到以车削代磨削的效果。

车削加工的公差等级一般在 IT13～IT6，表面粗糙度 Ra 为 12.5～1.6 μm。

车削所用刀具，结构简单，制造容易，刃磨与装夹也较方便。还可根据加工要求，选择刀具材料和改变刀具角度。

车削属于等截面（$A_D = a_p f$ 为定值，单位为 mm^2）的连续切削（毛坯余量不均匀例外）。因此，车削比刨削、铣削等切削抗力变化小，切削过程平稳，有利于进行高速切削和强力切削，生产率也较高。

总之，车削具有适应性强、加工精度和生产率高、加工成本低的特点。

4.2 车床

4.2.1 CA6140 型卧式车床的外部结构

CA6140 型卧式车床主要用来加工轴类零件和直径不大的盘类零件。图 4-2 为 CA6140 型卧式车床的外形图，其主要组成部件及其功用为：

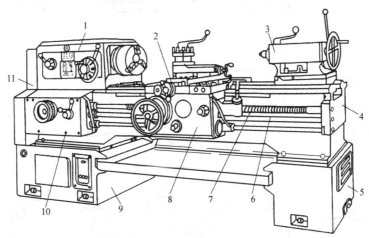

图 4-2　CA6140 型卧式车床的外形图

1—主轴箱　2—刀架　3—尾座　4—床身　5—右床腿　6—光杠　7—丝杠
8—溜板箱　9—左床腿　10—进给箱　11—交换齿轮变速机构

（1）床身　床身4是车床的基础零件，固定在左床腿9和右床腿5上，用以支承连接其他部件，如主轴箱、进给箱、溜板箱、滑板和尾座等，并使它们保持准确的相对位置。床身上的导轨用来引导刀架和尾座相对于主轴进行正确的移动。

（2）主轴箱　主轴箱1内装主轴和主轴变速机构。电动机的运动经 V 带传动传给主轴箱，通过变速机构使主轴获得不同的转速。主轴又通过传动齿轮带动交换齿轮变速机构11将运动传至进给箱。主轴为空心结构，如图4-3所示，前部外锥面安装附件（如卡盘等）用来夹持工件，前部内锥面用来安装顶尖，细长孔可穿入棒料。

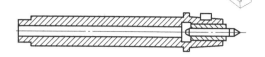

图4-3 车床主轴结构示意图

（3）进给箱 进给箱10内装有进给运动的传动及操纵装置，可按所需的进给量和螺纹的导程调整其变速机构，改变进给速度。

（4）光杠和丝杠 这两种部件将进给箱的运动传给溜板箱。自动进给时用光杠，车削螺纹时用丝杠。

（5）溜板箱 溜板箱8安装在刀架部件底部，它可以通过光杠或丝杠接受自进给箱传来的运动，并将运动传给刀架部件，从而使刀架实现纵、横向进给或车削螺纹运动。

（6）刀架与滑板 四方刀架用于装夹刀具，可同时安装四把刀具。滑板俗称拖板，由上、中、下三层组成：床鞍与溜板箱连接，用于带动车刀沿床身导轨作纵向进给运动；中滑板用于车削外圆（或孔）时控制背吃刀量及车削端平面时带动车刀实现横向进给运动；小滑板用于纵向调节刀具位置和实现手动短距离纵向进给运动，小滑板还可通过转盘相对中滑板偏转一定角度，通过松开螺母，用于手动斜向移动加工圆锥面，如图4-4所示。

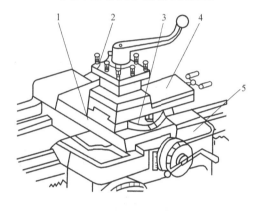

图4-4 刀架与滑板
1—中滑板 2—四方刀架 3—转盘
4—小滑板 5—床鞍

中滑板的刻度盘装在横向进给的丝杠端头上，当摇动横向进给丝杠一圈时，刻度盘也随之转一圈，这时固定在中滑板上的螺母就带动中滑板、刀架及车刀一起移动一个螺距。如果中滑板丝杠螺距为5mm，刻度盘分为100格，当手柄摇转一周时，中滑板就移动5mm，当刻度盘每转过一格时，中滑板移动量为5mm÷100=0.05mm。

小滑板的刻度盘可以用来控制车刀短距离的纵向移动，其刻度原理与中滑板的刻度盘相同。

转动中滑板丝杠时，由于丝杠和螺母之间的配合存在间隙，滑板会产生空行程（即丝杠带动刻度盘转动，而滑板并未立即转动），因此使用刻度盘时要反向转动适当角度，消除配合间隙，然后再慢慢转动刻度盘所需的格数。如果多转动了几格，绝不能简单地退回，而必须退回全部的空行程，再转到所需的刻度。

（7）尾座 尾座3安装于床身导轨上，可沿导轨纵向调整位置，尾座套筒内可安装顶尖用来支承较长或较重的工件，也可安装各种刀具，如钻头、铰刀等，尾座结构如图4-5所示。

（8）床腿 床腿支撑床身并与地基连接。

车床各部分的传动关系如图4-6所示。

4.2.2 CA6140型卧式车床的传动系统及主要部件

1. CA6140型卧式车床的传动系统

机床运动是通过传动系统实现的。CA6140型卧式车床的各种运动可通过传动框图表示出来。如图4-7所示，CA6140型卧式车床有4种运动，就有4条传动链，即主运动传动链、纵横向进给运动传动链、车削螺纹传动链及刀架快速移动传动链。实现一台机床所有运动的传动链就组成了该机床的传动系统，如图4-8所示。

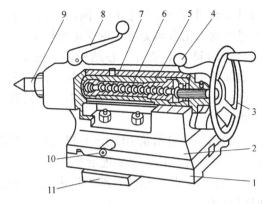

图4-5 车床尾座的结构

1—底座 2—座体 3—手轮 4—尾座锁紧手柄
5—丝杠螺母 6—丝杠 7—套筒 8—套筒锁紧手柄
9—顶尖 10—螺钉 11—底板

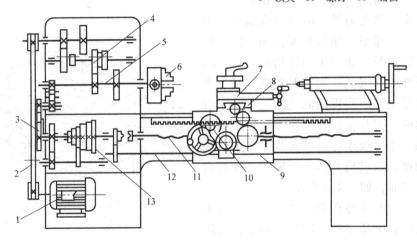

图4-6 车床各部分的传动关系

1—电动机 2—传动带 3—交换齿轮 4—滑移齿轮 5—主轴 6—卡盘 7—小滑板
8—中滑板 9—溜板箱 10—齿条 11—丝杠 12—光杠 13—交换齿轮组

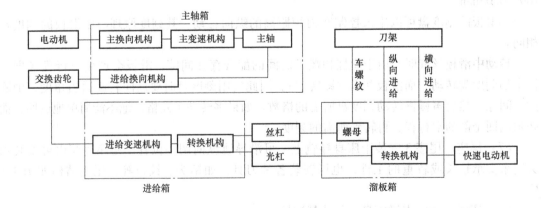

图4-7 CA6140型卧式车床传动框图

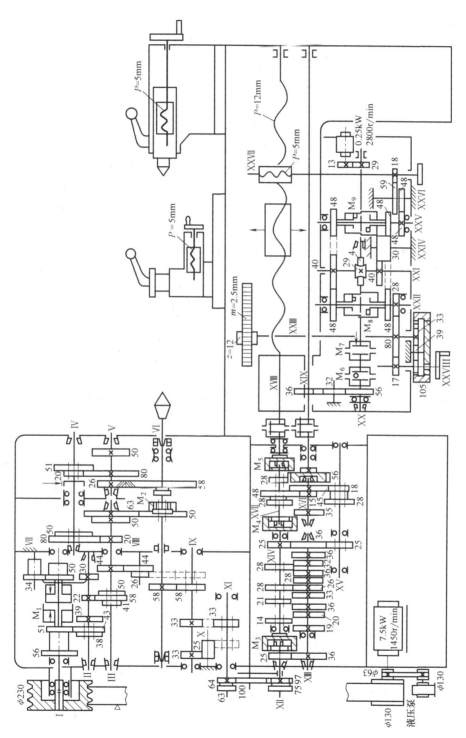

图 4-8 CA6140型卧式车床的传动系统图

（1）主运动传动链　主运动传动链的两端件是主电动机与主轴，其功能是把动力源的运动及动力传给主轴，并满足车床主轴变速和换向的要求。

1）两端件为电动机—主轴。

2）计算位移。所谓计算位移，是指传动链首末件之间相对运动量的对应关系。CA6140型卧式车床的主运动传动链是一条外联系传动链，电动机与主轴各自转动时运动量的关系为各自的转速，即

$$1450\text{r/min}（主电动机）—n（主轴，单位为 r/min）$$

3）传动路线表达式。主运动由主电动机（7.5kW，1450r/min）经 V 带传至轴 I 而输入主轴箱。轴 I 上安装有双向多片离合器 M_1，以控制主轴的起动、停止及旋转方向。M_1 左边摩擦片结合时，空套的双联齿轮 51、56 与轴 I 一起转动，实现主轴正转；右边摩擦片结合时，由齿轮 50 与轴 I 一起转动，齿轮 50 通过轴 Ⅶ 的齿轮 34 带动轴 Ⅱ 上的齿轮 30，实现主轴反转（主轴反转一般不用于切削，而是用于切螺纹时，为防止下一刀"乱牙"，使车刀沿螺旋线退回，转速高，以节省辅助时间）；当两边摩擦片都脱开时，则轴 I 空转，此时主轴静止不动。当主轴 Ⅵ 的滑移齿轮 50 处于左边位置时，轴 Ⅲ 的运动直接由齿轮 63 传至与主轴用花键联接的滑移齿轮 50，从而带动主轴以高速旋转；当主轴 Ⅵ 的滑移齿轮 50 右移，脱开与轴 Ⅲ 上齿轮 63 的啮合，并通过其内齿轮与主轴上齿轮 58 左端齿轮啮合（即 M_2 结合）时，运动经过轴 Ⅲ—Ⅳ—Ⅴ，再经齿轮副 26/58 使主轴获得中、低转速。其传动路线表达为

$$电动机—\frac{\phi130}{\phi230}—I—\begin{bmatrix}\overrightarrow{M_1}—\begin{bmatrix}\dfrac{56}{38}\\[4pt]\dfrac{51}{43}\end{bmatrix}\\[10pt]M_1 中间（停）\\[6pt]\overrightarrow{M_1}—\dfrac{50}{34}\times\dfrac{34}{30}\end{bmatrix}—II—\begin{bmatrix}\dfrac{39}{41}\\[4pt]\dfrac{22}{58}\\[4pt]\dfrac{30}{50}\end{bmatrix}—III—\begin{bmatrix}\overrightarrow{M_2}—\begin{bmatrix}\dfrac{20}{80}\\[4pt]\dfrac{50}{50}\end{bmatrix}—IV—\begin{bmatrix}\dfrac{20}{80}\\[4pt]\dfrac{51}{50}\end{bmatrix}—V—\dfrac{26}{58}\\[10pt]\overleftarrow{M_2}—\dfrac{63}{50}\end{bmatrix}—Ⅵ轴$$

4）主轴转速级数。由传动系统图和传动路线表达式可以看出，主轴正转时，适用各滑移齿轮轴向位置的各种不同组合，主轴共可得 $2\times3\times(1+2\times2)=30$ 种转速，但由于轴 Ⅲ—Ⅴ 间的四种传动比为

$$u_1=\frac{50}{50}\times\frac{51}{50}\approx1,\quad u_2=\frac{20}{80}\times\frac{51}{50}\approx\frac{1}{4},\quad u_3=\frac{50}{50}\times\frac{20}{80}=\frac{1}{4},\quad u_4=\frac{20}{80}\times\frac{20}{80}=\frac{1}{16}$$

其中，$u_2\approx u_3$，轴 Ⅲ—Ⅴ 间只有三种不同传动比，故主轴实际获得 $2\times3\times(1+3)=24$ 级不同的正转转速。同理，可以计算出主轴的反转转速级数为：$3\times(1+3)=12$ 级。

5）运动平衡式。主运动的运动平衡式为

$$n_主=1450\text{r/min}\times\frac{130}{230}\times(1-\varepsilon)u_{I—II}u_{II—III}u_{III—Ⅵ} \tag{4-1}$$

式中，$n_主$ 是主轴转速（r/min）；ε 是 V 带传动的滑动系数，近似取 $\varepsilon=0.02$；$u_{I—II}$、$u_{II—III}$、$u_{III—Ⅵ}$ 分别是轴 I—Ⅱ、轴 Ⅱ—Ⅲ、轴 Ⅲ—Ⅵ 间的传动比。

（2）车削螺纹传动链　CA6140 型卧式车床可车削米制、模数制、英制和径节制四种标准螺纹，另外还可加工大导程螺纹、非标准螺纹及较精密螺纹。

1）车削米制螺纹。米制螺纹是应用最广泛的一种螺纹，在车削螺纹时，应满足主轴带动工件旋转一转，刀架带动刀具轴向进给所加工螺纹的一个导程。

① 首末件。首件为带动工件转动的主轴，末件为带动刀具移动的刀架。

② 计算位移。主轴转一转，刀架移动所加工螺纹的一个导程 P_h。

③ 传动路线表达式。车削米制螺纹时，进给箱中离合器 M_3、M_4 脱开，M_5 结合（见图 4-8）。移换机构轴 XII 上的齿轮 25 移至左位，轴 XV 上的齿轮 25 移至右位，交换齿轮组采用 $\frac{63}{100} \times \frac{100}{75}$，最后丝杠通过开合螺母将运动传至溜板箱，带动刀架纵向进给。其传动路线表达式为

$$主轴 VI - \frac{58}{58} - IX - \begin{bmatrix} \frac{33}{33} \\ （右旋螺纹） \\ \frac{33}{25} \times \frac{25}{33} \\ （左旋螺纹） \end{bmatrix} - XI - \frac{63}{100} \times \frac{100}{75} - XII - \frac{25}{36} - XIII - u_基 - XIV -$$

$$\frac{25}{36} \times \frac{36}{25} - XV - \begin{bmatrix} \frac{18}{45} \\ \frac{28}{35} \end{bmatrix} - XVI - \begin{bmatrix} \frac{15}{48} \\ \frac{35}{28} \end{bmatrix} - XVII - M_5 合 - XVIII （丝杠） - 刀架$$

轴 XIII—XIV 间变速机构由固定在轴 XIII 上的 8 个齿轮及安装在轴 XIV 上的 4 个单联滑移齿轮组成，其传动比大小由小到大依次为

$$u_{基1} = \frac{26}{28} = \frac{6.5}{7}, \quad u_{基2} = \frac{28}{28} = \frac{7}{7}, \quad u_{基3} = \frac{32}{28} = \frac{8}{7}, \quad u_{基4} = \frac{36}{28} = \frac{9}{7}$$

$$u_{基5} = \frac{19}{14} = \frac{9.5}{7}, \quad u_{基6} = \frac{20}{14} = \frac{10}{7}, \quad u_{基7} = \frac{33}{21} = \frac{11}{7}, \quad u_{基8} = \frac{36}{21} = \frac{12}{7}$$

若不看 $\frac{6.5}{7}$ 和 $\frac{9.5}{7}$，其余的 6 个传动比组成一个等差数列，是获得螺纹导程的基本机构，称为基本组，其传动比用 $u_基$ 表示。轴 XV—XVII 间有 4 种不同的传动比

$$u_{倍1} = \frac{18}{45} \times \frac{15}{48} = \frac{1}{8}, \quad u_{倍2} = \frac{28}{35} \times \frac{15}{48} = \frac{1}{4}, \quad u_{倍3} = \frac{18}{45} \times \frac{35}{28} = \frac{1}{2}, \quad u_{倍4} = \frac{28}{35} \times \frac{35}{28} = 1$$

其值组成等比数列，公比为 2，用来配合基本组，扩大车削螺纹的螺距值，故称为增倍机构或增倍组，其传动比用 $u_倍$ 表示。

④ 运动平衡式。主轴转一转，刀架移动 P_h，则根据传动路线表达式得出

$$P_h = 1 \times \frac{58}{58} \times \frac{33}{33} \times \frac{63}{100} \times \frac{100}{75} \times \frac{25}{36} \times u_基 \times \frac{25}{36} \times \frac{36}{25} \times u_倍 \times 12$$

将上式化简后得

$$P_h = 7 u_基 u_倍 \qquad\qquad (4-2)$$

式（4-2）称为 CA6140 型卧式车床加工米制螺纹的换置公式。可见，适当地选择 $u_基$ 和 $u_倍$ 的值，就可得到被加工螺纹的各种导程 P_h 值。

国家标准规定了米制螺纹的标准导程值，表 4-1 列出了 CA6140 型卧式车床车削米制螺纹标准导程值。

表 4-1 CA6140 型卧式车床车削米制螺纹标准导程值

P_h/mm　　　$u_基$ $u_倍$	$\dfrac{26}{28}$	$\dfrac{28}{28}$	$\dfrac{32}{28}$	$\dfrac{36}{28}$	$\dfrac{19}{14}$	$\dfrac{20}{14}$	$\dfrac{33}{21}$	$\dfrac{36}{21}$
$\dfrac{18}{45} \times \dfrac{15}{48} = \dfrac{1}{8}$	—	—	1	—	—	1.25	—	1.5
$\dfrac{28}{35} \times \dfrac{15}{48} = \dfrac{1}{4}$	—	1.75	2	2.25	—	2.5	—	3
$\dfrac{18}{45} \times \dfrac{35}{28} = \dfrac{1}{2}$	—	3.5	4	4.5	—	5	5.5	6
$\dfrac{28}{35} \times \dfrac{35}{28} = 1$	—	7	8	9	—	10	11	12

从表 4-1 中可看出，每一行的导程组成等差数列，行与行之间的导程值即成一公比为 2 的等比数列，在车削米制螺纹的传动链中设置的换置机构应能将标准螺纹加工出来，并且满足传动链尽量简便的要求。

例 4-1 欲在 CA6140 型卧式车床上加工一左旋螺纹，其螺纹的螺距 $P = 1.75\text{mm}$，螺纹线数 $n = 2$，问能否加工？若能加工，其 $u_基$ 和 $u_倍$ 各为多少？并写出加工此螺纹时主轴至刀架的具体传动路线。

解： 将螺距 $P = 1.75\text{mm}$、线数 $n = 2$ 转换成被加工螺纹的导程，即

$$P_h = Pn = 1.75\text{mm} \times 2 = 3.5\text{mm}$$

根据换置公式 $P_h = 7u_基 u_倍$，判断是否可取到合适的 $u_基$ 和 $u_倍$，使得等式成立。若能，则说明螺纹可以在 CA6140 型卧式车床上加工；若不能，则说明不能加工。

若取 $u_基 = \dfrac{7}{7} = \dfrac{28}{28}$，$u_倍 = \dfrac{1}{2} = \dfrac{18}{45} \times \dfrac{35}{28}$，代入式（4-2）得到：$P_h = 7 \times \dfrac{7}{7} \times \dfrac{1}{2}\text{mm} = 3.5\text{mm}$，等式两边相等，说明此螺纹能在 CA6140 型卧式车床上加工。则主轴至刀架的具体传动路线为

主轴 Ⅵ — $\dfrac{58}{58}$ — Ⅸ — $\dfrac{33}{25} \times \dfrac{25}{33}$ — Ⅺ — $\dfrac{63}{100} \times \dfrac{100}{75}$ — Ⅻ — $\dfrac{25}{36}$ — ⅩⅢ — $\dfrac{28}{28}$ — ⅩⅣ — $\dfrac{25}{36} \times \dfrac{36}{25}$ — ⅩⅤ — $\dfrac{18}{45} \times \dfrac{35}{28}$ — ⅩⅦ — M_5 合 — ⅩⅧ（丝杠）— 刀架

⑤ 扩大导程路线，加工米制螺纹。由加工米制螺纹的换置公式可知，在 CA6140 型卧式车床上用正常路线加工米制螺纹的最大导程是 12mm。当需要车削导程大于 12mm 的螺纹时，可将轴 Ⅸ 上的滑移齿轮 58 向右滑移，使之与轴 Ⅷ 上的齿轮 26 啮合。这是一条扩大导程的传动路线，主轴 Ⅵ 与刀架之间的传动路线表达式为

主轴 Ⅵ — $\dfrac{58}{26}$ — Ⅴ — $\dfrac{80}{20}$ — Ⅳ — $\begin{bmatrix} \dfrac{50}{50} \\[6pt] \dfrac{80}{20} \end{bmatrix}$ — Ⅲ — $\dfrac{44}{44} \times \dfrac{26}{58}$ — Ⅸ — …… （接正常导程传动路线）

相比正常导程传动路线主轴 Ⅵ 与轴 Ⅸ 间 1:1 的传动比，扩大导程传动路线主轴至轴 Ⅸ 间的传动比为

$$u_{扩1} = \dfrac{58}{26} \times \dfrac{80}{20} \times \dfrac{50}{50} \times \dfrac{44}{44} \times \dfrac{26}{58} = 4, \quad u_{扩2} = \dfrac{58}{26} \times \dfrac{80}{20} \times \dfrac{80}{20} \times \dfrac{44}{44} \times \dfrac{26}{58} = 16$$

由此可见，加工螺纹时，将正常导程传动路线改为扩大导程传动路线，则加工出来的螺纹导程将扩大 4 倍或 16 倍。需要说明的是，用扩大导程传动路线加工螺纹时，其扩大路线主轴Ⅵ至轴Ⅸ间所经过的 Ⅴ—Ⅳ—Ⅲ 这段路线是主运动传动路线的一部分。也就是说，主轴是经过轴Ⅲ—Ⅳ—Ⅴ 传动的，所以加工扩大导程螺纹时，主轴只能低速转动。

2）车削模数螺纹。模数螺纹主要是米制蜗杆，其齿距（即螺距，单位为 mm）值为 πm，所以模数螺纹的导程为 $P_{hm} = n\pi m$，其中，m 为蜗杆的模数，n 为螺纹的线数。由于模数螺纹的标准导程值与米制螺纹的标准导程值规律相同，但其中含有特殊因子 π，所以将加工米制螺纹主轴至刀架的传动路线中的交换齿轮组 $\dfrac{63}{100} \times \dfrac{100}{75}$ 更换成 $\dfrac{64}{100} \times \dfrac{100}{97}$ 即可，其运动平衡式为

$$P_{hm} = 1 \times \frac{58}{58} \times \frac{33}{33} \times \frac{64}{100} \times \frac{100}{97} \times \frac{25}{36} \times u_{基} \times \frac{25}{36} \times \frac{36}{25} \times u_{倍} \times 12$$

式中，$\dfrac{64}{100} \times \dfrac{100}{97} \times \dfrac{25}{36} \approx \dfrac{7\pi}{48}$，代入上式化简后得：$P_m = \dfrac{7\pi}{4} u_{基} \, u_{倍}$。

因为 $P_{hm} = n\pi m$，所以得

$$m = \frac{7}{4n} u_{基} \, u_{倍} \tag{4-3}$$

改变 $u_{基}$ 和 $u_{倍}$，或应用螺纹导程扩大机构，就可以车削各种不同模数的螺纹。

3）车削寸制螺纹。寸制螺纹在采用英制的国家，如英国、美国、加拿大等应用较广泛。目前我国部分管螺纹也采用寸制螺纹。

寸制螺纹以每英寸（即 in，1 in = 25.4 mm）长度上的螺纹牙数 a 来表示，a 的单位为牙/in。由于 CA6140 型卧式车床的丝杠是米制螺纹，被加工的寸制螺纹应换算成以毫米（mm）为单位的相应导程值，即

$$P_{ha} = \frac{25.4}{a} n$$

式中，n 为螺纹的线数。由于标准的 a 值也是按分段等差数列规律排列的，所以标准英制螺纹螺距值的特点是：分母按分段等差数列排列，且螺距值中含有 25.4 的特殊因子。因此，车削寸制螺纹传动路线与车削米制螺纹传动路线相比，有如下两点不同：

① 基本组中主、从动传动关系应与车削米制螺纹时相反，即运动由轴ⅩⅣ传至轴ⅩⅢ。这样，基本组的传动比变为 $\dfrac{7}{6.5}$、$\dfrac{7}{7}$、$\dfrac{7}{8}$、$\dfrac{7}{9}$、$\dfrac{7}{9.5}$、$\dfrac{7}{10}$、$\dfrac{7}{11}$、$\dfrac{7}{12}$，形成了分母成近似等差数列，从而符合寸制螺纹螺距值的排列规律。

② 改变传动链中部分传动副的传动比，以引入 25.4 的因子。车削英制螺纹时，交换齿轮组采用 $\dfrac{63}{100} \times \dfrac{100}{75}$，进给箱中轴Ⅻ的滑移齿轮 25 右移，使 M_3 结合，轴Ⅻ的运动传至轴ⅩⅣ上。M_4 脱开，M_5 结合、轴ⅩⅣ经基本组将运动传至轴ⅩⅢ，轴ⅩⅤ上滑移齿轮 25 左移与轴ⅩⅢ上固定齿轮 36 啮合，其余路线与米制螺纹相同。

车削寸制螺纹的运动平衡式为

$$P_{ha} = \frac{25.4n}{a} = 1 \times \frac{58}{58} \times \frac{33}{33} \times \frac{63}{100} \times \frac{100}{75} \times \frac{1}{u_{基}} \times \frac{36}{25} \times u_{倍} \times 12$$

式中，$\frac{63}{100}\times\frac{100}{75}\times\frac{36}{25}\approx\frac{25.4}{21}$，代入上式后整理得出换置公式 $P_{ha}=\frac{25.4n}{a}=\frac{4}{7}\times25.4\frac{u_{倍}}{u_{基}}$，则

$$a=\frac{7n}{4}\frac{u_{基}}{u_{倍}} \tag{4-4}$$

当 $n=1$ 时，a 与 $u_{基}$、$u_{倍}$ 的关系见表4-2。

表4-2　CA6140型卧式车床车削寸制螺纹中 a 与 $u_{基}$、$u_{倍}$ 的关系

a（牙/in）＼$u_{基}$ ＼$u_{倍}$	$\frac{26}{28}$	$\frac{28}{28}$	$\frac{32}{28}$	$\frac{36}{28}$	$\frac{19}{14}$	$\frac{20}{14}$	$\frac{33}{21}$	$\frac{36}{21}$
$\frac{18}{45}\times\frac{15}{48}=\frac{1}{8}$	—	14	16	18	19	20	—	24
$\frac{28}{35}\times\frac{15}{48}=\frac{1}{4}$	—	7	8	9		10	11	12
$\frac{18}{45}\times\frac{35}{28}=\frac{1}{2}$	$3\frac{1}{4}$	$3\frac{1}{2}$	4	$4\frac{1}{2}$		5		6
$\frac{28}{35}\times\frac{35}{28}=1$	—	—	2	—	—	—	—	3

4）车削径节螺纹。径节螺纹主要是寸制蜗杆，它是以径节 DP（牙/in）来表示的。径节表示齿轮或蜗杆折算到1in分度圆直径上的齿数，即径节 $DP=z/D$，其中 z 为齿数，D 为分度圆直径（in），所以径节螺纹的导程（mm）为

$$P_{DP}=\frac{\pi n}{DP}(in)=\frac{25.4\pi n}{DP}$$

径节 DP 也是按分段等差数列的规律排列的，所以径节螺纹导程与英制螺纹导程的排列规律相似，即分母是分段等差数列，且导程中含有25.4的因子，所不同的只是多一特殊因子 π。因此，车削径节螺纹是在车削寸制螺纹传动路线的基础上，将交换齿轮组 $\frac{63}{100}\times\frac{100}{75}$ 更换成 $\frac{64}{100}\times\frac{100}{97}$，以引入特殊因子 π。车削径节螺纹时的运动平衡式为

$$P_{DP}=\frac{25.4\pi n}{DP}=1\times\frac{58}{58}\times\frac{33}{33}\times\frac{64}{100}\times\frac{100}{97}\times\frac{1}{u_{基}}\times\frac{36}{25}\times u_{倍}\times12$$

式中 $\frac{64}{100}\times\frac{100}{97}\times\frac{36}{25}=\frac{25.4\pi}{84}$，整理后得换置公式为

$$DP=7n\frac{u_{基}}{u_{倍}} \tag{4-5}$$

5）车削非标准螺纹及较精密螺纹。车削非标准螺纹时，不能用进给变速机构，须将离合器 M_3、M_4 和 M_5 全部结合，使轴Ⅻ、轴ⅩⅣ、轴ⅩⅦ和丝杠连成一体，则运动由交换齿轮直接传到丝杠。被加工螺纹的导程 P_h 依靠选配交换齿轮组的齿轮齿数来得到。由于主轴至丝杠的传动路线大为缩短，从而减少了传动累积误差，加工出具有较高精度的螺纹。运动平衡式为

$$P_h=1_{（主轴）}\times\frac{58}{58}\times\frac{33}{33}\times u_{挂}\times12$$

式中，P_h 是非标准螺纹的导程（mm）；$u_{挂}$ 是交换齿轮组传动比。

化简后得换置公式

$$u_挂 = \frac{a}{b}\frac{c}{d} = \frac{P_h}{12} \tag{4-6}$$

由上述可知，CA6140 型卧式车床通过不同传动比的交换齿轮、基本组、增倍组以及轴 XII 和轴 XV 上两个滑移齿轮 25 的移动（通常称这两滑移齿轮及有关的离合器为移换机构）加工出四种不同的标准螺纹及非标准螺纹。表 4-3 列出了 CA6140 型卧式车床车削各种螺纹时进给传动链中各机构的工作状态。

表 4-3　CA6140 型卧式车床车削各种螺纹时进给传动链中各机构的工作状态

螺纹种类	导程/mm	交换齿轮机构	离合器状态	移换机构	基本组传动方向
米制螺纹	P_h	$\frac{63}{100} \times \frac{100}{75}$	M_5 结合 M_3、M_4 脱开	轴 XII 上 25（←）	轴 XIII→轴 XIV
模数螺纹	$P_{hm} = n\pi m$	$\frac{64}{100} \times \frac{100}{97}$		轴 XV 上 25（→）	
寸制螺纹	$p_{ha} = \frac{25.4n}{a}$	$\frac{63}{100} \times \frac{100}{75}$	M_3、M_5 结合 M_4 脱开	轴 XII 上 25（→）	轴 XIV→轴 XIII
径节螺纹	$P_{DP} = \frac{25.4\pi n}{DP}$	$\frac{64}{100} \times \frac{100}{97}$		轴 XV 上 25（←）	
非标准螺纹	P_h	$\frac{a}{b}\frac{c}{d}$	M_3、M_4、M_5 均结合	轴 XII 上 25（→）	—

（3）机动进给传动链　CA6140 型卧式车床的机动进给主要是用来加工圆柱面和端面，减少螺纹传动链丝杠及开合螺母磨损，保证螺纹传动链的精度。机动进给传动链不用丝杠及开合螺母传动。其运动从主轴 VI 至进给箱 XVII 轴的传动路线与车削螺纹时的传动路线相同。轴 XVII 上的滑移齿轮 28 处于左位，使 M_5 脱开，从而切断进给箱与丝杠的联系。运动由齿轮副 $\frac{28}{56}$ 传到轴 XIX（光杠），又由 $\frac{36}{32} \times \frac{32}{56}$ 经由超越离合器 M_6、安全离合器 M_7 带动 XX 轴（蜗杆轴），再经溜板箱中的传动机构，分别传至齿轮齿条机构和横向进给丝杠（XXII 轴），使刀架做纵向或横向机动进给运动。其传动路线表达式为

$$\text{主轴 VI} - \begin{bmatrix} \text{米制螺纹传动路线} \\ \text{寸制螺纹传动路线} \end{bmatrix} - \text{XII} - M_5（脱开）- \frac{28}{56} - \text{XIX} - \frac{36}{32} \times \frac{32}{56} - M_6 - M_7 - \text{XX} - \frac{4}{29} -$$

$$\text{XXI} - \begin{cases} \begin{bmatrix} M_8 \uparrow \text{合} - \frac{40}{48} \\ M_8 \text{中停} \\ M_8 \downarrow \text{合} - \frac{40}{30} \times \frac{30}{48} \end{bmatrix} - \text{XXII} - \frac{28}{80} - \text{XXIII} - \frac{齿轮}{齿条}\begin{pmatrix} z = 12 \\ m = 2.5\text{mm} \end{pmatrix} - \text{刀架纵向移动} \\[2em] \begin{bmatrix} M_9 \uparrow \text{合} - \frac{40}{48} \\ M_9 \text{中停} \\ M_9 \downarrow \text{合} - \frac{40}{30} \times \frac{30}{48} \end{bmatrix} - \text{XXV} - \frac{48}{48} \times \frac{59}{18} - \text{XXVII} - \frac{横向丝杠}{螺母}（P = 5\text{mm}）- \text{刀架横向移动} \end{cases}$$

溜板箱内的双向齿式离合器 M_8 及 M_9 分别用于纵、横向机动进给运动的接通、断开及

控制进给方向。CA6140 型卧式车床可以通过四种不同的传动路线来实现机动进给运动，从而获得纵向和横向进给量各 64 种。以下以纵向进给传动为例，介绍不同的传动路线。

1) 当进给运动经车削米制螺纹正常螺距的传动路线时，其运动平衡式为

$$f_纵 = 1 \times \frac{58}{58} \times \frac{33}{33} \times \frac{63}{100} \times \frac{100}{75} \times \frac{25}{36} \times u_基 \times \frac{25}{36} \times \frac{36}{25} \times u_倍 \times \frac{28}{56} \times \frac{36}{32} \times \frac{32}{56} \times \frac{4}{29} \times \frac{40}{48} \times \frac{28}{80} \times \pi \times 2.5 \times 12$$

式中，$f_纵$ 是纵向进给量（mm/r）。化简后得

$$f_纵 = 0.71 u_基 u_倍 \tag{4-7}$$

通过该传动路线，可得到 0.88 ~ 1.22mm/r 的 32 种正常进给量。

2) 当进给运动经车削寸制螺纹正常螺距的传动路线时，其运动平衡式为

$$f_纵 = 1 \times \frac{58}{58} \times \frac{33}{33} \times \frac{63}{100} \times \frac{100}{75} \times \frac{1}{u_基} \times \frac{36}{25} \times u_倍 \times \frac{28}{56} \times \frac{36}{32} \times \frac{32}{56} \times \frac{4}{29} \times \frac{40}{30} \times \frac{30}{48} \times \frac{28}{80} \times \pi \times 2.5 \times 12$$

化简得

$$f_纵 = 1.474 \frac{u_倍}{u_基} \tag{4-8}$$

在 $u_倍 = 1$ 时，可得 0.86 ~ 1.58mm/r 的 8 种较大进给量；当 $u_倍$ 为其他值时，所得进给量与上述米制螺纹路线所得进给量重复。

3) 当主轴以 10 ~ 125r/min 低速旋转时，可通过扩大螺距机构及寸制螺纹路线传动，从而得到进给量为 1.71 ~ 6.33mm/r 的 16 种加大进给量，以满足低速、大进给量强力切削或宽刀精车的需要。

4) 当主轴以 450 ~ 1400r/min（其中 500r/min 除外）高速旋转时（此时主轴由轴Ⅲ经齿轮副 $\frac{63}{50}$ 直接传动），将轴Ⅸ上滑移齿轮 58 右移。主轴运动经齿轮副 $\frac{50}{63} \times \frac{44}{44} \times \frac{26}{58}$ 传至轴Ⅸ，再经米制螺纹路线传动（使用 $u_倍 = \frac{1}{8}$），可得到 0.028 ~ 0.054mm/r 的 8 种细进给量，以满足高速、小进给量精车的需要。

横向进给传动链的运动平衡式与纵向进给的运动平衡式类似，且 $f_横 = \frac{1}{2} f_纵$。

(4) 刀架的手动进给及快速机动进给

1) 刀架的手动进给。CA6140 型卧式车床可纵向、横向手动进给，其手动纵向进给的传动路线表达式为

$$纵向进给手轮—ⅩⅩⅦ—\frac{17}{80}—ⅩⅧ—\frac{齿轮}{齿条}(z = 12, \ m = 2.5mm)—刀架纵向手动进给$$

另外，手动横向进给的传动路线表达式为

$$横向进给手轮—ⅩⅩⅦ—\frac{丝杠}{螺母}(p = 5mm)—刀架横向手动进给$$

2) 刀架的快速机动进给。刀架的纵、横向快速移动由装在溜板箱右侧的快速电动机（0.25kW，2800r/min）传动。电动机的运动由齿轮副 $\frac{13}{29}$ 使轴ⅩⅩ高速转动，然后沿机动进给传动路线，传至纵向进给齿轮齿条副或横向进给丝杠，获得刀架在纵向或横向的快速移动。轴ⅩⅩ左端的超越离合器 M_6 确保了快速移动与工作进给不发生运动干涉，而快速移动的方向

仍由溜板箱中双向离合器 M_8 和 M_9 控制。

2. CA6140 型卧式车床的主要结构 ［选学］

（1）主轴箱　主轴箱主要由主轴部件、传动机构、开停与制动装置、操纵机构及润滑装置等组成。为了便于了解主轴箱内各传动件的传动关系，传动件的结构、形状、装配方式及其支承结构，常采用展开图的形式表示。图 4-9 为 CA6140 型卧式车床主轴箱的展开图，它基本上按主轴箱内各传动轴的传动顺序，沿其轴线取剖切面，展开绘制而成。

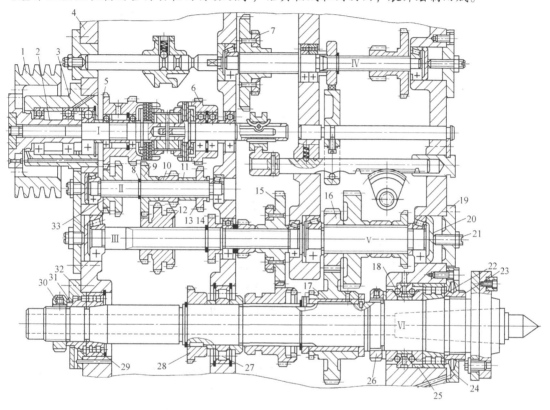

图 4-9　CA6140 型卧式车床主轴箱展开图

1—带轮　2—花键套　3—法兰　4—主轴箱体　5—双联空套齿轮　6—空套齿轮　7、33—双联滑移齿轮
8—半圆环　9、10、13、14、28—固定齿轮　11、25—隔套　12—三联滑移齿轮　15—双联固定齿轮
16、17—斜齿轮　18—双列推力角接触球轴承　19—盖板　20—轴承压盖　21—调整螺钉
22、29—双列圆柱滚子轴承　23、26、30—螺母　24、32—轴承端盖　27—短圆柱滚子轴承　31—套筒

1）卸荷式带轮。主电动机通过带传动使轴Ⅰ旋转，为提高轴Ⅰ旋转的平稳性，轴Ⅰ上的带轮采用卸荷结构。如图 4-9 所示，带轮 1 通过螺钉与花键套 2 联成一体，支承在法兰 3 内的两个深沟球轴承上。法兰 3 则用螺钉固定在主轴箱体 4 上。当带轮 1 通过花键套 2 的内花键带动轴Ⅰ旋转时，传动带作用于带轮上的拉力经花键套 2 通过两个深沟球轴承经法兰 3 传至主轴箱体 4。从而使轴Ⅰ只受转矩，而免受背向力作用，减少轴Ⅰ的弯曲变形，从而提高传动的平稳性及传动件的使用寿命。这种卸掉作用在轴Ⅰ上由传动带拉力产生的径向载荷的装置称为卸荷装置。

2）主轴部件。主轴部件是车床的关键部分。工作时工件装夹在主轴上，并由其直接带动旋转做主运动，因此主轴的旋转精度、刚度和抗振性等对工件的加工精度和表面粗糙度有直接影响。主轴部件结构如图4-9所示，为了保证主轴具有良好的刚性和抗振性，采用前、中、后3个支承。前支承采用一个双列圆柱滚子轴承22（NN3021K/P5）和一个60°角接触的双列推力角接触球轴承18（51120/P5）的组合支承，承受切削过程中产生的背向力和正反方向的进给力。后支承采用一个双列圆柱滚子轴承29（NN3015K/P6）。主轴中部采用一个短圆柱滚子轴承27（NN216）作为辅助支承。

轴承长期使用后容易产生间隙，当主轴轴承间隙过大，将降低主轴刚度，切削时主轴产生径向圆跳动和轴向窜动，引起振动；间隙太小容易造成主轴高速旋转时温度过高而损坏。调整主轴前轴承22可用螺母26和23调整（见图4-9）。调整时，先拧松两螺母上的锁紧螺钉，然后旋紧螺母26，使轴承的内圈相对于主轴锥形轴颈向右移动。由于锥面作用，轴承内圈产生径向弹性膨胀，将滚子与内、外圈之间的间隙减小。调整适当后，应将螺母26上的锁紧螺钉和螺母23拧紧。后轴承29的间隙可用螺母30调整。调整后，应检查轴承间隙，手动转动主轴，感觉应灵活，无阻滞现象。一般用外力旋转时，主轴转动在3~5圈内自动平稳地停止。

3）双向式多片离合器及制动机构。轴I上装有双向多片离合器M_1，其结构及工作原理如图4-10a、b所示。多片离合器由内摩擦片3、外摩擦片2、压块8和螺母9、销子5、推拉杆7等组成，离合器左右两部分的结构是相同的。图4-10a所示是左离合器结构，内摩擦片3的孔是内花键，装在轴I的花键上，随轴I旋转，其外径略小于双联空套齿轮1套筒的内孔，不能直接传动空套齿轮1。外摩擦片2的孔是圆孔，其孔径略大于花键轴的外径，其外圆上有4个凸起，嵌在空套齿轮1套筒的4个缺口中，所以空套齿轮1随外摩擦片一起旋转，内外摩擦片相间安装。当推拉杆7通过销子5向左推动压块8时，将内外摩擦片压紧。轴I的转矩由内摩擦片3通过内、外摩擦片之间的摩擦力传给外摩擦片2，再由外摩擦片2传动空套齿轮1，使主轴正转。同理，当压块8向右压时，主轴反转。压块8处于中间位置时，左右内、外摩擦片无压力作用，离合器脱开，主轴停转。

离合器由手柄18操纵，手柄18向上扳绕支撑轴19递时针摆动，拉杆20向外，曲柄21带动扇形齿轮17作顺时针转动（由上向下观察），齿条轴22向右移动，带动拨叉23及滑套12右移，滑套12右面迫使元宝销6绕其装在轴I上的销轴顺时针摆动，其下端的凸缘向左推动装在轴I孔中的推拉杆7向左移动，推拉杆7通过销子5带动压块8向左压紧内、外摩擦片，实现主轴正转。同理，将手柄18扳至下端位置时，右离合器压紧，主轴反转。当手柄18处于中间位置时，离合器脱开，主轴停止转动，为了操纵方便，支撑轴19上装有两个操纵手柄18，分别位于进给箱的右侧和溜板箱的右侧。

多片离合器不但实现主轴的正反转和停止，并且在接通主运动链时还能起过载保护作用。当机床过载时，摩擦片打滑，避免损坏机床部件。摩擦片传递转矩大小在摩擦片数量一定的情况下取决于摩擦片之间压紧力的大小，其压紧力的大小是根据额定转矩调整的。当摩擦片磨损后，压紧力减小，这时可进行调整，其调整方法是用工具将防松的弹簧销4压进压块8的孔内，旋转螺母9，使螺母9相对压块8转动，螺母9相对压块8产生轴向左移，直到能可靠压紧摩擦片，松开弹簧销4，并使其重新卡入螺母9的缺口中，防止其松动。

为了在多片离合器松开后，克服惯性作用，使主轴迅速降速或停止，在主轴箱内的轴IV上装有制动装置（见图4-10c），制动装置由通过花键与轴IV联接的制动盘16、制动带15、

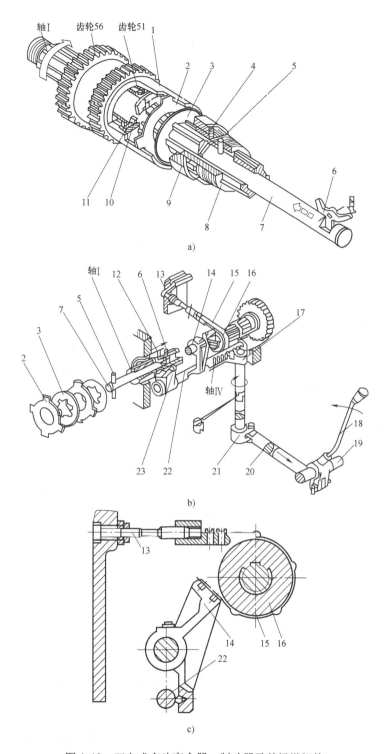

图 4-10 双向式多片离合器、制动器及其操纵机构

a）左离合器 b）离合器与制动器联动装置 c）制动器

1—空套齿轮 2—外摩擦片 3—内摩擦片 4—弹簧销 5—销子 6—元宝销 7—推拉杆 8—压块

9—螺母 10、11—止推片 12—滑套 13—调节螺钉 14—杠杆 15—制动带 16—制动盘

17—扇形齿轮 18—手柄 19—支撑轴 20—拉杆 21—曲柄 22—齿条轴 23—拨叉

杠杆 14 以及调整装置等组成。制动带内侧固定一层酚醛石棉以增大制动摩擦力矩。制动带一端通过调节螺钉 13 与箱体连接，另一端固定在杠杆上端。当杠杆 14 绕其转轴逆时针摆动时，拉动制动带，使其包紧在制动轮上，并通过制动带与制动轮之间的摩擦力使主轴得到迅速制动。制动力矩的大小可通过调节螺钉 13 进行调整。

双向式多片离合器与制动装置采用同一操纵机构控制，如图 4-10b 所示。要求停机（即离合器 M_1 处于中位）时，主轴能迅速制动；要求开机（即离合器 M_1 处于左或右位）时，制动带应完全松开。当抬起或压下手柄 18 时，通过拉杆 20、曲柄 21 及扇形齿轮 17，使齿条轴 22 向左或向右移动，再通过元宝销 6、推拉杆 7 使左边或右边离合器结合，从而使主轴正转或反转。此时，杠杆 14 下端位于齿条轴圆弧形凹槽内，制动带处于松开状态。当操纵手柄 18 处于中间位置时，齿条轴 22 和滑套 12 也处于中间位置，摩擦离合器左、右摩擦片组都松开，主轴与运动源断开。这时，杠杆 14 下端被齿条轴两凹槽间凸起部分顶起，从而拉紧制动带，使主轴迅速制动。

（2）进给箱 进给箱内主要有三套操纵机构，一套操纵机构用于操纵基本组轴XIV上的 4 个滑移齿轮，其他两套操纵机构分别为增倍组操纵机构和螺纹种类变换及光杠丝杠运动分配操纵机构。箱内主要传动轴以两组同心轴的形式布置。

（3）溜板箱 溜板箱内包括实现刀架快慢移动自动转换的超越离合器，起过载保护作用的安全离合器，接通及断开丝杠传动的开合螺母机构，接通、断开和转换纵、横向机动进给运动的操纵机构以及防止运动干涉的互锁机构等。

1）开合螺母机构。开合螺母是用来接通或断开丝杠的传动。开合螺母由上、下两个半螺母 5 和 4 组成（见图 4-11），可沿溜板箱中竖直的燕尾形导轨上下移动。

两个半螺母背面各装有一个圆柱销 6，销的另一端分别插在圆盘 7 的两条曲线槽中，圆盘 7 通过轴 2 与手柄 1 相连。扳动手柄使圆盘 7 逆时针转动，圆盘端面的曲线槽迫使两圆柱销 6 相互靠近，从而上、下半螺母合拢，与丝杠啮合，接通车削螺纹运动。若扳动手柄，使圆盘顺时针转动，则圆盘 7 上的曲线槽使两圆柱销 6 分开，同时带动上、下半螺母分开，与丝杠脱离啮合，从而断开车削螺纹运动。需调整开合螺母与丝杠间隙时，可拧动螺钉 10，调整销钉 9 的轴向位置，通过限定开合螺母合拢时的距离来调整开合螺母与丝杠的啮合间隙。

2）互锁机构。溜板箱内的互锁机构是为了保证纵、横向机构进给和车削螺纹进给运动不同时接通，以免造成机床的损坏。

这里，需要进一步说明机动进给操纵手柄与开合螺母操纵手柄之间需要互锁的原因。当机动纵向进给时，溜板箱带动开合螺母移动，若开合螺母与丝杠啮合，此时会出现开合螺母要移动而丝杠不转动的现象，从而产生运动干涉，造成机件损坏。故此时开合螺母操纵手柄处于锁死状态，开合螺母不能被合拢。另外，若丝杠旋转，通过开合螺母带动溜板箱移动时，轴XVIII随溜板箱一起自然移动，则轴上的小齿轮在齿条上滚动的同时绕轴XVIII转动，通过 $\frac{80}{28}$ 传动到XXII轴。此时若 M_8 啮合（即机动进给手柄工作）就通过 $\frac{48}{40}$ 或者 $\frac{48}{30} \times \frac{30}{40}$ 带动轴XXI，轴XXI通过蜗轮传动蜗杆，造成蜗杆蜗轮的逆传动，致使其传动副损坏。所以，机动进给与车削螺纹路线不但有 M_5 实现动力互锁，而且还必须有机动进给操纵手柄与开合螺母操纵手柄之间的互锁。

图 4-12 所示是互锁机构的工作原理图。图 4-12a、b 所示是手柄中间位置时的情况，这

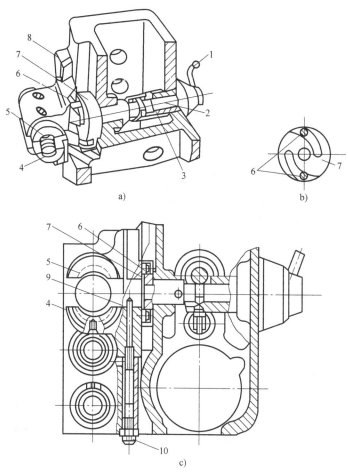

图 4-11　开合螺母机构

1—手柄　2—轴　3—轴承套　4—下半螺母　5—上半螺母　6—圆柱销

7—圆盘　8—平镶条　9—销钉　10—螺钉

时可任意地扳动开合螺母操纵手柄或机动进给操纵手柄。图 4-12c 所示是合上开合螺母时的情况，这时操纵开合螺母的手柄带动轴 7 转过了一个角度，它的凸肩转入轴 23 的长槽中，将轴 23 卡住，使它不能转动，即横向机动进给不能接通；同时，凸肩又将球头销 9 压入到轴 5 的孔中，由于球头销 9 的另一半仍留在支承套 24 中，使轴 5 不能轴向移动（即纵向机动进给不能接通）。图 4-12d 所示是纵向机动进给时的情况，这时轴 5 向右移动，轴 5 上的圆孔及安装在圆孔内的弹簧销 8 也随之移开，球头销 9 被轴 5 的表面顶住不能往下移动，它的上端卡在轴 7 的锥孔中，将手柄轴 7 锁住不能转动，所以开合螺母不能再闭合。图 4-12e 所示是横向机动进给时的情况，此时轴 23 转动，其上的长槽也随之转动而不对准轴 7 上的凸肩，于是轴 7 不能再转动，即开合螺母不能闭合。由此可见，由于互锁机构的作用，合上开合螺母后，不能再接通纵、横向进给运动，而接通纵向或横向进给运动后，就无法再接通车削螺纹运动。操纵进给方向的手柄面板上开有十字槽，以保证手柄向左或向右扳动后，不能前后扳动；反之，手柄向前或向后扳动后，不能左右扳动。这样就实现了纵向与横向机动进给运动之间的互锁。

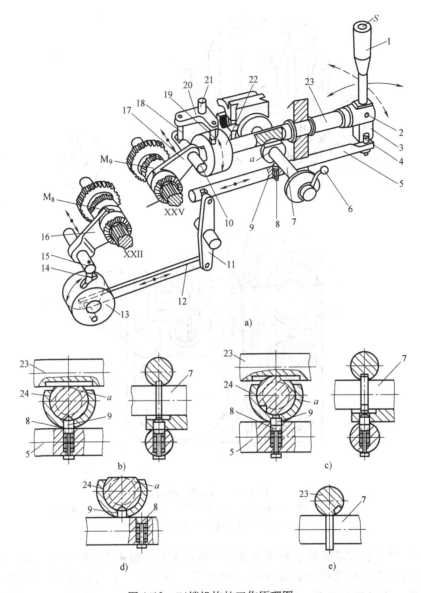

图 4-12 互锁机构的工作原理图

a) 互锁机构　b) 手柄中间位置　c) 合上开合螺母位置　d) 纵向机动进给位置　e) 横向机动进给位置

1、6—手柄　2、21—销轴　3—手柄座　4、9—球头销　5、7、23—轴　8—弹簧销　10、15—拨叉轴

11、20—杠杆　12—连杆　13、22—凸轮　14、18、19—圆销　16、17—拨叉　24—支承套　S—按钮

3）超越离合器。当有快慢两种速度交替传到轴上时，超越离合器能实现其运动的自动转换，其结构如图4-13所示，超越离合器由套筒齿轮2、3个滚柱3、3个圆柱销、3个弹簧销7及星形体4组成。

工作原理：轴Ⅱ上空套着齿轮2，星形体4用键与轴Ⅱ连接。快速电动机未起动时，滚柱3在弹簧作用下，位于齿轮2右端套筒及星形体的楔缝中。当慢速运动由轴Ⅰ按左图示方向，经齿轮1传给齿轮2时，齿轮2逆时针转动。如图中实线箭头所示，齿轮2右端套筒m通过摩擦力带动滚柱滚动，从而使滚柱挤紧于楔缝中，并带动星形体及轴Ⅱ旋转。若此时起动快速电动机，则快速运动经齿轮 6 和 5 传至轴 Ⅱ，使星形体 4 快速逆时针旋转，如图中虚线所示。由于星形体转速高于套筒 m 的转速，滚柱 3 反向滚动，并压缩弹簧销 7，从楔缝中退出来。这样，齿轮 2 与星形体之间的运动联系自动断开。停止快速电动机，滚柱又进入楔缝，轴 Ⅱ 又以慢速转动，采用这种结构的离合器，快速和慢速运动只能是单方向的，因而输出轴的快慢速运动方向是不变的。

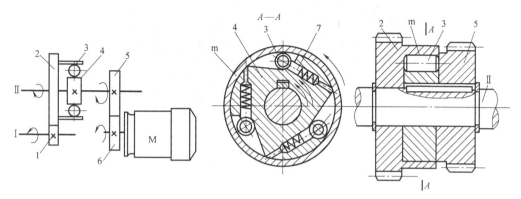

图 4-13　超越离合器

1、2、5、6—齿轮　3—滚柱　4—星形体　7—弹簧销　m—套筒

4）安全离合器。安全离合器是过载保护机构，其作用是：在进给过程中，当进给力过大或刀架移动受阻时，为了避免损坏传动机构，在溜板箱中设置有进给的过载保护装置，以便使刀架在过载时自动停止进给，起安全保护作用；当载荷消失后，可自动恢复正常工作。其结构如图 4-14 所示，离合器由两个螺旋形端面齿爪及弹簧组成。

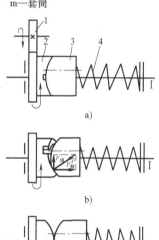

工作原理：由光杠传来的运动经齿轮 56 及超越离合器传至安全离合器的左半部 2，然后再通过螺旋形端面齿传至离合器的右半部 3，离合器的右半部 3 的运动经花键传至 XX 轴，在离合器的右半部 3 后端装有弹簧 4，其压力使离合器左右两半部相啮合，克服离合器在传递转矩过程中产生的轴向分力。

安全离合器在正常工作时，其左、右两半部相互啮合（见图 4-14a）；当过载时，离合器的轴向分力增大而超过弹簧力，使离合器的右半部向右移（见图 4-14b），于是两端面齿爪之间打滑（见图 4-14c），因而断开了传动，从而保护机构不受损坏。过载排除后，离合器又恢复原状。

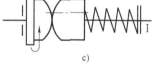

图 4-14　安全离合器

1—齿轮 56　2—安全离合器左半部
3—安全离合器右半部　4—弹簧

4.2.3　其他车床

在所有车床类机床中，卧式车床和立式车床应用最广。此外，其他车床还包括转塔车床、马鞍车床、单轴自动车床和半自动车床、仿形车床、数控车床及各种大批量生产中使用的专用车床等。

1. 立式车床

图 4-15a 所示为单柱立式车床，图 4-15b 所示为双柱立式车床，它们与卧式车床的不同

之处是主轴竖立，工件装夹在由主轴带动旋转的工作台2上，横梁5上装有垂直刀架4，可做上下左右移动。立式车床适合用于加工直径大而长度短的重型盘类零件。

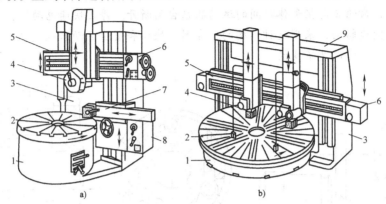

图 4-15 立式车床

a）单柱立式车床 b）双柱立式车床

1—底座 2—工作台 3—立柱 4—垂直刀架 5—横梁

6—垂直刀架进给箱 7—侧刀架 8—侧刀架进给箱 9—顶梁

2. 转塔车床

在成批生产较复杂的工件时，为了增加安装刀具的数量，减少更换刀具的时间，将卧式车床的尾座去掉，安装可以纵向移动的多工位转塔式刀架，并在传动和结构上做相应的改变，就成了转塔车床。转塔式刀架由塔头和床鞍构成，塔头有立轴式和卧轴式两种。

在转塔车床上，根据工件的加工工艺，预先将所用的全部刀具安装在机床上，并调整妥当。每组刀具的行程终点位置可由调整的挡块加以控制。加工时，刀具轮流进行切削，加工每个工件时不必再反复装卸刀具和测量工件尺寸。为了进一步提高加工生产率，在转塔车床上尽可能使用多刀具同时加工。

图 4-16 所示为立轴式转塔车床，它除了有前刀架 3 外，还有一个转塔刀架 4。前刀架可作纵向或横向进给，用于切削大直径外圆柱面及加工内外的沟槽；转塔刀架一般为六角形，可安装六组刀具，只能作纵向进给，主要用于切削外圆柱面及对内孔进行钻、扩、铰、镗等加工。在六角刀架上可同时安装钻头、铰刀、板牙等各种切削刀具，这些刀具通常是按工件的加工顺序安装的，因此，在一个零件的加工过程中，只要使六角刀架依次转位，便可迅速更换刀具。此外，六角刀架上的刀具与方刀架上的刀具可同时进行加工。

图 4-17 所示为卧轴式转塔车床，它没有前刀架，只有一个轴线与主轴轴线相平行的回轮刀架，因此也称为回轮式转塔车床。回轮刀架的端面上有 12 或 16 个安装刀具的孔，可以安装 12 或 16 组刀具。当刀具孔转到最上端位置时，恰与车床主轴轴线同轴，这时便可对装夹在主轴上的工件进行孔加工。回轮刀架除转动外，还能沿床身作纵向进给运动。当刀具进行切槽或切断时，可以通过刀架的缓慢转动来实现横向进给。卧轴式转塔车床主要用于加工直径较小的工件，它所使用的毛坯通常为棒料。

转塔车床在成批加工形状比较复杂的工件时，能有效地提高生产率，但在预先调整时要花费较多的时间，不适合于单件小批生产。

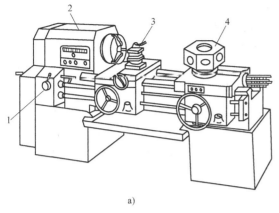

a)

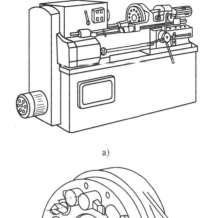

a)

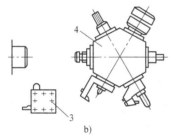

b)

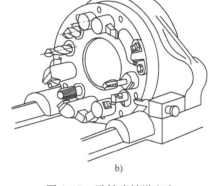

b)

图 4-16　立轴式转塔车床

　　a）车床外形　b）转塔刀架

图 4-17　卧轴式转塔车床

　　a）车床外形　b）转塔刀架

1—进给箱　2—主轴箱　3—前刀架　4—转塔刀架

3. 铲齿车床

铲齿车床是一种专门化车床，用于铲削成形铣刀、齿轮滚刀、丝锥等刀具的后刀面（齿背），使其获得所需的切削刃形状和所要求的后角。

铲齿车床的外形与卧式车床相似，所不同的是取消了进给箱和光杠，刀架的纵向机动进给只能通过丝杠传动，进给量大小由交换齿轮进行调整。机床铲削齿背的工作原理如图4-18a、b所示。

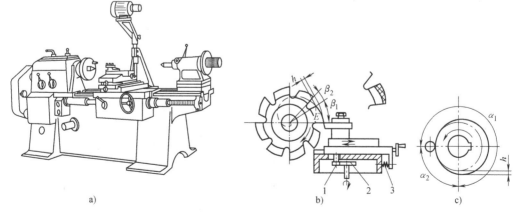

a)

b)

c)

图 4-18　铲齿车床铲齿原理

　　a）铲齿车床　b）铲齿运动　c）凸轮形状

1—从动销　2—凸轮　3—弹簧

铲削前，刀具毛坯通过心轴装夹在机床前后顶尖上，并由主轴带动旋转。当一个刀齿转至加工位置时，凸轮2的上升曲线通过从动销1，使刀架带着铲齿刀向工件中心切入，从齿背上切下一层金属。当凸轮的上升曲线最高点转到从动销1处，即转过，工件相应转过，铲刀铲至刀齿齿背延长线上的点E，完成一个刀齿铲削。随后，凸轮2的下降曲线与从动销1相接触，刀架在弹簧3的作用下迅速后退。凸轮2转过，刀架退至起始位置。此时，工件相应转过，使下一个刀齿进入加工位置。由此可知，工件每转过一个刀齿，凸轮转一周。如果工件有z个齿，则工件转一周凸轮转过z周。凸轮与主轴间的这种运动关系，由交换齿轮进行调整。铲削后的齿背形状取决于凸轮上升曲线形状，一般为阿基米德螺旋线。由于加工余量大，应分几刀铲削，因而工件每转一转后，刀架应横向朝工件移动一定距离，直到达到所需形状和尺寸为止。

4.3　车刀

4.3.1　车刀的结构类型

车刀在切削过程中对保证零件质量、提高生产率至关重要。掌握车刀的几何角度，合理刃磨、合理选择和使用车刀是非常重要的。车刀多用于各种类型的车床上来加工外圆、端面、内孔、切槽及切断、车螺纹等。车刀种类繁多，具体可按如下分类：

（1）按用途不同分类　车刀可分为外圆车刀、端面车刀、内孔车刀、切断车刀、螺纹车刀等。

（2）按切削部分的材料不同分类　车刀可分为高速钢车刀、硬质合金车刀、陶瓷车刀等。

（3）按结构形式不同分类　车刀可分为整体车刀、焊接车刀、机夹重磨车刀和机夹可转位车刀等。图4-19所示为车刀的结构类型，图4-19a为整体车刀，图4-19b为焊接式车刀，图4-19c为机夹重磨车刀，图4-19d为机夹可转位车刀。这四种车刀的特点和用途见表4-4。

（4）按切削刃的复杂程度不同分类　车刀可分为普通车刀和成形车刀。

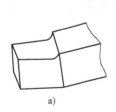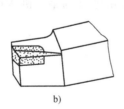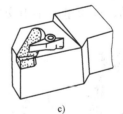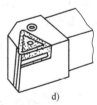

a)　　　　　　b)　　　　　　c)　　　　　　d)

图4-19　车刀的结构类型

a）整体车刀　b）焊接车刀　c）机夹重磨车刀　d）机夹可转位车刀

表4-4　车刀结构类型的特点和用途

名　　称	特　　点	适用场合
整体车刀	刀体和切削部分为一整体结构，用高速钢制造，俗称"白钢刀"，刃口可磨得较锋利	小型车床或加工有色金属
焊接车刀	将硬质合金或高速钢刀片焊接在刀杆的刀槽内，结构紧凑，使用灵活	各类车刀，特别是小刀具

（续）

名 称	特 点	适用场合
机夹重磨车刀	避免了焊接产生的应力、裂纹等缺陷，刀杆利用率高。刀片可集中刃磨获得所需参数，使用灵活方便	车外圆和端面、镗孔、切断、车螺纹等
机夹可转位车刀	避免了焊接刀片的缺点，刀片可快速转位，刀片上所有切削刃都用钝后，才需要更换刀片，车刀几何参数完全由刀片和刀槽保证，不受工人技术水平的影响	大中型车床加工外圆、端面、镗孔，特别适用于自动线和数控机床

4.3.2 普通车刀的使用类型

按用途不同，车刀可分为90°外圆车刀、45°弯头车刀、75°外圆车刀、螺纹车刀、内孔镗刀、成形车刀、车槽刀及切断刀等，如图4-20所示。按车刀的进给方向不同，车刀可分为右车刀和左车刀，右车刀的主切削刃在刀柄左侧，由车床的右侧向左侧纵向进给；左车刀的主切削刃在刀柄右侧，由车床的左侧向右侧纵向进给。

（1）45°弯头车刀 图4-20所示的车刀1为45°弯头车刀，它按其刀头的朝向可分为左弯头和右弯头两种。这是一种多用途车刀，既可以车外圆和端面，也可以加工内、外倒角。但切削时背向力 F_p 较大，车削细长轴时，工件容易被顶弯而引起振动，所以常用来车削刚性较好的工件。

（2）90°外圆车刀 90°外圆车刀又叫90°偏刀，分左偏刀（见图4-20中的车刀6）、右偏刀（见图4-20中的车刀2）两种，主要车削外圆柱表面和阶梯轴的轴肩端面。由于主偏角（$\kappa_r = 90°$）大，切削时背向力 F_p 较小，不易引起工件弯曲和振动，所以多用于车削刚性较差的工件，如细长轴。

（3）75°外圆车刀 图4-20所示的车刀4，又称为75°外圆车刀。该刀刀头强度高，散热条件好，常用于粗车外圆和端面。75°外圆车刀通常有两种形式，即右偏直头车刀和左偏直头车刀。

（4）螺纹车刀 图4-20所示的车刀3为外螺纹车刀，车刀9为内螺纹车刀。螺纹车刀属于成形车刀，其刀头形状与被加工的螺纹牙型相符合。一般来说，螺纹车刀的刀尖角应等于或略小于螺纹牙型角。

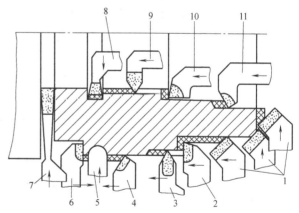

图4-20 普通车刀的使用类型

1—45°弯头车刀 2、6—90°外圆车刀 3—外螺纹车刀
4—75°外圆车刀 5—成形车刀 7—车槽刀、切断刀
8—内槽车刀 9—内螺纹车刀 10—不通孔镗刀 11—通孔镗刀

（5）内孔镗刀 内孔镗刀可分为通孔镗刀、不通孔镗刀和内槽车刀。图4-20中的车刀8为内槽车刀。图4-20中的车刀11为通孔镗刀，它的主偏角 $\kappa_r = 45° \sim 75°$，副偏角 $\kappa_r' = 20° \sim 45°$。图4-20中的车刀10为不通孔镗刀，其主偏角 $\kappa_r \geqslant 90°$。

（6）成形车刀 成形车刀是用来加工回转成形面的车刀，机床只需做简单运动就可以加工出复杂的成形表面，其主切削刃与回转成形面的轮廓母线完全一致。图4-20所示的车刀5即为成形车刀，其形状因切削表面的不同而不同。

（7）车槽刀、切断刀　车槽刀、切断刀用来切削工件上的环形沟槽（如退刀槽、越程槽等）或用来切断工件（见图 4-20 中的车刀 7）。这种车刀的刀头窄而长，有一个主切削刃和两个副切削刃，副偏角 $\kappa_r' = 1° \sim 2°$；切削钢件时，前角 $\gamma_o = 10° \sim 20°$；切削铸铁时，前角 $\gamma_o = 3° \sim 10°$。

4.4　车削加工方法

4.4.1　工件装夹

装夹工件是指将工件在机床上或夹具中定位和夹紧。在车削加工中，工件必须随同车床主轴旋转，因此，要求工件在车床上装夹时，被加工工件的轴线与车床主轴的轴线必须同轴，并且要将工件夹紧，避免在切削力的作用下工件松动或脱落，造成事故。

根据工件的形状、大小和加工数量不同，在车床上可以采用不同的装夹方法装夹工件。在车床上装夹工件所用的附件有自定心卡盘、单动卡盘、顶尖、心轴、中心架、跟刀架、花盘和角铁等。

1. 自定心卡盘装夹工件

自定心卡盘通过法兰盘安装在主轴上，用以装夹工件，如图 4-21 所示。用方头扳手插入自定心卡盘方孔转动，小锥齿轮转动，带动啮合的大锥齿轮转动，大锥齿轮带动与其背面的圆盘平面螺纹啮合的三个卡爪沿径向同步移动。

自定心卡盘的特点是三爪能自动定心，装夹和校正工件简捷，但夹紧力小，不能装夹大型工件和不规则工件。

自定心卡盘装夹工件的方法有正爪和反爪装夹工件，图 4-21 所示为正爪装夹工件。反爪装夹时，将三爪卸下，调头安装就可反爪装夹较大直径工件。

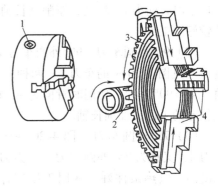

图 4-21　自定心卡盘
1—方孔　2—小锥齿轮
3—大锥齿轮（背面是平面螺纹与卡爪啮合）
4—卡爪

夹头配的爪称为硬爪，它淬过火有硬度。用不淬火的钢材或铜铝做的爪称为软爪，一般焊接在硬爪上，它定位好，不易夹伤工件，用前要加工一下，车或磨都可以。

2. 单动卡盘装夹工件

单动卡盘的四个卡爪都可独立移动，因为各爪的背面有半瓣内螺纹与螺杆相啮合，螺杆端部有一方孔，当用卡盘扳手转动某一方孔时，就带动相应的螺杆转动，即可使卡爪夹紧或松开，如图 4-22a 所示。因此，用单动卡盘可装夹截面为方形、长方形、椭圆以及其他不规则形状的工件，也可车削偏心轴和孔。因此，单动卡盘的夹紧力比自定心卡盘大，也常用于装夹较大直径的正常圆形工件。

用单动卡盘装夹工件，因为四爪不同步不能自动定心，需要仔细地找正，以使工件的轴线对准主轴旋转轴线。用划线盘按工件内外圆表面或预先划出的加工线找正，如图 4-22b 所示，定位精度在 0.2 ~ 0.5mm；用百分表按工件的精加工表面找正，如图 4-22c 所示，可达到 0.01 ~ 0.02mm 的定位精度。

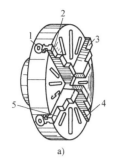 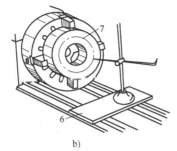 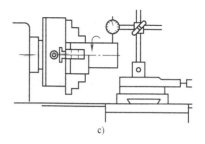

a)   b)   c)

图 4-22   单动卡盘装夹工件时的找正
a) 单动卡盘   b) 划线盘找正   c) 百分表找正
1、2、3、4、5—方孔   6—划线盘   7—工件

当工件各部位加工余量不均匀，应着重找正余量少的部位，否则容易使工件报废，如图 4-23 所示。

单动卡盘可全部用正爪（见图 4-24a）或反爪装夹工件，也可用一个或两个反爪，其余仍用正爪装夹工件（见图 4-24b）。

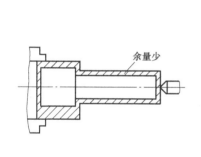

图 4-23   找正余量少的部位

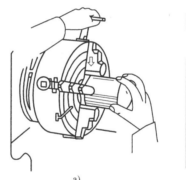 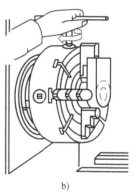

a)   b)

图 4-24   用单动卡盘装夹工件
a) 正爪装夹工件   b) 正反爪混用装夹工件

3. 两顶尖装夹工件

用两顶尖装夹工件时，对于较长或必须经过多次装夹的轴类工件（如车削后还要铣削、磨削和检测），常用前、后两顶尖装夹。前顶尖装在主轴上，通过卡箍和拨盘带动工件与主轴一起旋转，后顶尖装在尾座上随之旋转，如图 4-25a 所示。还可以用圆钢料车一个前顶尖，安装在卡盘上以代替拨盘，通过鸡心夹头带动工件旋转，如图 4-25b 所示。两顶尖装夹工件安装精度高，并有很好的重复安装精度（可保证同轴度）。

顶尖的作用是定中心和承受工件的重量以及切削力。顶尖分前顶尖和后顶尖两类。

（1）前顶尖   前顶尖随同工件一起旋转，与中心孔无相对运动，因而不产生摩擦。前顶尖有两种类型：一种是装入主轴锥孔内的前顶尖，如图 4-26a 所示，这种顶尖装夹牢靠，适宜于批量生产；另一种是安装在卡盘上的前顶尖，如图 4-26b 所示。它用一般钢材车出一个台阶面与卡爪平面贴平夹紧，一端车出 60°锥面即可作顶尖。这种顶尖的优点是制造装夹

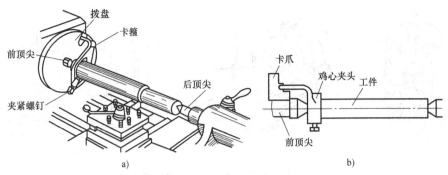

图4-25 用两顶尖装夹轴类工件
a) 借助卡箍和拨盘 b) 借助鸡心夹头和卡盘

方便，定心准确；缺点是顶尖硬度不够，容易
磨损，易发生移位，只适宜于小批量生产。

（2）后顶尖 插入尾座套筒锥孔中的顶尖，
称为后顶尖。后顶尖有固定顶尖和回转顶尖
两种。

1）固定顶尖。固定顶尖（见图4-27a）也
称死顶尖，其优点是定心正确、刚性好、切削
时不易产生振动；其缺点是中心孔与顶尖之间
是滑动摩擦，易发生高热，易烧坏中心孔或顶
尖，一般适宜于低速精切削。硬质合金钢固定
顶尖如图4-27b所示。这种顶尖在高速旋转下不

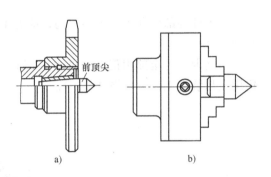

图4-26 前顶尖
a) 装入主轴锥孔内的前顶尖
b) 安装在卡盘上的前顶尖

易损坏，但摩擦产生的高热情况仍然存在，会使工件发生热变形。还有一种反顶尖，在尖部
钻了反向的小锥孔，用于支承细小的工件。

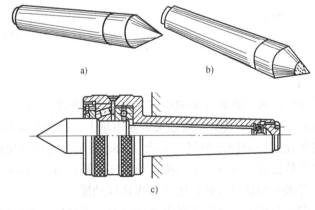

图4-27 后顶尖

2）回转顶尖。回转顶尖也称活顶尖，为了避免顶尖与工件之间的摩擦，一般都采用回
转顶尖支顶，如图4-27c所示。其优点是转速高，摩擦小；缺点是定心精度和刚性稍差。

（3）鸡心夹头、对分夹头 因为两顶尖对工件只起定心和支承作用，必须通过对分夹头（见图 4-28a）或鸡心夹头（见图 4-28b）上的拨杆装入拨盘的槽内，由拨盘提供动力来带动工件旋转。用鸡心夹头或对分夹头夹紧工件一端，拨杆伸出端外（见图 4-28c）。

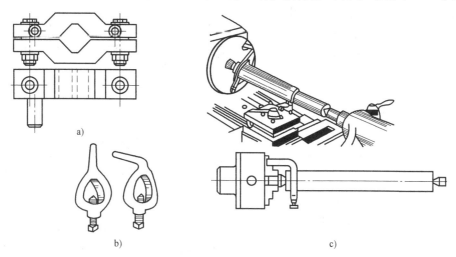

图 4-28　用鸡心夹头或对分夹头带动工件
a）对分夹头　b）鸡心夹头　c）用鸡心夹头带动工件

装夹工件的方法：首先在轴的一端安装夹头（见图 4-29），稍微拧紧夹头的螺钉；另一端的中心孔涂上黄油。但如用活顶尖，就不必涂黄油。对于已加工表面，安装夹头时应该垫上一个开缝的小套或包上薄铁皮以免夹伤工件。

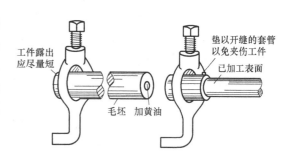

图 4-29　安装夹头

4. 一夹一顶装夹工件

用两顶尖装夹工件虽然有较高的精度，但是刚性较差。因此，一般轴类工件，特别是较重的工件，不宜用两顶尖法装夹，而可采用一端用自定心卡盘或单动卡盘夹住，另一端用后顶尖顶住的装夹方法。为了防止由于切削力的作用而产生轴向位移，需在卡盘内装一限位支承，如图 4-30a 所示；或利用工件的台阶作限位，如图 4-30b 所示。这种一夹一顶的方法安全可靠，能承受较大的轴向切削力，因此，得到了广泛应用。

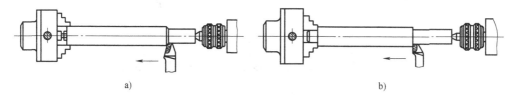

图 4-30　一夹一顶装夹工件
a）卡盘内装限位支承　b）利用工件的台阶限位

5. 用心轴装夹工件

盘套类工件的外圆相对孔的轴线，常有径向圆跳动的要求；两个端面相对孔的轴线，有轴向圆跳动的要求。如果有关表面与孔无法在自定心卡盘的一次装夹中完成，则需在孔精加工后，再装到心轴上进行端面的精车或外圆的精车。作为定位基准面的孔，其尺寸公差等级不应低于IT8，Ra值≤1.6μm，心轴在前、后顶尖的装夹方法与轴类工件相同。

心轴的种类很多，常用的有锥度心轴、圆柱心轴和可胀心轴等，如图4-31所示。

6. 用卡盘、顶尖配合中心架、跟刀架装夹工件

（1）中心架的使用　中心架有3个独立移动的支撑爪，可径向调节，为防止支撑爪与工件接触时损伤工件表面，支撑爪常用铸铁、尼龙或铜制成。中心架有以下几种使用方法。

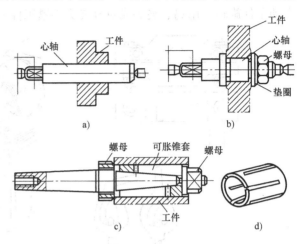

图4-31　心轴的种类
a）锥度心轴　b）圆柱心轴　c）可胀心轴　d）可胀轴套

1）中心架直接安装在工件中间（见图4-32a）。这种装夹方法可提高车削细长轴工件的刚性。安装中心架前，需先在工件毛坯中间车削出一段安装中心架支撑爪的凹槽，使中心架的支撑爪与其接触良好，凹槽的直径略大于工件图样尺寸，宽度应大于支撑爪。车削时，支撑爪与工件处应经常加注润滑油，并注意调节支撑爪与工件之间的压力，以防拉毛工件及摩擦发热。

对于较长的轴，在其中间车削支承凹槽有困难时，可以使用过渡套代替凹槽，使用时要调节过渡套两端各有的4个螺钉，以校正过渡套外圆的径向圆跳动，符合要求后，才能调节中心架的支承爪。

2）一端夹住、一端搭中心架。车削大而长的工件端面、钻中心孔或车削长套筒类工件的内螺纹时，可采用图4-32b所示的一端夹住、一端搭中心架的方法。

注意：搭中心架一端的工件轴线应找正到与车床主轴轴线同轴。

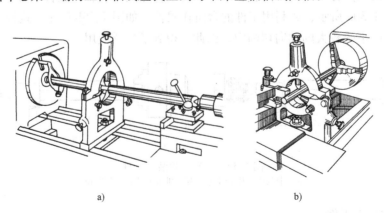

图4-32　中心架的使用
a）中心架直接安装在工件中间　b）一端夹住、一端搭中心架

（2）跟刀架的使用 跟刀架有二爪跟刀架和三爪跟刀架两种。跟刀架固定在车床床鞍上，与车刀一起移动，如图4-33所示。

在使用跟刀架车削不允许接刀的细长轴时，要在工件端部先车出一段外圆，再安装跟刀架。支撑爪与工件接触的压力要适当，否则车削时跟刀架可能不起作用，或者将工件卡得过紧等。

在使用中心架和跟刀架时，工件的支承部分必须是加工过的外圆表面，并要加注机油润滑，工件的转速不能很高，以免工件与支撑爪之间摩擦过热而烧坏或磨损支承爪。

图4-33 跟刀架的使用

7. 用花盘装夹工件

花盘是安装在车床主轴上并随之旋转的一个大圆盘，其端面有许多长槽，可穿入螺栓以压紧工件。花盘的端面需平整，且与主轴轴线垂直。

当加工大而扁且形状不规则的工件或刚性较差的工件时，为了保证加工表面与安装平面平行，以及加工回转面轴线与安装平面垂直，可以用螺栓压板把工件直接压在花盘上加工，如图4-34a所示。用花盘装夹工件时，需要仔细找正。

有些复杂的工件要求加工孔的轴线与安装平面平行，或者要求加工孔的轴线垂直相交时，可用花盘、弯板装夹工件，如图4-34b所示。弯板安装在花盘上要仔细地找正，工件装夹在弯板上也需要找正。弯板要有一定的刚度。

注意：用花盘或花盘弯板装夹工件时，需加平衡铁进行平衡，以减小旋转时的摆动。同时，机床转速不能太高。

8. 弹簧夹头

以工件外圆为定位基准，采用弹簧夹头装夹工件，如图4-35所示。弹簧套筒在压紧螺母的压力下向中心均匀收缩，使工件获得准确的定位与牢固的夹紧，所以工件也可获得较高的位置精度。

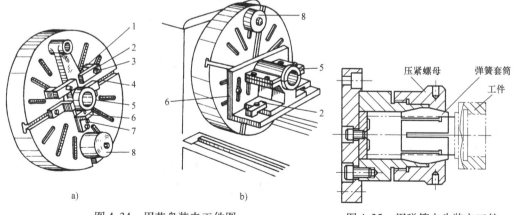

图4-34 用花盘装夹工件图
a）在花盘上装夹工件 b）在花盘弯板上装夹工件
1—垫铁 2—压板 3—螺钉 4—螺钉槽
5—工件 6—弯板 7—顶丝 8—平衡铁

图4-35 用弹簧夹头装夹工件

4.4.2 车削基本工艺

1. 车外圆的方法和步骤

圆柱表面是构成各种机械零件的基本表面之一, 如各类轴、套筒等都是由大小不同的圆柱表面组成的, 车外圆是车削加工方法中最基本的工作内容。

(1) 车刀的选用　外圆车削加工一般分为粗车和精车。常用的外圆车刀有45°弯头车刀、75°偏刀和90°偏刀。45°弯头车刀用于车外圆、端面和倒角; 75°偏刀用于粗车外圆; 90°偏刀用于车台阶、外圆与细长轴。

(2) 车削用量选择　车削时, 应根据加工要求和切削条件, 选择合适的车削用量。

1) 背吃刀量 a_p 的选择。半精车和精车的 a_p 一般分别为 $1 \sim 3mm$ 和 $0.1 \sim 0.5mm$, 通常一次车削完成, 因此粗加工应尽可能选择较大的背吃刀量。当余量很大, 一次进刀会引起振动, 造成车刀、车床等损坏时, 可考虑几次车削。特别是第一次车削时, 为使刀尖部分避开工件表面的冷硬层, 背吃刀量应尽可能选择较大数值。

2) 进给量 f 的选择。粗车时, 在工艺系统刚度许可的条件下, 进给量选大值, 一般取 $f = 0.3 \sim 0.8mm/r$; 精车时, 为保证工件表面粗糙度要求, 进给量取小值, 一般取 $f = 0.08 \sim 0.3mm/r$。

3) 切削速度 v_c 的选择。在背吃刀量、进给量确定之后, 切削速度 v_c 应根据车刀的材料及几何角度、工件材料、加工要求与冷却润滑等情况确定, 而不能认为切削速度越高越好; 在实际工作中, 可查阅手册或根据经验来确定。例如, 用高速钢车刀切削钢料时, 一般切削速度 $v_c = 0.3 \sim 1m/s$; 用硬质合金车刀切削时, 切削速度 $v_c = 1 \sim 3m/s$; 车削硬钢的切削速度比软钢时低些, 而车削铸铁件的切削速度又比车削钢件时低些; 不用切削液时, 切削速度也要低些。另外, 也可通过观察切屑颜色变化判断切削速度选择是否合适。例如, 用高速钢车刀切削钢料时, 如果切屑呈白色或黄色, 说明切削速度合适。采用硬质合金车刀, 如果切屑呈蓝色, 说明切削速度合适; 如果切屑呈现火花, 说明切削速度太高; 如果切屑呈白色, 说明切削速度偏低。

2. 车端面与阶台的方法与步骤

(1) 车端面

1) 车端面的常见方法。图4-36所示为车端面的常见方法。用45°弯头车刀车端面 (见图4-36b、c), 特点是刀尖强度高, 适用于车大平面, 并能倒角和车外圆。用90°左偏刀车端面 (见图4-36a), 特点是切削轻快顺利, 适用于有台阶面平面车削。用60°~75°车刀车端面 (见图4-36d), 特点是刀尖强度好, 适用于大切削量车大平面。用90°右偏刀车端面, 车刀由外向中心进给 (见图4-36e), 副切削刃进行切削, 切削不顺利, 容易产生凹面; 由中心向外进给 (见图4-36f), 主切削刃进行切削, 切削顺利, 适合精切平面; 可在副切削刃上磨出前角 (见图4-36g), 由外向中心进给。

2) 工件的装夹。装夹工件时, 工件的伸出长度应尽可能短, 并且应同时校正外圆与端面的跳动。车较长工件的端面时, 由于端面圆跳动大, 应选用较低的转速。

3) 确定端面的车削余量。车削前, 应测量毛坯的长度, 确定端面的车削余量。例如, 工件两端均需车削, 一般先车的一端应尽量少切, 将大部分余量留在另一端。

4) 车刀的安装。车端面时, 要求车刀刀尖严格对准工件中心, 如果高于或低于工件中心, 都会使工件端面中心处留有凸台, 并损坏刀尖, 如图4-37所示。

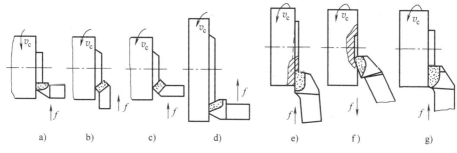

图 4-36　车端面的常见方法

5) 车端面前, 应先倒角。毛坯表面的冷硬层, 尤其是铸件表面的一层硬皮, 很容易损伤车刀刀尖, 应先倒角再车端面, 可防止刀尖损坏, 如图 4-38 所示。车削端面和车削外圆一样, 第一刀背吃刀量一定要超过工件硬皮层厚度, 否则即使已倒角, 但车削时刀尖仍在硬皮层, 极易磨损。

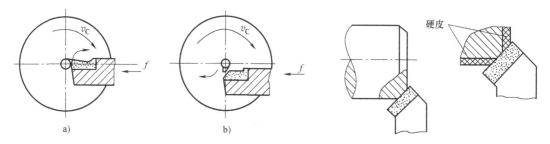

图 4-37　车刀刀尖不对准工件中心产生凸台和崩刃　　　　图 4-38　铸件毛坯倒角
a) 车刀刀尖高于工件中心　b) 车刀刀尖低于工件中心

6) 车削用量选择

① 背吃刀量 a_p: 粗车时, $a_p = 2 \sim 5$mm; 精车时, $a_p = 0.2 \sim 1$mm。

② 进给量 f: 粗车时, $f = 0.3 \sim 0.7$mm/r; 精车时, $f = 0.08 \sim 0.3$mm/r。

③ 切削速度 v_c: 端面的直径从外到中心是变化的, 切削速度也在改变, 在计算切削速度时必须按端面的最大直径计算。

7) 操作要领。手动进给速度应均匀; 当刀尖车削至端面中心附近时, 应停止自动进给改用手动进给, 车到中心后, 车刀应迅速退回; 精车端面, 应防止车刀横向退回时拉毛表面; 背吃刀量的控制, 可用大滑板或小滑板刻度来调整。

(2) 车台阶

1) 车刀的选用。车削台阶通常先用 75°强力车刀粗车外圆, 切除台阶的大部分余量, 留 0.5 ~ 1mm 余量, 然后用 90°偏刀精车外圆、台阶, 偏刀的主偏角 κ_r 应略大于 90°, 通常为 91° ~ 93°。粗车时, 只需为第一个台阶留出精车余量, 其余各段可按图样上的尺寸车削, 这样在精车时, 将第一个台阶长度车削至尺寸后, 第二个台阶的精车余量自动产生, 以此类推, 精车各台阶至尺寸要求。

2) 确定台阶长度。车削时, 控制台阶长度的方法有刻线法、刻度盘控制法和用挡铁定位控制法。

3）车低台阶。用90°偏刀直接车成（见图4-39a），在最后一次进刀时，车刀在纵向进刀结束后，需摇动中滑板手柄均匀退出车刀，以确保台阶与外圆表面垂直。

4）车高台阶。通常采用分层切削（见图4-39b），先用75°偏刀粗车，再用90°偏刀精车。当车刀刀尖距离台阶位置1～2mm时，停止机动进给，改用手动进给。当车至台阶位置时，车刀从横向慢慢退出，将台阶面精车一次。

（3）车倒角 车倒角用的车刀有45°弯头车刀或90°偏刀。当平面、外圆、台阶车削完毕后，转动刀架用45°弯头车刀进行倒角。若使用90°偏刀倒角，应使切削刃与外圆形成45°夹角。

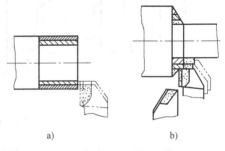

图4-39 车台阶
a）车低台阶 b）车高台阶

移动床鞍至工件外圆与平面相交处进行倒角。所谓C1，是指倒角在外圆上的轴向长度为1mm，角度是45°。

3. 车槽与切断

（1）切槽

1）车沟槽的常见方法。在工件表面上车沟槽的常见方法有车外槽、车内槽和车端面槽。

2）车槽刀的选择。一般选用高速钢车槽刀车槽。

3）车槽的方法。车削精度不高的和宽度较窄的矩形沟槽，可以用刀宽等于槽宽的车槽刀，采用直进法一次车出。车削精度要求较高的矩形沟槽，一般分两次车成。

车削较宽的沟槽，可用多次直进法切削（见图4-40），并在槽的两侧留一定的精车余量，然后根据槽深、槽宽精车至尺寸。车削较小的圆弧形槽，一般用成形车刀车削；车削较大的圆弧槽，可用双手联动车削，用样板检查修整。车削较小的梯形槽，一般用成形车刀完成；车削较大的梯形槽，通常先车直槽，然后用梯形刀直进法或左右切削法完成。

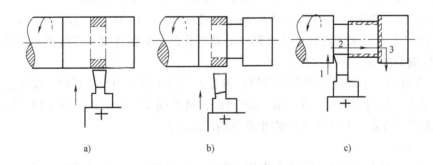

图4-40 车宽槽
a）第一次横向进给 b）第二次横向进给 c）末一次横向进给后再以纵向送进精车槽底

4）矩形槽的检查和测量。精度要求低的沟槽，一般采用钢直尺和卡钳测量。精度要求较高的沟槽，可用千分尺、样板、塞规和游标卡尺等检查测量。

（2）切断 切断要用切断刀，切断刀的形状与车槽刀相似，但因刀头窄而长，很容易折断。切断刀有高速钢切断刀、硬质合金切断刀、弹性切断刀、反切刀等类型。

高速钢切断刀主切削刃的宽度 $a \approx (0.5 \sim 0.6)\sqrt{d}$，其中 d 为被切工件的外径。

刀头长度 $L = h + (2 \sim 3)$，其中 h 为切入深度（mm），如图 4-41 所示。

例 4-2 切断外径为 $\phi 36mm$、孔径为 $\phi 16mm$ 的空心工件，试计算切断刀的主切削刃宽度和刀头长度。

解：主切削刃的宽度 $a \approx (0.5 \sim 0.6)\sqrt{d} = (0.5 \sim 0.6)\sqrt{36}mm = 3 \sim 3.6mm$。

刀头长度 $L = h + (2 \sim 3) = [(36/2 - 16/2) + (2 \sim 3)]mm = 12 \sim 13mm$。

在切断工件时，为使带孔工件不留边缘，实心工件的端面不留小凸头，可将切断刀的切削刃略磨斜些，如图 4-42 所示。

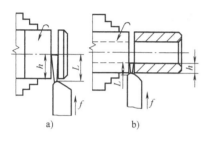

图 4-41　切断刀刀头
a）切断实心工件时　b）切断空心工件时

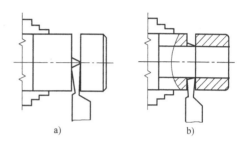

图 4-42　斜面刃切断刀及其应用
a）切断实心工件时　b）切断空心工件时

切断方法有以下几种：

1）直进法。切断刀垂直于工件轴线方向进给切断（见图 4-43a）。这种方法效率高，但对车床、切断刀的刃磨、装夹都有较高的要求，否则易造成刀头折断。

2）左右借刀法。在刀具、工件、车床刚性不足的情况下，可采用借刀法切断工件，如图 4-43b 所示。这种方法是指切断刀在轴线方向作反复往返移动，随之两侧径向进给，直至工件切断。

3）反切法。反切法是指工件反转，车刀反向装夹，如图 4-43c 所示。这种切断方法适用于切断直径较大的工件。其优点是：由于作用在工件上的切削力和与主轴重力方向一致（向下），主轴不容易产生上下跳动，切断工件时比较平稳，并且切屑朝下排出，不会堵塞在切削槽中，排屑顺利。

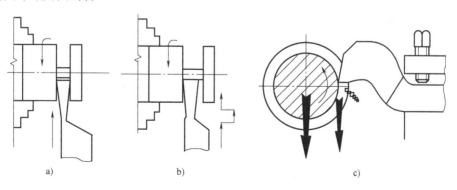

图 4-43　切断工件的方法
a）直进法　b）左右借刀法　c）反切法

4. 车锥面

将工件车削成圆锥表面的方法称为车锥面。常用车锥面的方法有宽刀法、转动小刀架法、尾座偏移法、靠模法等几种。

（1）宽刀法 车削较短的圆锥时，可以用宽刀法直接车出，如图4-44所示。其工作原理实质上是属于成形法，所以要求切削刃必须平直，切削刃与主轴轴线的夹角应等于工件圆锥半角$\alpha/2$。同时要求车床有较好的刚性，否则易引起振动。当工件的圆锥斜面长度大于切削刃长度时，可以用多次接刀方法加工，但接刀处必须平整。

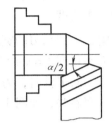

图4-44 用宽刀法车锥面

（2）转动小刀架法 当加工锥面不长的工件时，可用转动小刀架法车削。车削时，将小滑板下面的转盘上螺母松开，把转盘转至所需要的圆锥半角$\alpha/2$的刻线上，与基准零线对齐，然后固定转盘上的螺母，如果锥角不是整数，可在锥附近估计一个值，试车后逐步找正，如图4-45所示。

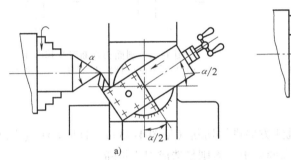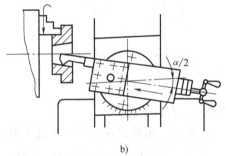

图4-45 用转动小刀架法车锥面
a）车外圆锥 b）车内圆锥

（3）尾座偏移法 如图4-46所示，当车削锥度小、锥形部分较长的圆锥面时，可以用尾座偏移法。此方法可以自动进给，缺点是不能车削整圆锥和内锥体以及锥度较大的工件。将尾座上滑板横向偏移一个距离S，使偏位后两顶尖连线与原来两顶尖中心线相交一个$\alpha/2$角度，尾座的偏向取决于工件大小头在两顶尖间的加工位置。

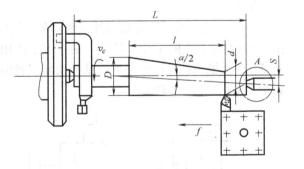

图4-46 用尾座偏移法车削锥面

尾座的偏移量与工件的总长有关，尾座偏移量可用下列公式计算为

$$S = \frac{D-d}{2l} \times L$$

式中，S是尾座偏移量；l是工件锥体部分长度；L是工件总长度；D和d分别是锥体大头直径和锥体小头直径。

尾座的偏移方向，由工件的锥体方向决定。当工件的小端靠近尾座处，尾座应向里移动；反之，尾座应向外移动。

（4）靠模法 如图 4-47 所示，靠模板装置是车床加工圆锥面的附件。当较长的外圆锥和圆锥孔的精度要求较高而批量又较大时，常采用靠模法。

这种方法是利用锥度靠模装置，使车刀在纵向进给的同时，相应地产生横向运动。两个方向进给运动合成，使刀尖轨迹与工件轴线所成夹角，正好等于圆锥半角 $\alpha/2$，从而车出内、外圆锥面。

基座 1 用螺钉固定在床鞍的后侧面上随之移动。靠模台 5 的侧面有燕尾形导轨与基座配合，工作时用拉杆 10 和夹紧装置 8 相连而固定不动。它的上面装有可转动的靠模板 2，其倾斜角度可按工件圆锥半角 $\alpha/2$ 调整。中溜板丝杠在靠近手柄的一头，分成用键联接可自由伸

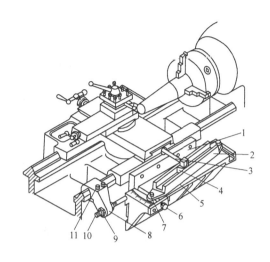

图 4-47 用靠模法车锥面
1—基座 2—靠模板（靠尺） 3—横向丝杠和上滑块
4—下滑块 5—靠模台 6—螺钉 7—调整螺钉
8—夹紧装置 9—螺母 10—拉杆 11—紧固螺钉

缩的两段。因此当床鞍作纵向进给时，下滑块 4 便沿靠模板 2 滑动，而上滑块则连同丝杠与中溜板作横向进给运动，从而实现圆锥面的加工。若转动手柄使丝杠旋转，仍能使中溜板移动以调节背吃刀量。当不需要使用靠模时，只要将紧固螺钉 11 旋松，在纵向进给时，大溜板便会带动整个附件一起移动，使靠模装置失去作用。

靠模法的优点是：内、外、长、短圆锥面都可车削，且可以自动进给，靠板校准工作也很简便，经过校准，一批工件的锥度误差可稳定在较小的公差范围。其缺点是：工件的圆锥半角一般应小于 12°，否则滑块在靠板上就因阻力太大而不能滑动自如，影响整个装置的正常工作。因此，一般适宜于小锥度工件的成批或大量生产。

检验圆锥面的锥度或锥角时，对于配合的圆锥面可用锥形量规。对于非配合的圆锥面可用游标量角器。

5. 孔加工

车床上可以用中心钻、钻头、镗刀、扩孔钻头、铰刀进行钻孔、车孔、扩孔和铰孔加工。钻孔、扩孔适用于粗加工；车孔用于半精加工和精加工；铰孔通常只用于精加工。

（1）钻中心孔

1）中心孔的形式与选用。中心孔是保证轴类工件安装、定位的重要工艺结构，和顶尖配合从而保证轴类工件的加工精度。常用形式有 A 型（不带保护锥）、B 型（带保护锥）和 C 型（带保护锥及螺纹），如图 4-48 所示。中心孔的尺寸由工件直径与重量大小决定，使用时可查阅 GB/T 145—2001 确定。

2）钻中心孔的方法。直径在 6mm 以下的 A 型、B 型中心孔通常用中心钻直接钻出（见图 4-49），中心钻一般用高速钢制成。

（2）钻孔 在车床上对实心坯料上的孔加工，首先要用钻头钻孔。在车床上还可以进行扩孔和铰孔。钻孔的公差等级为 IT10 以下，表面粗糙度为 $Ra12.5\mu m$，多用于粗加工孔。

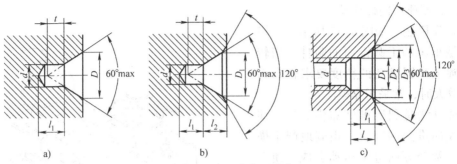

图 4-48　中心孔常用形式

a) A 型中心孔　b) B 型中心孔　c) C 型中心孔

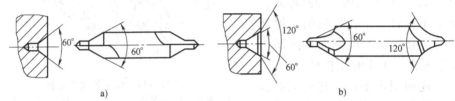

图 4-49　中心钻

a) A 型中心钻　b) B 型中心钻

在车床上加工直径较小而精度和表面粗糙度要求较高的孔，通常采用钻、扩、铰的方法。

在车床上钻孔如图 4-50 所示，工件装夹在卡盘上，麻花钻安装在尾座套筒锥孔内。转动尾座上的手柄使钻头沿工件轴线进给，工件旋转，这一点与钻床上钻孔是不同的。钻孔前，

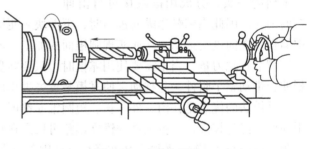

图 4-50　车床上钻孔

先车平端面并车出一个中心坑或先用中心钻钻中心孔作为引导。钻孔时，摇动尾座手轮使钻头缓慢进给，注意经常退出钻头排屑。钻孔进给不能过猛，以免折断钻头。使用高速钢钻头钻削钢料时必须加注切削液，钻削铸铁等脆性材料时，一般可加注少量的煤油；使用硬质合金钻头可不加注切削液。

（3）车孔　在车床上对工件的孔进行车削的方法称为车孔（又称镗孔），车孔是对锻出、铸出或钻出的孔的进一步加工。车孔可以部分地纠正原来孔轴线的偏斜，可以作为粗加工，也可以作为精加工。车孔的表面粗糙度为 $Ra3.2 \sim 1.6\mu m$。

1）内孔车刀。车孔分为车通孔和车不通孔，如图 4-51 所示，内孔车刀也分为通孔车刀和不通孔车两种。通孔车刀的主偏角为 $45° \sim 75°$，副偏角为 $10° \sim 20°$；不通

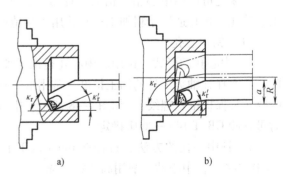

图 4-51　车内孔

a) 车通孔　b) 车不通孔

孔或台阶孔车刀主偏角大于90°，常取92°～95°；另外，刀尖至刀杆背面的距离必须小于孔径 R 的一半，否则无法车平孔底平面。

当车刀纵向进给至孔底时，需作横向进给车平孔底平面，以保证孔底平面与孔轴线垂直。选择内孔车刀时，车刀杆应尽可能粗一些；安装车刀时，伸出刀架的长度应尽量小，一般取大于工件孔长约4～10mm 即可；内孔车刀后角应略大些，取8°～12°，为避免刀杆后刀面与孔壁相碰，一般可磨成双重后角；前刀面上需刃磨断屑槽。

2）车刀的安装。安装内孔车刀，原则上刀尖高度应与工件中心等高，实际加工时要适当调整。精加工时，刀尖装得要略高于主轴中心，使工作后角增大，以免颤动和扎刀；粗加工时，刀尖略低于工件中心，以增加前角。

3）车削用量选择。车孔时，因刀杆细、刀头散热体积小，且不加注切削液，所以进给量 f 和背吃刀量 a_p 应比车外圆时小些，需进行多次进给，生产率较低。粗车通孔时，当孔快要车通时，应停止机动进给，改用手动进给，以防崩刃。

6. 车螺纹

螺纹按牙型分为三角形螺纹、梯形螺纹、矩形螺纹等。其中普通米制三角形螺纹应用最广。螺纹的加工方法很多，在专业生产中，广泛采用滚螺纹、轧螺纹及搓螺纹等一系列先进工艺。但在一般机械厂，尤其是在机修工作中，通常采用车削方法加工，以三角形螺纹的车削最为常见。

（1）尺寸计算　车螺纹时的主要尺寸计算，对正确选择、刃磨刀具，确定车削用量，测量、控制几何尺寸有着重要作用。例如，M30×2-6g-LH 为公称直径 ϕ30mm、螺距2mm、牙型角60°、螺纹公差带代号 6g 的左旋外螺纹。螺纹中径为 $d_2 = d - 0.6495p = 30\text{mm} - 0.6495 \times 2\text{mm} = 28.701\text{mm}$，查有关手册得上极限偏差 es = -0.038mm，下极限偏差 ei = -0.318mm，用螺纹千分尺测量螺纹中径时读数应在 28.383～28.663mm 范围内。

（2）车螺纹的传动链及其调整　车螺纹时，为了获得准确的螺距，必须用丝杠带动刀架进给，使工件每转一周，刀具移动的距离（进给量）等于螺纹的导程，传动链如图4-52所示。

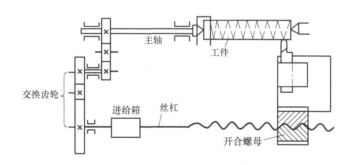

图 4-52　车螺纹的传动链

根据进给箱标牌，更换交换齿轮与改变进给箱的进给手柄位置，即可得到各种不同的螺距或导程。

（3）避免"乱牙"　车削螺纹时，需经过多次进给才能切成。在多次切削过程中，必须保证车刀总是落在已切出的螺纹槽内，否则就称为"乱牙"。如果产生"乱牙"，工件即成为废品。

如果车床丝杠的螺距是工件螺距的整数倍，可任意打开开合螺母，当合上开合螺母时，车刀仍然会切入原来已切出的螺纹槽内，不会产生"乱牙"；若车床丝杠的螺距不是工件螺距的整数倍，则会产生"乱牙"。

车螺纹过程中，为了避免"乱牙"，需注意以下几点：

1）调整中小刀架的间隙（调镶条），不要过松或过紧，以移动均匀、平稳为好。

2）如从顶尖上取下工件度量，不能松开卡箍。在重新装夹工件时，要使卡箍与拨盘（或卡盘）的相对位置保持与原来的一样。

3）在切削过程中，如果换刀，则应重新对刀。对刀的方法是：闭合对开螺母，移动小刀架，使车刀落入原来的螺纹槽中。由于传动系统有间隙，对刀过程必须在车刀沿切削方向走一段距离后，停机再进行。

4）螺纹车刀及其安装。车刀的刀尖角等于螺纹牙型角，即 $\alpha = 60°$；螺纹车刀的前角对牙型角影响较大，如果车刀的前角大于或小于零度时，所车出螺纹牙型角会大于车刀的刀尖角，加工精度要求较高的螺纹，车刀的前角常取为零度。只有粗加工时或螺纹精度要求不高时，为改善切削条件，其前角可取 $\gamma_o = 5° \sim 20°$。安装螺纹车刀时，刀尖对准工件中心并与工件轴线等高，并用样板对刀，如图4-53所示。

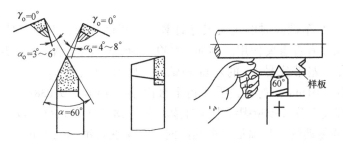

图4-53　螺纹车刀几何角度与样板对刀

5）车削前的准备。首先把工件的螺纹外圆直径按要求车削好（比规定要求应小0.1~0.2mm），然后在螺纹的长度上车一条标记，作为退刀标记，最后将端面处倒角，安装好螺纹车刀。车床调整好后，选择较低的主轴转速，开动车床，合上开合螺母，开正反转数次后，检查丝杠与开合螺母的工作状态是否正常，为使刀具移动较平稳，需消除车床各滑板间隙及丝杠螺母的间隙。

6）车螺纹的方法和步骤。车螺纹的方法和步骤如图4-54所示。

7）车螺纹的进刀方法。车螺纹的进刀方法通常有直进法、斜进法和左右借刀法3种，如图4-55所示。

低速车普通螺纹时，直进法只用中滑板进给，用于螺距小于3mm的三角形螺纹粗精车；左右借刀法，除中滑板横向进给外，小滑板向左或向右微量进给，用于各类螺纹粗精车（除梯形螺纹外）；斜进法，除中滑板横向进给外，小滑板只向一个方向微量进给，用于粗车螺纹，每边留0.2mm精车余量。

8）综合测量。用螺纹环规综合检查三角形外螺纹。首先对螺纹的大径、螺距、牙型和表面粗糙度进行检查，然后再用螺纹环规测量外螺纹的尺寸精度。如果环规通端正好拧进去，

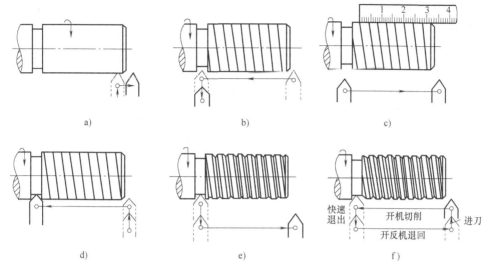

图 4-54　车削螺纹的方法和步骤

a）开机，使车刀与工件轻微接触，记下刻度盘读数　b）合上开合螺母在工件表面上车出一条螺旋线，横向退出车刀，停机　c）开反机使车刀退到工件右端，停机，用钢直尺检查螺距是否正确　d）利用刻度盘调整切深，开机切削　e）车刀将至行程终了时，应做好退刀停机准备，先快速退出车刀，然后停机，开反机退回刀架

f）再次横向进切深，继续切削

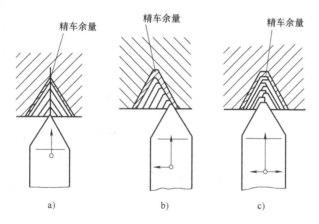

图 4-55　车削螺纹的进刀方法

a）直进法　b）斜进法　c）左右借刀法

而止端拧不进去，说明螺纹精度符合要求。对精度要求不高的螺纹也可用标准螺母检查（生产中常用），以拧上工件时是否顺利和松动的感觉来确定，如图 4-56 所示。检查有退刀槽的螺纹，环规能够通过退刀槽与台阶平面靠平，即为合格螺纹。

9）车内螺纹

① 内螺纹车刀的形状和几何角度如图 4-57 所示。

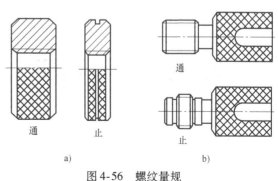

图 4-56　螺纹量规

a）外螺纹环规　b）内螺纹塞规

② 刃磨内螺纹车刀的方法与外螺纹相似，不同的是，要使螺纹车刀刀尖角的对称中心线垂直刀柄中心线，如图4-58所示。

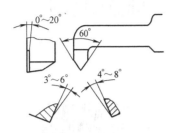

图4-57　内螺纹车刀的形状和几何角度

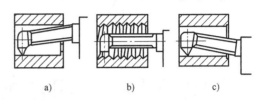

图4-58　内螺纹车刀的刃磨要求
a）错误　b）正确　c）错误

7. 车成形面

（1）成形原理　把车刀切削刃磨成与工件成形面轮廓相同，即得到成形车刀或称为样板车刀。用成形车刀只需一次横向进给即可车出成形面。

（2）常用成形车刀　常用成形车刀有以下三种：

1）普通成形车刀。普通成形车刀与普通车刀相似，只是磨成成形切削刃（见图4-59a）。精度要求低时，可用手工刃磨；精度要求较高时，应在工具磨床上刃磨。

2）棱形成形车刀。棱形成形车刀由刀头和弹性刀体两部分组成（见图4-59b），两者用燕尾装夹，用螺钉紧固。按工件形状在工具磨床上用成形砂轮将刀头的成形切削刃磨出，此外还要将前刀面磨出一个等于径向前角与径向后角之和的角度。刀体上的燕尾槽做成具有一个等于径向后角的倾角，这样装上刀头后就有了径向后角，同时使前刀面也恢复到径向前角。

3）圆形成形车刀。圆形成形车刀也由刀头和刀体组成（见图4-59c），两者用螺柱紧固。在刀头与刀体的贴合侧面都做出端面齿，这样可防止刀头转动。刀头是一个开有缺口的圆轮，在缺口上磨出成形切削刃，缺口面即前刀面，在此面上磨出合适的前角。当成形切削

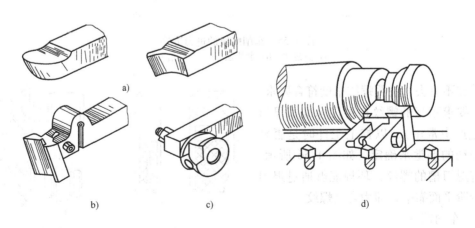

图4-59　成形车刀及车成形面
a）普通成形车刀　b）棱形成形车刀　c）圆形成形车刀　d）车成形面

刃低于圆轮的中心,在切削时自然就产生了径向后角。因此,可按所需的径向后角 α_o(一般为 $6° \sim 10°$)求出成形切削刃低于圆轮中心的距离 $H = D/2\sin\alpha_o$。其中, D 是圆轮直径。

棱形成形车刀和圆形成形车刀精度高,使用寿命长,但是制造较复杂。

用成形车刀车削成形面时(见图4-59d),由于切削刃与工件接触面积大,容易引起振动,所以应采取一定的防振措施。

特点:由于成形车刀的形状质量对工件的质量影响较大,因此对成形车刀要求较高,需要在专用工具磨床上刃磨,生产效率较高,工件质量有保证,用于批量生产。

(3)靠模法车成形面 尾座靠模和靠板靠模是两种主要的靠模成形法。

1)尾座靠模是将一个标准样件(即靠模3)安装在尾座套筒中,在刀架上装一把长刀夹,刀夹上安装有车刀2和靠模板4。车削时用双手操纵中、小滑板(如同双手进给控制法),使靠模板4始终贴在靠模3上并沿其表面移动,车刀2就可车出与靠模3相同形状的工件,如图4-60所示。

2)靠板靠模与靠模法车锥面相似,只是将锥度靠模换成了具有曲面槽的靠模,并将滑块改为滚柱。

如果没有靠模车床,也可利用卧式车床进行靠模车削,如图4-61所示。在床身后面装上靠模支架5和靠模板4,脱开中滑板与丝杠的连接,而使滚柱3通过拉杆2与中滑板连接。将小滑板转过 $90°$,以代替中滑板作车刀横向位置调整和控制背吃刀量。车削时,当床鞍纵向进给时,滚柱3就沿靠模板4的曲槽移动,并通过拉杆2使车刀随之做相应移动,于是在工件1上车出了成形面。

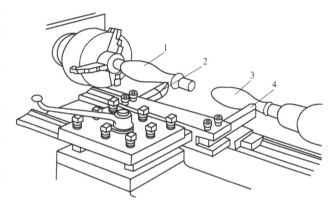

图4-60 尾座靠模
1—工件 2—车刀 3—靠模 4—靠模板

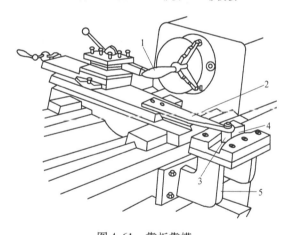

图4-61 靠板靠模
1—工件 2—拉杆 3—滚柱 4—靠模板 5—靠模支架

8. 表面修饰加工

工具和机器上的手柄捏手部分,需要滚花以增强摩擦力或增加零件表面美观。滚花是一种表面修饰加工方法,可在车床上用滚花刀滚压而成。

(1)花纹的种类 花纹有直纹和网纹两种形式,如图4-62所示。滚花花纹的形状及参数如图4-63所示。每种花纹有粗纹、中纹和细纹之分。花纹的粗细取决于模数 m 和节距的关系,即 $P = \pi m$。 $m = 0.2\text{mm}$ 是细纹; $m = 0.3\text{mm}$ 是中纹; $m = 0.4\text{mm}$ 和 $m = 0.5\text{mm}$ 是粗纹; $2h$ 是花纹高度。

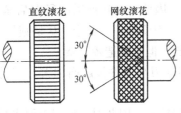

图 4-62 滚花的形式

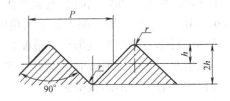

图 4-63 滚花花纹的形状及参数

　　（2）滚花刀　滚花刀由滚轮与刀体
组成。滚轮的直径为 20～25mm。滚花
刀有单轮滚花刀、双轮滚花刀和六轮滚
花刀，如图 4-64 所示。单轮滚花刀用于
滚直纹；双轮滚花刀有左旋和右旋滚轮
各 1 个，用于滚网纹；六轮滚花刀是在
同一把刀体上装有三组粗细不等的滚花
刀，使用时根据需要选用。

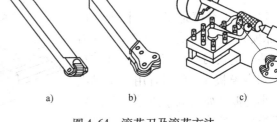

a)　　　　b)　　　　c)

图 4-64　滚花刀及滚花方法
a）单轮滚花刀　b）双轮滚花刀　c）滚花的方法

9. 车削加工实例

　　盘套类零件主要由孔、外圆与端面所组成。除尺寸精度、表面粗糙度以外，一般外圆、
内孔和端面之间有很高的位置精度要求。在工艺上，一般分为粗车、精车。精车时，尽量把
有位置精度要求的外圆、内孔和端面在一次装夹中全部加工完成（俗称"一刀活"）。若不
能一次装夹完成，通常先加工孔，然后以内孔在心轴上定位，加工外圆和端面。图 4-65 所
示为齿轮坯零件图。齿轮坯的车削工艺过程见表 4-5。

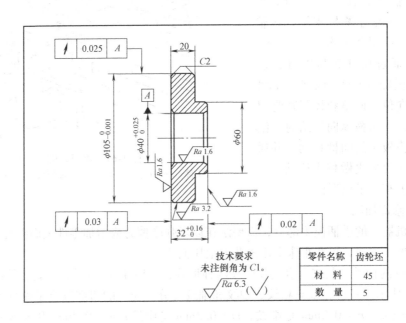

图 4-65　齿轮坯零件图

表 4-5 齿轮坯的车削工艺过程

加工顺序	加工简图	加工内容	装夹方法	备注
1	—	下料 $\phi110 \times 36$（5 件）	—	—
2	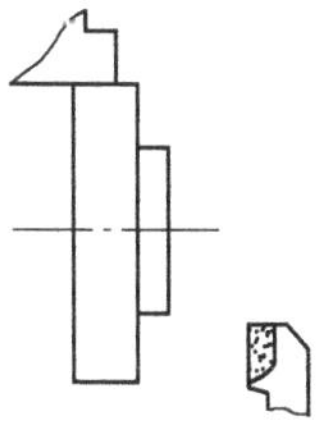	装夹 $\phi110mm$ 外圆长 20mm 车端面见平 车外圆 $\phi63mm \times 10mm$	自定心卡盘	—
3	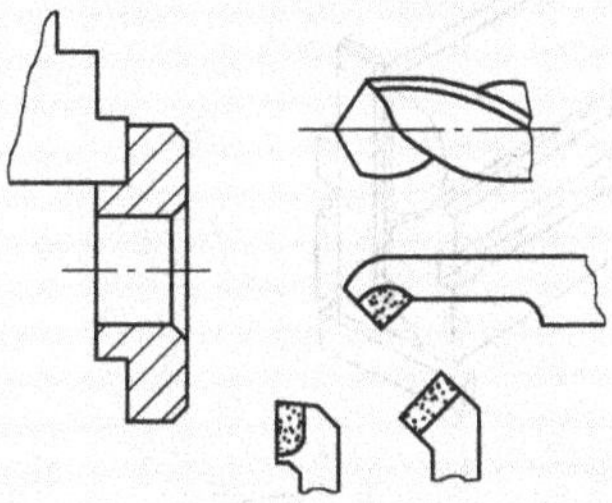	装夹 $\phi63mm$ 外圆 粗车端面见平，外圆至 $\phi107mm$ 钻孔 $\phi36mm$ 粗精镗孔 $\phi40^{+0.025}_{0}mm$ 至尺寸 精车端面、保证总长 33mm 精车外圆 $\phi105^{0}_{-0.001}mm$ 至尺寸 倒内角 $C1$，外角 $C2$	自定心卡盘	—
4	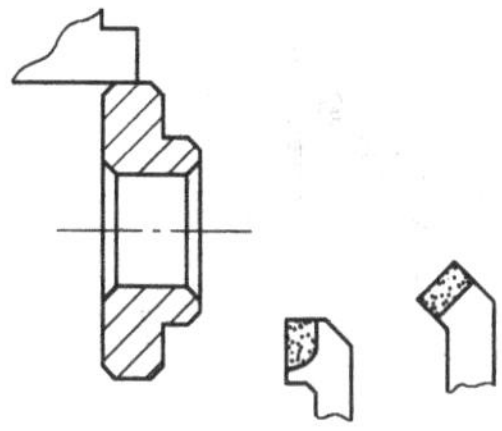	装夹 $\phi105mm$ 外圆、垫铁皮、找正 精车台肩面保证长度 20mm 车削小端面，总长 $32.3^{+0.2}_{0}mm$ 精车外圆 $\phi60mm$ 至尺寸 倒内角 $C1$，外角 $C2$	自定心卡盘	—
5	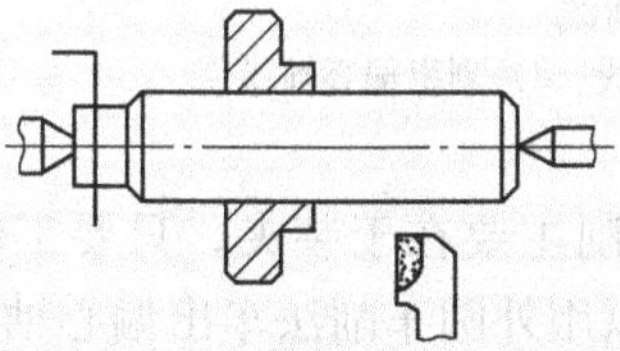	精车小端面 保证总长 $32^{+0.16}_{0}mm$	顶尖 卡箍 锥度心轴	有条件可平磨小端面
6		检验	—	—

4.4.3 典型零件的车削工艺

1. 车削偏心工件

（1）偏心工件 外圆和外圆或内孔和外圆的轴线平行而不重合的工件，称为偏心工件，如图 4-66 所示。

（2）偏心工件的划线 根据图样或实物的尺寸，在工件上用划线工具划出待加工部位的轮廓线或定位基准的点、线、面的工作，称为划线。偏心工件所用的是立体划线法，要同时在工件的几个平面（有长、宽、高方向或其他倾斜方向）划线，如图 4-67 所示。

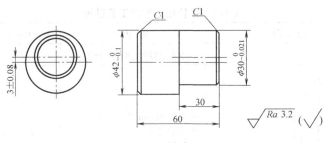

图 4-66 偏心工件

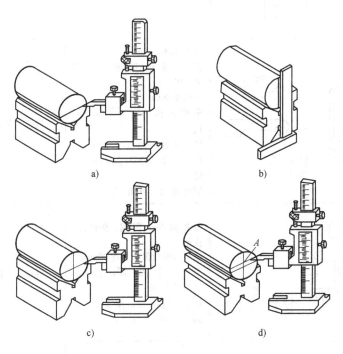

图 4-67 偏心工件的划线
a）划出水平线　b）转90°　c）划出十字线　d）划出偏心轴线

（3）偏心工件的车削方法与步骤　偏心工件的车削主要在于装夹，只要工件在装夹时使偏心轴的轴心线与车床主轴的回转轴线重合，就可以用外圆车削法车出偏心轴。装夹工件的方法有：

1）用自定心卡盘装夹偏心工件（见图4-68）。先将被加工工件的外圆和长度车好，并将两端面车平，再在自定心卡盘的任意一个卡爪与工件接触面之间垫一块垫片。

2）用单动卡盘装夹偏心工件（见图4-69）。这种方法适用于加工要求不高、偏心距大小不同、形状短而复杂、数量少的工件或单件工件的生产。

3）用双重卡盘装夹偏心工件（见图4-70）。当车削量不大、加工长度较短、偏心距不大的偏心工件时，为了减少找正偏心的时间，可用双重卡盘装夹偏心工件。

4）用花盘装夹偏心工件（见图4-71）。这种方法适用于工件长度较短、偏心距较大、精度要求不高的偏心孔加工。

5）用前、后双顶尖装夹偏心工件（见图4-72）。这种方法适用于加工较长的偏心工件。

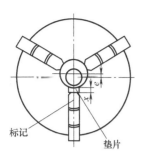

图 4-68　用自定心卡盘装夹偏心工件

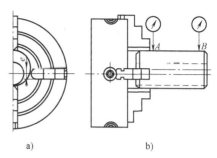

图 4-69　用单动卡盘装夹偏心工件
a）用划线盘划出偏心位置　b）用百分表校正

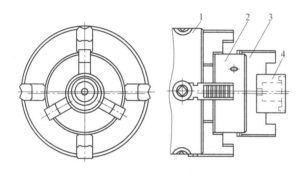

图 4-70　用双重卡盘装夹偏心工件
1—单动卡盘　2—自定心卡盘　3—软爪　4—偏心套

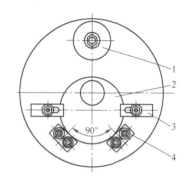

图 4-71　用花盘装夹偏心工件
1—平衡块　2—偏心套　3—压板　4—定位板

（4）偏心距的检测方法

1）用两顶尖检测偏心距（见图 4-73）。这种方法适用于两端有中心孔、偏心距较小的偏心轴。

2）用 V 形架检测偏心距（见图 4-74）。这种方法适用于没有中心孔的工件。

3）在车床上用百分表、中滑板检测偏心距（见图 4-75）。这种方法适用于偏心距较大、长度较长的工件，可以在车床上进行检测。

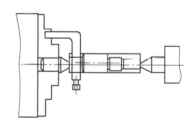

图 4-72　用前、后双顶尖装夹偏心工件

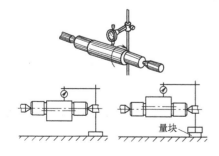

图 4-73　用两顶尖检测偏心距

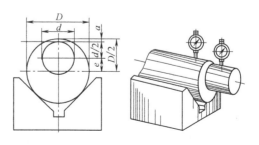

图 4-74　用 V 形架检测偏心距

2. 车削薄壁工件

（1）薄壁工件的加工特点

1）薄壁工件在夹紧力的作用下容易产生变形，从而影响尺寸精度和位置精度。

2）工件壁薄，切削热的产生使工件车削尺寸难以保证。

3）工件壁薄，在切削力（特别是背向力）的作用下，容易产生振动和变形，影响工件的尺寸精度、几何精度和表面粗糙度值。

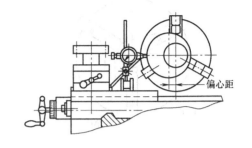

图 4-75　在车床上用百分表、中滑板检测偏心距

（2）车削方法　防止和减少薄壁工件变形的方法有：

1）工件分粗、精车阶段。粗车时，由于切削余量较大，夹紧力稍大些，变形也相应大些；精车时，夹紧力稍小些，一方面夹紧变形小，另一方面精车时还可以消除粗车时因切削力过大而产生的变形。

2）合理选用刀具的几何参数。精车薄壁工件时，刀柄的刚度要求高，车刀的修光刃不宜过长（一般取 0.2～0.3mm），刃口要锋利。车刀几何参数可参考下列要求：

① 外圆精车刀。$\kappa_r = 90° \sim 93°$，$\kappa_r' = 15°$，$\alpha_{o1} = 14° \sim 16°$，$\alpha_o = 15°$，$\gamma_o$ 适当增大。

② 内孔精车刀。$\kappa_r = 60°$，$\kappa_r' = 30°$，$\gamma_o = 35°$，$\alpha_{o1} = 14° \sim 16°$，$\alpha_o = 6° \sim 8°$，$\lambda_s = 5° \sim 6°$。

3）增大装夹接触面（见图 4-76）。采用开缝套筒和特制的软卡爪，使接触面积增大，让夹紧力均布在工件上，因而夹紧时工件不易产生变形。

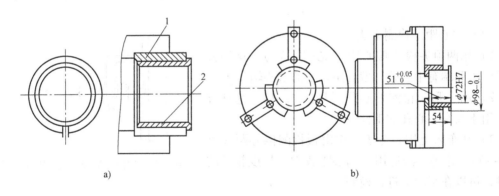

a)　　　　　　　　　　　　　　b)

图 4-76　增大装夹接触面
a）开缝套筒　b）特制的软卡爪
1—薄壁套　2—工件

4）使用轴向夹紧工具（见图 4-77）。车削薄壁工件时，尽量不使用径向夹紧，优先选用轴向夹紧的方法。

5）增加工艺肋（见图 4-78）。在装夹部位特制几根工艺肋，以增强此处刚性，使夹紧力作用在工艺肋上，以减少工件的变形，加工完毕后，再去掉工艺肋。

6）改变夹紧力方向（见图 4-79）。采用弹性胀力心轴从里向外夹紧工件。

7）充分注入切削液。降低切削温度，减少工件热变形。

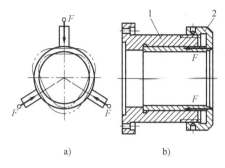

图 4-77 使用轴向夹紧工具

a）错误 b）正确

1—工件 2—螺母

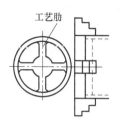

图 4-78 增加工艺肋

3. 车削细长轴

细长轴指工件的长度跟直径之比大于 25，即 $L/D>25$。细长轴的加工存在以下工艺问题：

（1）刚度低，易弯曲 细长轴的刚度很低，本来毛坯的弯曲度误差就较大，车削时若装夹不当，更容易因切削力、重力的作用而弯曲变形，产生振动，从而降低加工精度和表面质量。

（2）热伸长量大 细长轴的长度尺寸较大，切

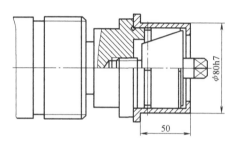

图 4-79 改变夹紧力方向

削热作用在其上将产生很大的热伸长量。若轴的两端均为固定支承，则会产生"压杆失稳"的效应而弯曲变形。当轴以高速旋转时，这种弯曲引起的离心力将进一步加剧轴的变形。

（3）刀具磨损量大 由于细长轴较长，加工时一次进给的长度长，刀具磨损较大，因而造成工件锥度误差。

针对上述问题可采取以下工艺措施：

（1）改进工件装夹方法 细长轴的装夹一般均采用一夹一顶的方法，为避免因工件毛坯弯曲而被卡盘强制夹持形成弯曲力矩，可在工件被夹处缠一圈细钢丝，以减小夹爪与工件的接触长度，使工件在卡盘内能自由调节其位置。而后顶尖则采用弹性顶尖，当工件热伸长时顶尖能自动后退，避免因热膨胀引起的弯曲变形，如图 4-80 所示。

车削时，应随时注意顶尖的松紧程度。其检查的方法是：开动车床使工件旋转，用右拇指和食指捏住弹性回转顶尖的转动部分，顶尖能停止转动，当松开手指后，顶尖能恢复转动，说明顶尖的松紧程度适当，如图 4-81 所示。

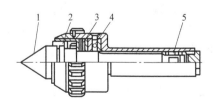

图 4-80 弹性回转顶尖

1—顶尖 2—圆柱滚子轴承 3—碟形弹簧

4—推力球轴承 5—滚针轴承

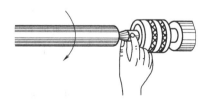

图 4-81 检查回转顶尖松紧的方法

（2）采用反向进给 如图 4-82a 所示，反向进给时，车削时的进给力使工件受拉，而工件的轴向变形由弹性顶尖来补偿，可大大减小工件的弯曲变形。

（3）正确使用跟刀架 为提高支承刚度，再加装跟刀架。粗车时，跟刀架的支承块装夹在刀尖后面 1～2mm 处；精车时，跟刀架的支承块装夹在刀尖前面，以避免划伤精车过的表面（见图 4-82b、c）。

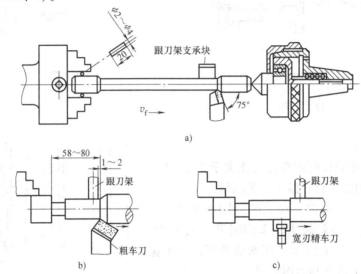

图 4-82 车削细长轴的工艺措施

a）装夹方法反向进给 b）粗车时跟刀架的安装 c）精车时跟刀架的安装

在选用跟刀架时，若用两爪跟刀架支撑工件，则工件往往会因受重力作用而瞬时离开支撑爪，瞬时接触支撑爪，而产生振动；若选用三爪跟刀架支撑工件，工件支撑在支撑爪和刀尖中间，车削就稳定，不易产生振动（见图 4-83）。所以选用三爪跟刀架支撑车削细长轴是一项重要的工艺方法。

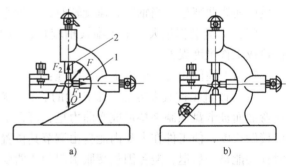

图 4-83 跟刀架的应用

a）两爪跟刀架 b）三爪跟刀架
1—支撑爪1 2—支撑爪2

（4）正确使用中心架 使用中心架车削细长轴可以增加工件刚性，一般使用中心架车削细长轴的方法有：

1）用中心架直接支撑在工件中间。这样支撑 L/D 的值就减少一半，其刚性可以增加几倍，在工件装上中心架前，必须在毛坯中部车出一段精度较高的沟槽，为中心架支撑爪所用。车削时，支撑爪与工件接触部位应经常加油润滑，也可用砂布或研磨剂进行研磨抱合，如图 4-84 所示。

2）用过渡套筒支撑细长轴。用上述方法车削支撑中心架的沟槽是比较困难的。为了解决这个问题，可加用过渡套筒，使支撑爪与过渡套筒的外表面接触，如图 4-85 所示，过渡套筒的两端各装有四个螺钉，用这些螺钉夹住毛坯工件，并调整套筒外圆的轴线与主轴旋转轴线相重合，即可车削。

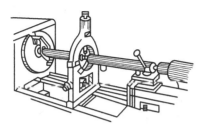

图 4-84　用中心架支撑细长轴

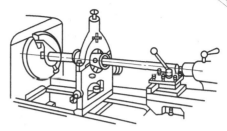

图 4-85　用过渡套筒支撑细长轴

3）一端夹住、一端搭中心架。车削工件端面时，一端夹住、一端搭中心架，如图 4-86 所示。

4）尾座的校正。用中心架车削细长轴时，必须校正尾座，以免工件产生锥度形状误差。校正方法如图 4-87 所示。

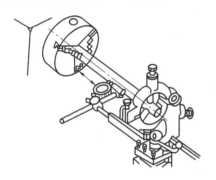

图 4-86　一端夹住、一端搭中心架

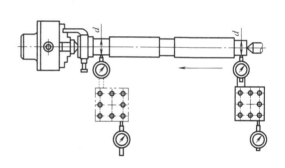

图 4-87　用两块表校正尾座中心

（5）合理选择刀具材料、刀具角度　如图 4-88 所示，选用耐磨性较好的刀具材料，并降低刀具前、后刀面的表面粗糙度值，可以提高刀具的耐磨性。选择较大的主偏角、正刃倾角以减小背向力，一般选 $\kappa_r = 90° \sim 93°$；适当加大前角以减小切削热；在前刀面磨出卷屑槽、采用正的刃倾角使切屑流向刀杆；充分使用切削液以减少工件所吸收的热量。

（6）合理选择切削用量　车削细长轴时，切削用量应比车削刚性轴时小些，以减少切削力、切削热。

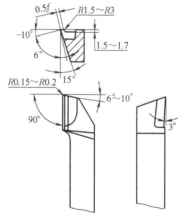

图 4-88　细长轴车刀

4.5　车工实训

4.5.1　文明生产与安全技术

1）开机前，检查车床各部分机构及防护设备是否完好，各手柄是否灵活，位置是否正确。检查各注油孔，并进行润滑，然后使主轴空运转 1~2min，待车床运转正常后才能工作。若发现车床有问题，应立即停机，申报检修。

2）工作时穿好工作服，戴好安全帽，头发要塞入帽内；车削时，切屑有甩出现象，操作者必须戴护目镜，以防切屑灼伤眼睛。

3）装夹工件和安装车刀要停机进行。工件和车刀必须装牢靠，防止飞出伤人。安装刀具时刀头伸出部分不要超出刀体高度的 1.5 倍，刀具下垫片的形状尺寸应与刀体形状、尺寸相一致，垫片应尽量少而平。工件装夹好后，卡盘扳手必须随时取下。

4）在车床主轴上装卸卡盘，一定要停机后进行，不可利用电动机的力量来取下卡盘。

5）用顶尖装夹工件时，要注意顶尖中心与主轴中心孔应完全一致，不能使用破损或歪斜的顶尖，使用前应将顶尖、中心孔擦干净，尾座顶尖要顶牢。

6）开机前，必须重新检查各手柄是否在正常位置，卡盘扳手是否取下。图样、工艺卡片应放置在便于阅读的位置，并注意保持其清洁和完整。

7）禁止把工具、夹具或工件放在车床床身上和主轴箱上。

8）操作时，手和身体不能靠近卡盘和拨盘，应注意保持一定的距离。

9）换档手柄变换的方法是左推右拉，如推（拉）不动时，不可用力猛撞。可用手转动一下卡盘，使齿和齿槽对准即可搭上。

10）运动中严禁变速。变速使必须等停机后，待惯性消失，再扳动换档手柄。

11）车螺纹时，必须把主轴转速设定在最低档，不准用中速档或高速档车螺纹。

12）测量工件时要停机，并将刀架移动到安全位置后进行，工件旋转时不能测量工件。

13）需要用砂布打磨工件表面时，应把刀具移到安全位置，并注意不要让手和衣服接触工件表面。打磨内孔时，不得用手直接持砂布，应使用木棍，同时车速不宜太快。

14）切削时产生的带状切屑、螺旋状长切屑，应使用钩子及时清除，严禁用手拉。

15）车床开动后，务必做到"四不准"：

① 不准在运转中改变主轴转速和进给量。

② 初学者纵、横向自动进给时，手不准离开自动手柄。

③ 纵向自动进给时，向左进给，刀架不准过于靠近卡盘；向右进给时，刀架不准靠近尾座。

④ 开机后，人不准离开机床。

16）任何人在使用设备后，都应把刀具、工具、量具、材料等物品整理好，工具箱内应分类摆放物件，精度高的应放置稳妥，重物放下层，轻物放上层，不可随意乱放。做好设备清洁和日常设备维护工作。

17）毛坯、半成品和成品应分开放置。半成品和成品应堆放整齐，轻拿轻放，严防碰伤已加工表面。

18）要保持工作环境的清洁，每天下班前 15min，要清理工作场所；每天必须做好防火、防盗工作，检查门窗是否关好，相关设备和照明电源开关是否关好。

4.5.2 车工实训项目

本车工实训项目是由外圆、端面、沟槽、锥度、螺纹和倒角六个要素组成的图形，是两件组合体，具有代表性。

1. 图样分析（见图 4-89）

（1）标记 M20×2.5 代表普通粗牙螺纹，螺纹大径 $d=20mm$，螺距 $P=2.5mm$。1:5

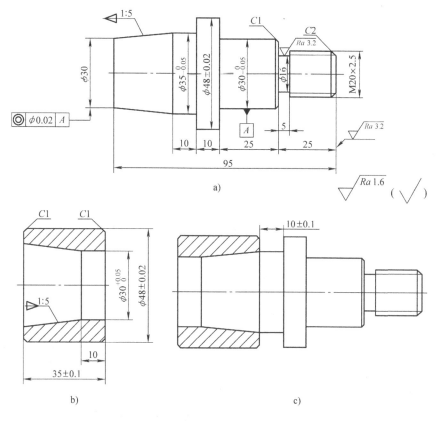

图 4-89 车工实训项目

a) 零件 1 b) 零件 2 c) 组合体

代表锥度 $C=1:5$，计算得出 $\alpha/2=5°43'$ 为小滑板转动的角度。

（2）尺寸精度 注明直径公差要求的有 $\phi35_{-0.05}^{0}$ mm、$\phi48\pm0.02$mm、$\phi30_{-0.05}^{0}$ mm、$\phi30_{0}^{+0.05}$mm、$\phi48\pm0.02$mm；注明长度尺寸公差要求的有 35 ± 0.1mm；未注公差尺寸的有 $\phi30$mm、$\phi16$mm、10mm、10mm、25mm，25mm、10mm，均按 IT12 级精度加工。

（3）位置公差 要求圆锥的轴线与基准（$\phi30_{-0.05}^{0}$ mm）轴线的同轴度公差为 $\phi0.02$mm。

（4）表面粗糙度 为 $Ra3.2\mu m$、$Ra1.6\mu m$。

（5）配合 两件组合后锥度的研合率为 60%，两件组合后的安装距为 $10mm\pm0.1mm$。

2. 车刀安装

车削内外圆锥时，车刀必须严格对准中心，防止双曲线误差出现而影响锥度研合率达标。

3. 工件安装

如果实训条件允许，尽量采用单动卡盘装夹工件并使用划针盘和百分表校正，确保位置公差和工件组合精度达标合格。

4. 材料要求

采用 45 钢作为课题材料。

5. 操作流程（见图4-90）

（1）零件1

①装夹毛坯　②粗车圆锥体侧外圆　③调头粗车　④半精车及精车外圆　⑤车削螺纹

⑥调头车端面到总长　⑦车削外圆　⑧车削圆锥体　圆锥体加工结束

（2）零件2

①装夹毛坯，车削台阶、钻孔　②调头车削端面，φ48mm外圆，粗镗孔　③镗孔　④车削锥孔。锥面配合　⑤切断　⑥调头精车端面，倒角　交出

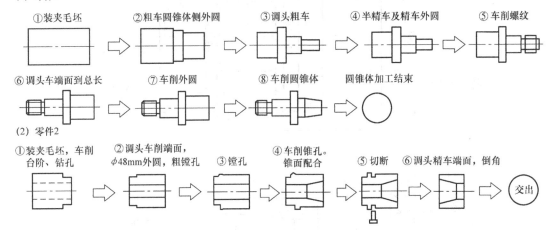

图4-90　操作流程

6. 操作步骤（见表4-6和表4-7）

表4-6　机械加工工艺过程（零件1）

序号	操作图	操作步骤	操作要点和关联知识
①装夹毛坯	55	1）检查毛坯。毛坯1尺寸为φ50mm×97mm	◆使用游标卡尺
		2）装夹毛坯1	◆伸出长度约55mm
②粗车圆锥体侧外圆	φ49 φ36 35 50	3）车削端面	◆$v_c = 3$m/min，手动进给
		4）车削外圆（粗车）①粗车φ48mm外圆②粗车φ35mm外圆	◆车至偏摆消失 车至φ49mm×50mm，$v_c = 150$m/min，$v_f = 0.25$mm/r 车至φ36mm×35mm
③调头粗车	④ 61 φ31 φ21 25 50	5）调头装夹工件	◆夹住φ36mm外圆，使台肩紧贴卡爪端面
		6）车削端面至61mm	◆车削右端面，距A面61mm长
		7）粗车φ30mm外圆	车削至φ31mm×50mm
		8）粗车螺纹外径部分	车削至φ21mm×25mm

（续）

序号	操作图	操作步骤	操作要点和关联知识
④ 半精车及精车外圆	$\phi30$　$\phi20$　25　50	9）精车端面	◆刀架刻度设定 0.2mm 的背吃刀量 ◆选用 90°车刀
		10）半精车 $\phi30$mm 外圆	车削至 $\phi30.3$mm×49.9mm
		11）半精车螺纹外径部分	车削至 $\phi20.3$mm×24.9mm
		12）精车螺纹外径部分至 $\phi20_{-0.1}^{\ 0}$mm×25mm	◆精车。外径尺寸以公差中间值为目标，车削至 $\phi19.95$mm
		13）精车 $\phi30$mm 外圆至 $\phi30_{-0.05}^{\ 0}$mm×50mm	◆精车。外径尺寸以公差中间值为目标，车削至 $\phi29.975$mm
⑤车螺纹	C1　C2	14）车削螺纹退刀槽至 $\phi16$mm×5mm	◆选用切断刀 ◆$v_c = 150$m/min，$v_f =$ 手动进给
		15）C2 倒角 16）C1 倒角	◆选用 45°车刀 ◆手动进给
		17）粗车螺纹	◆测量螺距
		18）精车螺纹 19）倒角，螺纹头部去毛刺	◆测量螺距
⑥调头车端面至总长	10　45	20）调头装夹工件，定心	◆与卡爪之间间隙为 10mm ◆用铜垫片或纸垫在卡盘与工件间
		21）车削端面至总长 45 ± 0.2mm	◆选用 90°车刀
⑦车外圆	$\phi35$　$\phi48$　10	22）半精车轴环右端至 10.2mm	◆一次最大的背吃刀量为 0.5mm
		23）半精车 $\phi35$mm 至 $\phi35.3$mm×34.8mm	
		24）精车 $\phi35$mm 至 $\phi35_{-0.05}^{\ 0}$mm，精车轴环右端至 10mm±0.03mm	◆记住精车 $\phi35$mm 外圆时的横向进给刻度，精车轴环时，车削到此刻度位置
		25）半精车、精车 $\phi48$mm 至 $\phi48$mm±0.02mm	—

（续）

序号	操 作 图	操 作 步 骤	操作要点和关联知识
⑧ 车圆锥体		26）将刀架倾斜 5°43′ 的角度	◆双手操作套筒扳手 ◆记住车刀和工件的边角部位
		27）车一条刻痕线，距轴环右端面 11mm	◆车刀轻轻接触外圆，横向刻度设为 0 ◆紧固滑板
		28）粗车锥面	◆车刀离轴环右端面 11mm 处，一次最大背吃刀量为 1mm
		29）精车锥面	◆车到离轴环右端面 10mm 处
		30）倒角（三处轻倒角）	◆刀架回复到 0 刻度
		31）拆卸工件	

表 4-7　机械加工工艺过程（零件 2）

序号	操 作 图	操 作 步 骤	操作要点和关联知识
① 装夹毛坯，车削台阶，钻孔		1）检查毛坯。毛坯 2 尺寸为 ϕ50mm×55 mm	◆使用游标卡尺
		2）装夹毛坯 2	◆伸出长度约 20mm
		3）车端面	◆车至偏摆消失
		4）车台阶至 ϕ40mm ×7mm	◆一次最大的背吃刀量为 5mm
		5）钻中心孔	◆手动进给
		6）钻孔至 ϕ25 mm	◆使用钻头，手动进给
② 调头车端面、ϕ48mm 外圆，镗孔		7）调头装夹工件	◆台阶紧贴卡爪端面
		8）粗车端面	◆车至偏摆消失
		9）粗车外圆至 ϕ49mm	◆长度车至卡爪位置
		10）粗镗通孔至 ϕ29mm	◆使用镗刀
		11）半精车、精车外圆至 ϕ48mm±0.2mm	◆长度车至卡爪位置
		12）精车端面	◆背吃刀量为 0.2mm
③ 镗孔		13）半精镗通孔至 ϕ29.8mm	—
		14）精镗通孔至 $\phi30^{+0.05}_{0}$ mm	◆使用内径千分尺测量

（续）

序号	操作图	操作步骤	操作要点和关联知识
④车锥孔，锥面配合		15）将刀架倾斜角度 5°43′	◆双手操作套筒扳手 ◆注意车刀和工件的边角部位
		16）粗车锥孔	◆装配零件 1，保证零件 2 右端面至零件 1 轴环左端面距离为 13mm 装配时如有松动，应修正刀架倾斜角度
		17）精车锥孔	◆零件 1 和零件 2 装配后，接触面积达 80% 以上 ◆装配后保证距离 10mm ±0.1 mm，如果距离小于 10mm，应再车零件 2 右端面
		18）倒角 C1 和轻倒角	◆刀架回复到 0 刻度
⑤切断		19）切断，距离右端面 36mm	◆选用切断刀 ◆手动进给 ◆将要切断时，将刷子插入工件内孔，以托住工件
⑥调头精车端面，倒角		20）调头安装工件	◆用铜垫片或纸垫在卡盘与工件间 ◆不要夹得太紧
		21）定心	◆使用小型测微计，偏摆在 0.03mm 内
		21）精车端面，保证 35mm ±0.1mm	◆一次背吃刀量最大为 0.2mm
		22）倒角 C1 和轻倒角 23）拆卸工件，上交	—

7. 评分标准（表4-8）

表 4-8 评分标准

序号	质量检查项目	配分	评分标准	自检	复检	得分
1	螺纹大径及螺距	10	尺寸超差 0.1mm，扣 1 分			
2	内外锥度及组件配合	20	内外锥度超差 1′，扣 1 分			
3	标注公差尺寸	20	各尺寸每超差 0.01mm，扣 1 分			
4	未标注公差尺寸	20	各尺寸每超差 0.1mm，扣 1 分			
5	表面粗糙度	20	每处降级，扣 2 分			
6	文明生产与安全技术	10	违反操作规程，损坏设备，未及时清扫机床周边2m范围，出现事故等，按具体情况扣分			
日期:	学生姓名:		学号: 教师签字:		总分:	

练习与思考

4-1 在 CA6140 型卧式车床上车削下列螺纹，试写出传动路线表达式，并说明这些螺纹可采用的主轴转速范围及理由。

①米制螺纹，$P_h = 3\text{mm}$；②$P = 8\text{mm}$，$n = 2$；③寸制螺纹，$a = 4.5$ 牙/in；④米制螺纹，$P_h = 48\text{mm}$；⑤模数螺纹，$m = 4\text{mm}$，$n = 2$。

4-2 要在 CA6140 型卧式车床上车削 $P_h = 10\text{mm}$ 的米制螺纹，试指出能够加工这一螺纹的传动路线有哪几条。

4-3 当 CA6140 型卧式车床的主轴转速为 $450 \sim 1400\text{r/min}$（其中 500r/min 除外）时，为什么能获得细进给量？在进给箱中变速机构调整情况不变条件下，细进给量与常用进给量的比值是多少？

4-4 为什么 CA6140 型卧式车床能加工大螺距螺纹？此时主轴为何只能以较低转速旋转？

4-5 CA6140 型卧式车床有几种机动进给路线？列出最大纵向机动进给量及最小横向机动进给量的传动路线表达式，并计算出各自的进给量。

4-6 分析 CA6140 型卧式车床的传动系统。

1) 证明 $f_横 \approx 0.5 f_纵$。

2) 计算主轴高速转动时能扩大的螺纹倍数，并进行分析。

3) 分析车削径节螺纹时的传动路线，列出运动平衡式，说明为什么此时能车削出标准的径节螺纹。

4) 当主轴转速分别为 40r/min、160r/min 及 400r/min 时，能否实现螺距扩大 4 倍和 16 倍，为什么？

5) 为什么用丝杠和光杠分别担任切削螺纹和车削进给的传动？如果只用其中的一个，既切削螺纹又传动进给，将会有什么问题？

6) 为什么在主轴箱中有两个换向机构？能否取消其中一个？溜板箱内的换向机构又有什么用处？

7) 说明 M_3、M_4 和 M_5 的功用，是否可取消其中之一？

8) 溜板箱中为什么要设置互锁机构？

*4-7 试结合图 4-11 说明：

1) 为何在加工螺纹时，扳不动机动进给操纵手柄。

2) 在机动进给时，开合螺母无法合上。

*4-8 分析 CA6140 型卧式车床的传动系统（见图 4-8）。

1) 写出车削米制螺纹和寸制螺纹时的传动路线表达式。

2) 车床是否具有扩大螺距机构，螺距扩大倍数是多少？

3) 纵、横向机动进给运动的开停如何实现？进给运动的方向如何变换？

*4-9 在需要车床停转，将操纵手柄扳至中间位后，主轴不能很快停转或仍继续旋转不止。试分析其原因，并提出解决措施。

*4-10 试分析车床中机动进给传动链和车螺纹传动链的共同之处及区别。卧式车床中能否用丝杠来代替光杠作机动进给？为什么？

*4-11 为什么卧式车床主轴箱的运动输入轴（Ⅰ轴）常采用卸荷式带轮结构？按图 4-9 说明转矩是如何传递到 Ⅰ 轴的？

*4-12 CA6140 型卧式车床主传动链中，能否用双向牙嵌离合器或双向齿轮式离合器代替双向多片离合器实现主轴的开停及换向？在进给传动链中，能否采用单向多片离合器或电磁离合器代替齿轮式离合器 M3、M4、M5，为什么？

*4-13 CA6140 型卧式车床的进给传动系统中，主轴箱和溜板箱中各有一套换向机构，它们的作用有何不同？能否用主轴箱中的换向机构来变换纵、横向机动进给的方向？为什么？

*4-14 CA6140 型卧式车床主轴前后轴承的间隙怎样调整（见图 4-9），作用在主轴上的进给力是怎样传递到箱体上的？

*4-15 为什么卧式车床溜板箱中要设置互锁机构？丝杠传动与纵向、横向机动进给能否同时接通？纵向与横向机动进给之间是否需要互锁？为什么？

*4-16 车床进给过载保护机构的作用是什么？试说明安全离合器的工作原理。

*4-17 CA6140 型卧式车床主轴的正转、反转理论是什么？变速级数与实际变速级数各是多少级？为什么？

4-18 试分析立式车床、转塔车床及铲齿车床的结构特点和适用范围。

4-19 回轮转塔车床与卧式车床在布局和用途上有哪些区别？回轮转塔车床的生产率是否一定比卧式车床高？为什么？

4-20 车刀按用途与结构不同，分为哪些类型？它们的适用场合如何？

4-21 在车削加工中，中心架和跟刀架各应用于什么场合？

4-22 在车削加工时，工件的装夹方法有哪几种？

4-23 在车床上车锥体的方法有几种？各适用于什么场合？

4-24 如图 4-91 所示，已知 $D = 31.52\text{mm}$，$d = 25.933\text{mm}$，$l = 108\text{mm}$，$L = 220\text{mm}$，求：①锥度；②用小刀架转位法车锥度，应扳转多少角度？

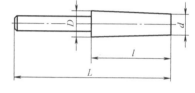

4-25 车削螺纹时，车刀的纵向移动与工件的旋转应保持什么关系？

4-26 在车削时，哪些零件的变形问题最为突出？

4-27 薄壁套零件加工时有哪些技术难点？工艺上一般可采用哪些措施加以解决？

图 4-91

4-28 当工艺系统刚性不足时（如车细长轴），为什么采用 $\kappa_r = 90°$？

4-29 解决细长轴车削过程中热变形伸长的措施有哪些？

4-30 粗车和精车的目的有何不同？刀具角度的选用有何不同？切削用量的选择又有何不同？

4-31 试写出图 4-92 所示轴类零件车削加工的工艺过程，并画出加工简图。

4-32 试写出图 4-93 所示套类零件车削加工的工艺过程，并画出加工简图。

4-33 图 4-94 所示为球形锥销螺钉零件，毛坯尺寸为 $\phi 30 \times 100\text{mm}$。试在车床上加工该零件，并写出车削加工的工艺过程，画出加工简图。

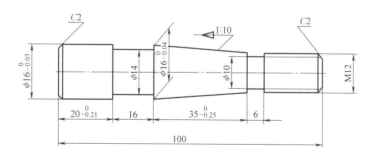

图 4-92

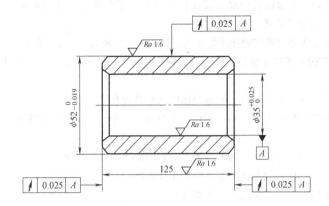

图 4-93

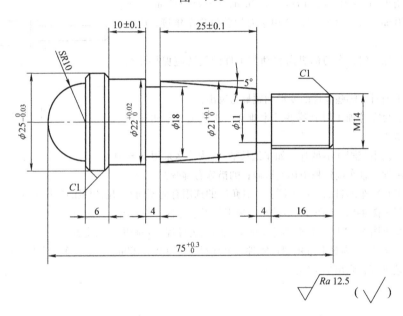

图 4-94

模块 3 平 面 加 工

单元 5 铣 削 加 工

5.1 铣削工作内容

5.1.1 铣削加工范围

铣削加工就是以铣刀的旋转运动作为主运动，与工件或铣刀的进给运动相配合，切去工件上多余材料的一种切削加工。铣床就是用铣刀进行切削加工的机床。

铣削加工之所以在金属切削加工中占有较大的比重，主要是因为在铣床上配以不同的附件及各种各样的刀具，可以加工形状各异、大小不同的多种表面，如平面、斜面、台阶面、垂直面、特形面、沟槽（直槽、T 形槽、燕尾槽、V 形槽）、键槽、螺旋槽、齿形以及成形面等。此外，利用分度装置还可加工需周向等分的花键、齿轮、螺旋槽等。在铣床上还可以进行钻孔、铰孔和铣孔等工作。

铣削加工时，铣刀旋转做主运动，工件或铣刀的直线移动为进给运动。铣削加工的典型表面如图 5-1 所示。

5.1.2 铣削加工能达到的精度和工艺特点

（1）多刀多刃切削 铣刀是一种多刃刀具，加工时，同时切削的刀齿较多，既可以采用阶梯铣削，又可以采用高速铣削，故铣削加工的生产效率较高。但铣刀也存在下述两个方面的问题：一是刀齿容易出现径向圆跳动，这将造成刀齿负荷不等，磨损不均匀，影响已加工表面质量；二是刀齿的容屑空间必须足够，否则会损坏刀齿。

（2）断续切削 铣削时每个刀齿都在断续切削，尤其是端铣，铣削力波动大，故振动是不可避免的。当振动的频率与机床的固有频率相同或成倍数时，振动最为严重，从而使加工表面的表面粗糙度值增大。另外，当高速铣削时，刀齿还要经受周期性的冷、热冲击，容易出现裂纹和崩刃，使刀具寿命下降。

（3）加工精度 铣削加工可以针对多种型面，尺寸计算较多，主要用于零件的粗加工和半精加工，其公差等级范围一般为 IT11 ~ IT8，表面粗糙度为 $Ra12.5 \sim 0.4\mu m$。

（4）刀具 铣削时，每个刀齿都是短时间的周期性切削，虽然有利于刀齿散热和冷却，但周期性的热变形将会引起切削刃的热疲劳裂纹，造成切削刃剥落和崩碎。另外，各种刀杆使铣刀装刀复杂。

（5）切屑 铣刀每个刀齿的切削都是断续的，切屑比较碎小，加之刀齿之间又有足够的容屑空间，故铣削加工排屑容易。

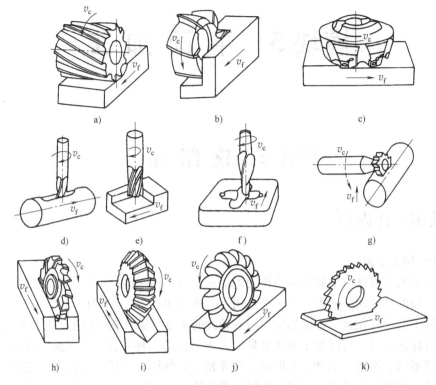

图 5-1　铣削加工的典型表面

a）周铣水平面　b）周铣台阶　c）端铣台阶　d）铣键槽　e）立铣台阶
f）模具铣刀铣模具表面　g）铣半圆槽　h）铣直槽　i）铣 V 形槽　j）铣成形面　k）切断

5.2　铣削用量及切削层参数

5.2.1　铣削基本运动

铣削时，工件与铣刀的相对运动，称为铣削运动。它包括主运动和进给运动。如图 5-2
所示，主运动是铣刀的旋转运动，进给运动是工件的移动或回转。

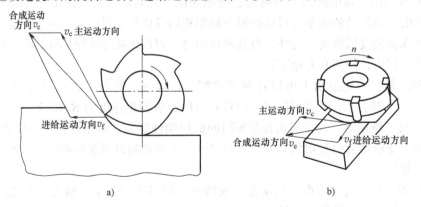

图 5-2　铣削运动
a）圆柱铣刀铣削　b）面铣刀铣削

5.2.2　铣削用量

如图 5-3 所示，铣削用量是指铣削过程中选用的铣削速度 v_c、进给量 f、背吃刀量 a_p 和侧吃刀量 a_e。铣削用量的选择与提高铣削的加工精度、改善加工表面质量和提高生产率有着密切的关系。

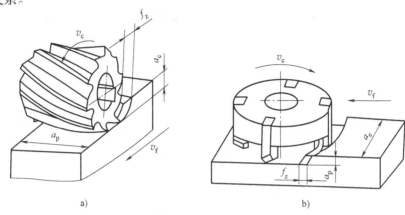

图 5-3　铣削用量
a）圆周铣削　b）端铣削

（1）背吃刀量 a_p　背吃刀量 a_p 是指平行于铣刀轴线测量的切削层尺寸。端铣时，a_p 为切削层深度；圆周铣削时，a_p 为被加工表面的宽度。

（2）侧吃刀量 a_e　侧吃刀量 a_e 是指垂直于铣刀轴线并垂直于进给方向测量的切削层尺寸。端铣时，a_e 为被加工表面的宽度；圆周铣削时，a_e 为切削层深度。

（3）进给运动参数　铣刀在进给运动方向上相对工件的单位位移量，根据实际情况有三种表示方法。

1）每转进给量 f，是指铣刀每转一转相对工件在进给方向上的位移量，单位为 mm/r。

2）每齿进给量 f_z，是指铣刀每转过一齿相对工件在进给方向上的位移量，单位为 mm/z。

3）进给速度（即每分钟进给量）v_f，是指铣刀单位时间内在进给方向上相对工件的位移量，单位为 mm/min。

通常铣床铭牌上列出进给速度，因此应根据加工性质先确定每齿进给量 f_z，然后根据铣刀的齿数 z 和铣刀的转速 n 计算出 v_f，按 v_f 调整机床，三者之间关系为

$$v_f = fn = f_z zn \tag{5-1}$$

式中，n 是铣刀（或铣床主轴）转速（r/min）；z 是铣刀齿数。

4）铣削速度 v_c，是指铣刀外缘处在主运动中的线速度，单位为 m/min。可用下式计算为

$$v_c = \pi dn/1000 \tag{5-2}$$

式中，d 是铣刀直径（mm）；n 是铣刀转速（r/min）。

5.2.3　铣削层参数

铣削时的切削层为铣刀相邻两个齿在工件上形成过渡表面间的金属层。切削层形状与尺寸规定在基面内度量。切削层参数有以下几个：

（1）切削厚度 h_D　切削厚度 h_D 是指相邻两个刀齿所形成的过渡表面间的垂直距离。图

5-4a所示为直齿圆柱形铣刀的铣削厚度。当切削刃转到点 F 时，其切削厚度为 $h_D = f_z\sin\psi$。式中，ψ 是瞬时接触角，它是刀齿所在位置与起始切入位置间的夹角，切削厚度随刀齿所在位置不同而变化。刀齿在起始位置点 H 时，$\psi=0$，因此 $h_D=0$。刀齿转到即将离开工件的点 A 时，$\psi=\delta$，切削厚度 $h_D=f_z\sin\delta$ 为最大值。由图 5-5 可知，螺旋齿圆柱形铣刀切削刃是逐渐切入工件和切离工件的，切削刃上各点的瞬时接触角不相等，因此切削刃上各点的切削厚度也不相等。

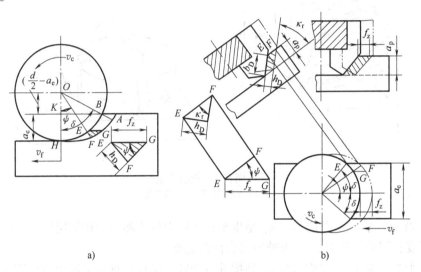

a)   b)

图 5-4 铣刀切削层参数

a）圆柱形铣刀 b）面铣刀

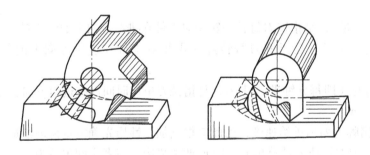

图 5-5 圆柱形铣刀切削层参数

图 5-4b 所示为端铣时的切削厚度 h_D，刀齿在任意位置时的切削厚度为

$$h_D = \overline{EF}\sin\kappa_r = f_z\cos\psi\sin\kappa_r \tag{5-3}$$

端铣时，刀齿的瞬时接触角 ψ 是由铣刀中心移动轨迹分别向切入和切出两边度量，由最大变为零，然后由零变为最大。因此，由式（5-3）可知，刀齿刚切入工件时，切削厚度较小，然后逐渐增大；到中间位置时，切削厚度为最大，然后减小。

（2）切削宽度 b_D 切削宽度 b_D 是指切削刃参加工作长度。如图 5-5 所示，直齿圆柱形铣刀的 b_D 等于 a_p；而螺旋齿圆柱形铣刀的 b_D 是随刀齿工作位置不同而变化的。刀齿切入工件后，b_D 由零逐渐增大至最大值，然后又逐渐减小至零。因而铣削过程较为平稳。

如图 5-4b 所示，端铣时每个刀齿的铣削宽度始终保持不变，其值为 $b_D = a_p / \sin\kappa_r$。

（3）平均总切削层横截面积 A_{dav}　该参数简称平均总切削面积，是指铣刀同时参与切削的各个刀齿的切削层横截面积之和。铣削时，总切削面积是变化的。铣刀的平均总切削面积的计算式为

$$A_{dav} = Q/v_c = a_p a_e v_f / (\pi dn) = a_p a_e f_z zn / (\pi dn) = a_p a_e f_z z / (\pi d) \qquad (5\text{-}4)$$

5.3　铣床

5.3.1　X6132 型万能卧式升降台铣床的外部结构

万能卧式升降台铣床（简称卧铣）是应用最普遍的一种铣床，如选择合理的附件和工具，几乎可以对任何形状的机械零件进行铣削。图 5-6 所示为 X6132 型万能卧式升降台铣床的外形图，其主要组成部件及功用为：

（1）床身　床身用来固定和支承悬梁、床鞍、升降台等铣床部件，内装电动机、主轴变速机构等。

（2）悬梁　悬梁用于安装吊架，支承刀杆，增强刀杆强度。

（3）主轴　主轴带动铣刀旋转，是主运动。空心轴前端有 7∶24 的锥孔，用于安装铣刀或铣刀刀杆。

（4）工作台　纵向工作台带动工件做纵向进给运动，横向工作台带动工件做横向进给运动。

（5）回转盘　同转盘可带动工作台绕垂直轴线做左、右 0°～45°的转动。

（6）升降台　升降台带动工件做垂向进给运动。

（7）底座　底座用来支承床身和升降台，内装切削液。

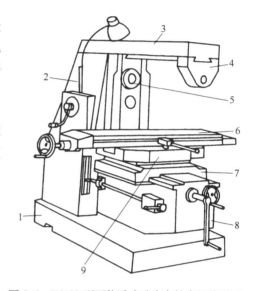

图 5-6　X6132 型万能卧式升降台铣床的外形图
1—底座　2—床身　3—悬梁　4—刀杆支架
5—主轴　6—工作台　7—床鞍
8—升降台　9—回转盘

5.3.2　X6132 型万能卧式升降台铣床的传动系统及主要部件

1. X6132 型万能卧式升降台铣床的传动系统

X6132 型万能卧式升降台铣床的传动系统由主运动传动链、进给运动传动链及工作台快速移动传动链组成，如图 5-7 所示。

（1）主运动传动链　如图 5-8 所示，X6132 型万能卧式升降台铣床主运动由 7.5kW 主电动机驱动，经 $\phi150mm/\phi290mm$ V 带传动，经 Ⅱ-Ⅲ 轴间的三联滑移齿轮变

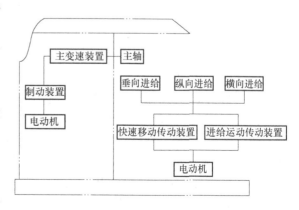

图 5-7　X6132 型万能卧式升降台铣床的传动框图

速组、Ⅲ-Ⅳ轴间的三联滑移齿轮变速组和Ⅳ-Ⅴ轴之间的双联滑移齿轮变速组传至主轴Ⅴ，使主轴获得 18 级转速。主轴的正、反转由主电动机实现。电磁离合器 M 的作用是自动、平稳、迅速（时间不超过 0.5s）地实现主轴的制动。主运动传动路线表达式为

$$
主电动机（7.5kW）-I-\frac{\phi150}{\phi290}-II-
\begin{bmatrix}\dfrac{19}{36}\\[4pt]\dfrac{22}{33}\\[4pt]\dfrac{16}{38}\end{bmatrix}
-III-
\begin{bmatrix}\dfrac{27}{37}\\[4pt]\dfrac{17}{46}\\[4pt]\dfrac{38}{26}\end{bmatrix}
-IV-
\begin{bmatrix}\dfrac{80}{40}\\[4pt]\dfrac{18}{71}\end{bmatrix}
-主轴V
$$

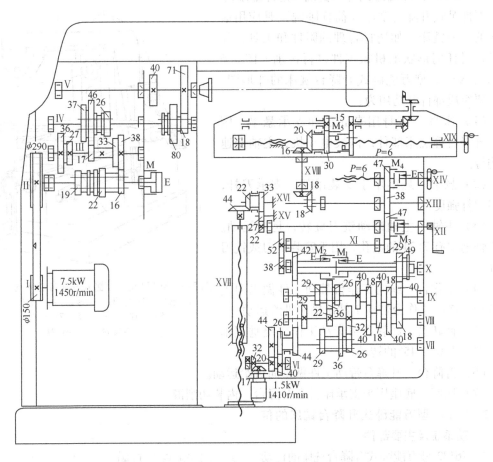

图 5-8　X6132 型万能卧式升降台铣床传动系统图

（2）进给运动传动链　X6132 型万能卧式升降台铣床的进给运动由 1.5kW 进给电动机驱动，经一对锥齿轮 17/32 传至轴Ⅵ，当轴Ⅹ上的电磁摩擦离合器 M_2 脱开而 M_1 结合时，轴Ⅵ的运动经 40/26、44/42 及离合器 M_1 传至轴Ⅹ，实现工作台的快速移动。当 M_1 脱开而 M_2 结合时，轴Ⅵ的运动经 20/44 传至轴Ⅶ，再经轴Ⅶ-Ⅷ间和轴Ⅷ-Ⅸ间两组三联滑移齿轮变速组以及轴Ⅷ-Ⅸ间的曲回机构，经离合器 M_3、M_4 以及端面齿式离合器 M_5 的不同结合使工作台做垂直、横向和纵向 3 个方向的正常进给运动。

$$电动机 \atop (1.5\text{kW})\ -\frac{17}{32}-VI-\left(\begin{array}{l} \dfrac{20}{44}-VII-\left[\begin{array}{l}\dfrac{26}{32}\\[4pt]\dfrac{29}{29}\\[4pt]\dfrac{36}{22}\end{array}\right]-VIII-\left[\begin{array}{l}\dfrac{32}{26}\\[4pt]\dfrac{29}{29}\\[4pt]\dfrac{22}{36}\end{array}\right]-IX-\left[\begin{array}{l}\dfrac{40}{49}\\[4pt]\dfrac{18}{40}\times\dfrac{18}{40}\times\dfrac{18}{40}\times\dfrac{18}{40}\times\dfrac{40}{49}\\[4pt]\dfrac{18}{40}\times\dfrac{18}{40}\times\dfrac{40}{49}\end{array}\right]-M_1\ 合\ (工作进给)\\[40pt] \dfrac{40}{26}\times\dfrac{44}{42}-M_2\ 合(空行程快速移动)\end{array}\right.$$

$$-X-\frac{38}{52}-XI-\frac{29}{47}-XII-\left(\begin{array}{l}\dfrac{47}{38}-XIII-\left[\begin{array}{l}\dfrac{18}{18}-XVIII-\dfrac{16}{20}-M_5\ 合-XIX\ (纵向进给)\\[4pt]\dfrac{38}{47}-M_4\ 合-XIV\ (横向进给)\end{array}\right.\\[24pt] M_3\ 合-XII-\dfrac{22}{27}\times\dfrac{27}{33}\times\dfrac{22}{44}-XVII\ (垂向进给)\end{array}\right.$$

2．X6132 型万能卧式升降台铣床的主要结构〔选学〕

（1）主轴部件　X6132 型万能卧式升降台铣床的主轴结构如图5-9所示。

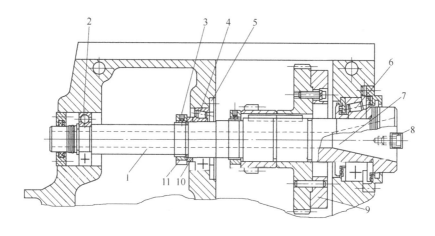

图 5-9　X6132 型万能卧式升降台铣床的主轴结构
1—主轴　2—后支承　3—旋紧螺钉　4—中间支承　5—轴承盖
6—前支承　7—锥孔　8—端面键　9—飞轮　10—隔套　11—调整螺母

1）主轴1用于安装铣刀并带动铣刀旋转，采用三支承结构以提高刚性，减少由于铣削力的周期性变化引起的机床振动。其中，前支承6是 D 级精度的圆锥滚子轴承，承受背向力和向后的进给力，决定主轴几何精度和运动精度；中间支承4是 E 级精度的圆锥滚子轴承，承受背向力和向前的进给力，决定主轴工作的平稳性；后支承2是深沟球轴承，是辅助支承，用于支承尾部。调整螺母11用来调整轴承间隙。

2）飞轮9与靠近主轴前端安装的齿轮连接，作用是增加主轴旋转的平稳性，提高抗振性。

3）锥孔7位于空心主轴的前端，为 7∶24 的精密锥孔，用于安装铣刀杆或带尾柄的铣刀，并可通过拉杆将铣刀或刀杆拉紧。

4）端面键 8 在主轴前端，有两个键块嵌入铣刀柄部（或刀杆），作用是传递转矩。

（2）主轴变速操纵机构　X6132 型万能卧式升降台铣床的主轴有 18 级转速，转速范围是 30～1500r/min，采用孔盘变速操纵机构实现变速，集中控制 3 个拨叉，分别拨动轴 Ⅱ 和轴 Ⅳ 上的 3 个滑移齿轮的轴向位置，改变啮合齿轮的传动比，起到变速的作用。孔盘变速的原理图如图 5-10 所示，主要由操纵件（图中未示意，位于孔盘左侧的，刻有 18 级转速数值的选速盘和推拉孔盘的手柄）、控制件（孔盘 4）、传动件（齿轮 3、齿条轴 2、2′）和执行件（3 个拨叉）组成。

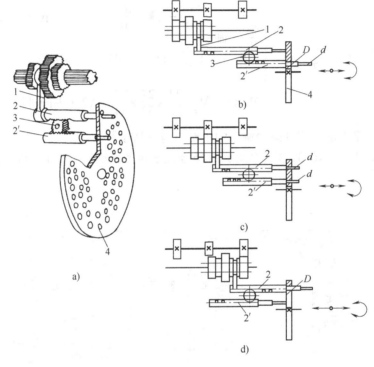

图 5-10　孔盘变速的原理图
1—拨叉　2、2′—齿条轴　3—小齿轮　4—孔盘

孔盘 4 上划分了几组直径不同的圆周，每个圆周又划分成互相错开的 18 等分，在每一圆周上，有的钻大孔，有的钻小孔，有的没有孔。由齿轮 3 和齿条轴 2、2′组成的齿轮齿条轴组中，齿条轴 2 左端装有拨叉 1，它叉在三联滑移齿轮拨叉槽中。每一齿条轴右端都有直径分别为 D 和 d 的两段台肩，以便相应地插入孔盘的大小孔中。具体操作步骤为：

利用操纵件中的手柄将孔盘 4 向右拉出，使孔盘脱离齿条轴的台肩；转动操纵件中的选速盘选择所需的转速，使孔盘转过一定的角度；将孔盘再推回到原来的位置，使 3 个滑移齿轮变换工作位置，实现变速。

图 5-10b～d 所示为轴 Ⅳ 上的三联滑移齿轮的 3 种工作状态，具体如下：

1）如图 5-10b 所示，孔盘上对应齿条轴 2 的位置无孔，孔盘向左复位时，齿条轴 2 被向左顶，并通过拨叉将三联滑移齿轮推到左位，齿条轴 2′则在齿条轴 2 和小齿轮 3 的共同作用下右移，台肩 D 穿过孔盘上的大孔。

2）如图 5-10c 所示，孔盘上对应两齿条轴的位置均为小孔，小台肩 d 穿过孔盘上的小孔，两齿条轴均处于中间位置，从而通过拨叉使滑移齿轮处于中间位置。

3）如图 5-10d 所示，孔盘上对应齿条轴 2 的位置为大孔，而对应齿条轴 2′ 的位置无孔，孔盘顶齿条轴 2′ 左移，通过齿轮 3 使齿条轴 2 的台肩穿过大孔右移，并使滑移齿轮处于右位。

5.3.3　铣床常用附件

铣床常用附件有：万能分度头、平口钳、可倾平口钳、回转工作台等。

1. 万能分度头

（1）万能分度头的结构　万能分度头是铣床常用的一种精密附件（见图 5-11），用来扩大机床的工艺范围。其规格通常用夹持工件的最大直径表示，常用的有 160mm、200mm、250mm、320mm 等，其中 F11250 型万能分度头的应用是最普遍的。分度头安装在铣床工作台上，被加工工件支承在分度头主轴顶尖与尾座之间或安装于卡盘上。利用分度头可完成以下工作：

1）使工件周期地绕分度头主轴轴线回转一定角度，以完成等分或不等分的分度工作，如加工花键、方头、齿轮、六角头及多齿刀具等。

2）通过分度头使工件的旋转与工作台丝杠的纵向进给保持一定的关系，以加工螺旋槽、螺旋齿轮及阿基米德螺旋线凸轮等。

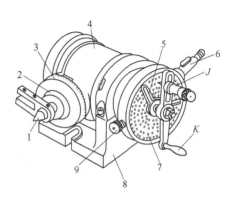

图 5-11　万能分度头
1—顶尖　2—分度头主轴　3—刻度盘
4—回转体　5—分度叉　6—分度头侧轴
7—分度盘　8—基座　9—分度盘紧固螺钉
J—分度定位销　K—分度手柄

3）用卡盘夹持工件，使工件轴线相对于铣床工作台倾斜一所需角度，以加工与工件轴线相交成一定角度的平面、沟槽及直齿锥齿轮等。

F11250 型万能分度头的具体外形及传动系统如图 5-12 所示。

1）基座。使用万能分度头时，将万能分度头的基座 10 固定在铣床工作台上，基座下面的槽里装有两块定向键，可先与铣床工作台面的 T 形槽相配合，使主轴轴线准确地平行于工作台的纵向进给方向。

2）回转壳体底座。它以两轴颈支承在基座 10 上，并可绕其自身的轴线，沿底座 8 的环形导轨转动，使主轴跟着在水平线以下 6° 至水平线以上 90° 范围以内调整倾斜角度，调整角度之前应松开基座上部靠主轴后端的两个螺母 4，调整后再紧固。

3）分度头主轴。它是空心的，前端有一莫氏锥孔及一定位锥面，用于安装顶尖或自定心卡盘；后端莫氏锥孔可装入心轴，作为差动分度或做直线移距分度用。主轴前端固定着刻度盘 13，可与主轴一起转动。刻度盘上有 0°~360° 的刻度线，可作分度之用。

4）分度头侧轴。它可装上交换齿轮，以建立与工作台丝杠的运动联系。它通过一对速比为 1:1 的交错轴斜齿轮副与空套在分度手柄轴上的分度盘相联系。

5）分度盘。它装在分度头侧面，分度盘正反两面都有若干圈数目不同的等分小孔。分度头通常备有两块分度盘，各圈的孔数：第一块正面为 24、25、28、30、34、37，反面为 38、39、41、42、43；第二块正面为 46、47、49、51、53、54，反面为 57、58、59、62、

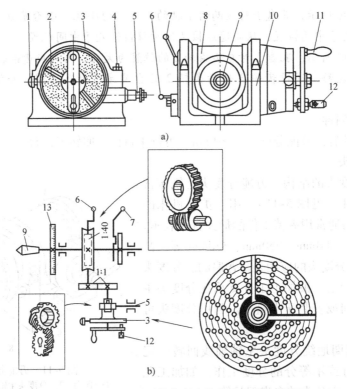

图 5-12　F11250 型万能分度头的外形及传动系统图

1—分度盘紧固螺钉　2—分度叉　3—分度盘　4—螺母
5—分度头侧轴（交换齿轮轴）　6—蜗杆脱落手柄　7—主轴锁紧手柄　8—回转壳体底座
9—主轴　10—基座　11—分度手柄 K　12—分度定位销 J　13—刻度盘

66。分度盘的左侧有一个分度盘紧固螺钉，作用是紧固分度盘、微量调整分度盘或卸下调换分度盘。

6）分度手柄。将分度手柄 K 转过一定的转数，装在手柄槽内的分度定位销 J 插入分度盘上的孔，经传动比 1:1 的交错轴斜齿轮副和 1:40 的蜗杆副，传到主轴 9 转动相应的角度。分度手柄 K 在万能分度盘的孔圈上应转过的圈数和孔数，可以根据工件的需要计算确定，使工件完成等分或不等分分度。

7）分度叉。分度时，为了避免每分度一次都要数孔数，可利用分度叉来计数。松开分度叉紧定螺钉时，可任意调整两叉之间的孔数。为了防止摇动分度手柄 K 时带动分度叉转动，可用弹簧片将它压紧在分度盘上。另外，分度叉两叉夹角之间的实际孔数，应比所需要孔距数多一个孔，因为第一个孔是作为起始点不计数的。调整分度叉两叉之间的孔数时，将分度叉上左侧叉板紧贴分度定位销 J，松开紧定螺钉，右侧叉板转过相应的孔距并拧紧。每次分度后，顺着手柄转动方向拨动分度叉，以备下次使用。

8）蜗杆脱落手柄和主轴锁紧手柄。它们位于分度头的左侧。蜗杆脱落手柄 6 可使蜗杆和蜗轮脱开或啮合；主轴锁紧手柄 7 在分度时要松开，以便松开主轴，分度完毕后要锁紧，从而锁紧主轴。

（2）分度方法　常用的分度方法有直接分度法、简单分度法和差动分度法三种。

1）直接分度法。当加工分度数目较少的工件（如等分数为 2、3、4、6）或分度精度要求不高时，可用手直接分度。直接分度时将蜗轮脱开，利用主轴前端的刻度环和固定在回转壳体上的游标读出转角，分度后必须用主轴锁紧手柄将主轴锁紧后方可切削。

2）简单分度法。简单分度法是最常用的一种分度方法。分度时，先将分度盘固定，转动手柄，通过传动系统带动主轴和工件转过所需的度（圈）数。

分析图 5-12 可知，分度手柄（或定位销）转 1 转，主轴转过 1/40 转，即可将工件进行 40 等分。要想将工件进行 z 等分，则每次分度需使工件转过 $1/z$ 转，分度手柄应转过的转数 n_k 为

$$n_k = 40/z = n + p/q \tag{5-5}$$

式中，n_k 是分度手柄转数；z 是工件圆周等分数（齿数或边数）；n 是每次分度时，分度手柄 K 应转的整数转；q 是所选用孔圈的孔圈数；p 是分度定位销 J 在 q 个孔的孔圈上应转过的孔距数。

例 5-1　在铣床上利用分度头分度加工 $z=35$ 的直齿圆柱齿轮，用简单分度法分度，试选用分度盘孔圈并确定分度手柄 K 每次应转的转数。

解：由 $n_k = 40/z = n + p/q$ 得 $n_k = 40/35 = 1 + 5/35$，因没有 35 孔的孔圈，所以 $n_k = 40/35 = 1 + 1/7 = 1 + 4/28 = 1 + 7/49$。

第一块分度盘正面有 28 孔的孔圈，第二块分度盘的正面有 49 孔的孔圈，故以上两种方法都可行。如选 49 孔的孔圈，分度手柄 K 每次转一整圈，再转 7 个孔距。

调整分度叉之间的夹角时，使两叉间在 49 孔的孔圈上包含 7 + 1 = 8 个孔（即 7 个孔距）。分度时，拔出分度定位销 J，转动分度手柄 K 一整圈，再转分度叉内的孔距数，然后重新将分度定位销 J 插入孔中定位。最后顺时针拨动分度叉，使其左叉紧靠分度定位销，为下次定位做准备。

3）差动分度法。简单分度法虽然能够解决大部分的分度问题，但由于分度盘的孔圈有限，一些分度数不能与 40 约简（如 63、83、109、127 等），或工件的等分数 z 和 40 约简后，分度盘上没有所需要的孔圈。此时，可采用差动分度法。差动分度法的工作原理如下：

设工件要求的等分数 $z=109$，按简单分度公式，分度手柄应转过 $n = 40/z = 40/109$，但此时既不能约简，分度盘也没有相应的孔圈，故不能按简单分度法。为了借用分度盘上的孔圈，可以选取 z_0 值来计算手柄的转数。这个 z_0 值应与 z 相近，能从分度盘上直接选到相应孔圈，或能与 40 约简后选到相应孔圈。z_0 选定后，则分度手柄的转数为 $40/z_0$，即分度定位销从点 A 转到点 B，用点 B 定位。然而此时，工件应转过 $40/z$ 转，即分度定位销应由点 A 转到点 C，用点 C 定位（见图 5-13b）。这时，如果分度盘不动，则手柄转数产生（$40/z$ － $40/z_0$）转的误差。为了补偿这一误差，可在分度头主轴尾部插一根心轴 I，并在 I 轴和侧轴 II 之间配上 ac/bd 交换齿轮（见图 5-13a），并松开分度盘紧固螺钉，使手柄在转过 $40/z_0$ 转的同时，通过 ac/bd 交换齿轮和 1:1 的锥齿轮，使分度盘也相应地转动，以使点 B 的小孔在分度的同时转到点 C 供插销定位并补偿上述差值。当插销自点 A 转 $40/z$ 至点 C 时，分度盘应补充转（$40/z$ － $40/z_0$），以使孔恰好与分度定位销 J 对准。因此，分度手柄与分度盘之间的运动关系为

手柄转 $40/z$，分度盘补转（$40/z$ － $40/z_0$），则运动平衡方程式为

$(40/z) \times (1/1) \times (1/40) \times (ac/bd) \times (1/1) = 40/z － 40/z_0$，化简后即得交换齿轮公式为

$$ac/bd = 40(z_0 － z)/z_0 \tag{5-6}$$

式中，z 是所要求的分度数；z_0 是选定的分度数。

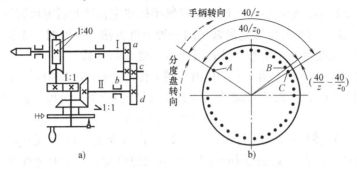

图 5-13 差动分度的传动原理及交换齿轮安装图

为了便于选用交换齿轮，z_0 应选取接近于 z 且与 40 有公因数的数值，并且尽量使 $z_0 < z$。

选取 $z_0 > z$ 时，分度手柄与分度盘的旋转方向相同，交换齿轮的传动比为正值；选取 $z_0 < z$ 时，分度手柄与分度盘的旋转方向相反，交换齿轮的传动比为负值。分度盘的转向取决于交换齿轮中是否加惰轮。

F11250 型分度头有一套备用交换齿轮，共 12 个，齿数分别为 20、25、30、35、40、50、55、60、70、80、90、100，并且规定 $ac/bd = 1/6 \sim 6$。常用的方法有因子分解法和直接查表法。

例 5-2 铣床上利用 F11250 型分度头加工 $z = 111$ 的直齿圆柱齿轮，应如何进行分度？

解： 因 111 不能与 40 化简，且选不到相应的孔圈数，故用差动分度法进行分度。

① 设选定分度数 $z_0 = 110$，计算分度手柄应转过的圈数 $n_k = 40/z_0 = 40/110 = 4/11 = 24/66$，每次分度，分度手柄 K 应带动定位销 J 在孔圈数为 66 的孔圈上转过 24 个孔距。

② 选择交换齿轮 $ac/bd = 40(z_0 - z)/z_0 = 40 \times (110 - 111)/110 = -40/110 = -(25 \times 40)/(55 \times 50)$，即 $a = 25$、$b = 55$、$c = 40$、$d = 50$。因 $z_0 < z$，所以传动比为负值，表示分度盘和分度手柄转向相反。

差动分度法的缺点是调整麻烦，结构受限制。

2. 平口钳及可倾平口钳

常用的机用平口钳底座底面的相互位置精度以及本身的精度较高，而可倾平口钳除可以绕底座中心轴回转 360° 以外，还能倾斜一定的角度，如图 5-14 所示。平口钳装夹工件方便，节省时间，提高效率，适合装夹板类零件、轴类零件和方体零件。

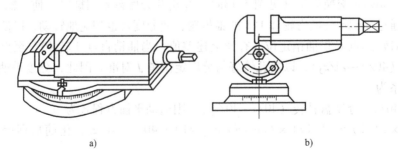

图 5-14 常用的机用平口钳
a）普通机用平口钳 b）可倾机用平口钳

机用平口钳的规格是以钳口宽度来确定的，常用的有 100mm、125mm、160mm、200mm、250mm 等。

机用平口钳的外形和结构如图 5-15 所示。机用平口钳应根据工件的外形尺寸，如装夹一个矩形工件，工件长度为 180mm、高度为 50mm、宽度为 100mm，此时，可选用规格为 160mm 或 200mm 的机用平口钳。使用机用平口钳装夹工件时，先将机用平口钳安装在机床工作台面上，定位键 14 可以嵌入工作台的 T 形槽内，用螺钉夹紧固定。工件装夹在固定钳口 3 和活动钳口 4 之间，在方头 9 上套入专用的手柄，用手搬动手柄夹紧工件，注意不能使用重物敲击手柄，以免损坏机用平口钳的螺杆 6 和螺母 7。使用回转底盘 12 可以使机用平口钳在水平面内转动所需的角度。转动的角度可以通过钳座零线 13 和回转底盘 12 上的刻度确定。在用机用平口钳装夹不同形状的工件时，可设计几种特殊的钳口，只要更换不同形式的钳口，即可适应各种形状的工件，以扩大机用平口钳的使用范围。

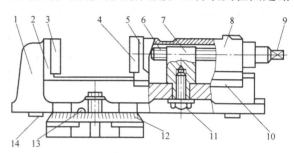

图 5-15　机用平口钳的外形和结构
1—钳体　2、3—固定钳口　4、5—活动钳口
6—螺杆　7—螺母　8—活动座　9—方头　10—压板
11—紧固螺钉　12—回转底盘　13—钳座零线　14—定位键

3. 回转工作台

回转工作台可辅助铣床完成中小型零件的曲面加工和分度加工。回转工作台有手动和机动两种（见图 5-16）。机动回转工作台与手动回转工作台的区别是，在手动结构的基础上，多一个机械传动装置，把工作台的转动与铣床的运动联系起来，这样，工件就可以在铣削时实现自动进给运动。扳动手柄可以接通或切断机动进给运动，因此，机动回转工作台也可以手动。

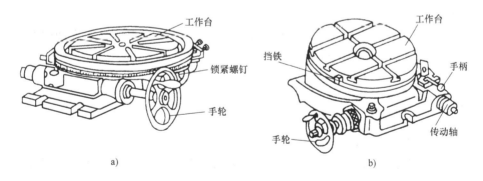

a)　　　　　　　　　　　　　　b)

图 5-16　回转工作台
a）手动　b）机动

回转工作台的规格是以工作台直径来确定的，常用的有 250mm、320mm、400mm、500mm 等几种。

在回转工作台上，首先校正工件。圆弧中心与回转工作台中心重合。铣刀旋转，工件做弧线进给运动，可加工圆弧槽、圆弧面等零件。回转工作台主要用于较大零件的分度或非整圆弧面的加工。它的内部有一副蜗轮蜗杆，手轮与蜗杆同轴连接。转动手轮，通过蜗轮蜗杆传动使回转工作台转动。回转工作台周围有刻度，用来观察和确定回转工作台的位置；通过手轮上的刻度盘可读出回转工作台的准确位置。

5.3.4　其他铣床

1. 立式升降台铣床

立式升降台铣床又称立铣（见图5-17），与卧式升降台铣床的主要区别在于，它的主轴与工作台垂直布置。立式升降台铣床的工作台3、床鞍4和升降台5的结构与卧式升降台铣床相同，主轴2安装在立铣头1内。立铣头1可根据加工需要在垂直面内向左或向右在45°范围内回转，使主轴与台面倾斜所需角度，以便铣削倾斜面。

立式升降台铣床一般用于铣削平面、斜面或沟槽、齿轮等零件。

2. 龙门铣床

龙门铣床是一种大型高效能铣床，主要用于加工各类大型工件上的平面或沟槽，借助于附件还可以完成斜面、内孔等加工。

龙门铣床具有足够的刚度，适用于强力铣削大型零件的平面、沟槽等。龙门铣床装有两轴、三轴，甚至更多主轴，以进行多刀、多工位的铣削加工，生产效率很高，适用于大批量生产。

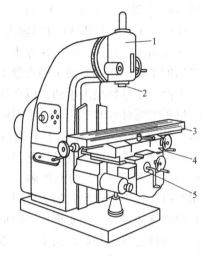

图5-17　立式升降台铣床
1—立铣头　2—主轴　3—工作台
4—床鞍　5—升降台

3. 万能工具铣床

万能工具铣床配备了多种附件，因而增强了机床的功能。根据加工需要，该铣床还可以安装其他附件，常用于工具车间中加工形状较复杂的各种切削刀具、夹具及模具零件等。

4. 摇臂万能铣床

摇臂万能铣床适用于模具制造业，同万能工具铣床一样，常用于工具车间中加工形状较复杂的各种切削工具、夹具及模具零件等。

5.4　铣刀

5.4.1　铣刀的结构、种类和规格

铣刀是一种多刃刀具，刀齿均匀分布在旋转表面或端面上。机械加工中常用的铣刀见表5-1。

表5-1　机械加工中常用的铣刀

铣刀种类	结构简图	特征说明	用　　途
圆柱铣刀（有粗齿圆柱铣刀、细齿圆柱铣刀）		主要采用高速钢制造，也可镶焊螺旋形硬质合金刀片；仅在圆柱表面上有切削刃，没有副切削刃	粗、半精加工平面

（续）

铣刀种类		结构简图	特征说明	用　途
面铣刀（有镶齿套式面铣刀、硬质合金面铣刀和可转位面铣刀）			主要采用硬质合金刀齿，主切削刃分布在圆锥表面或圆柱表面上，端切削刃为副切削刃	粗、半精加工和精加工各种平面
盘形铣刀	盘形槽铣刀		主切削刃在圆柱表面上，两侧端面也参加部分切削，为副切削刃。为减少摩擦，两侧面各有30°的副偏角	加工浅槽
	两面刃铣刀		除圆柱表面有刀齿外，在一侧端面上也有刀齿	加工台阶面
	直齿三面刃铣刀		圆柱面和两侧面上均有切削刃，制造简单，但端部切削刃前角等于0°，因此切削条件差	切槽、加工台阶面
	错齿三面刃铣刀		圆柱面和两侧面上均有切削刃，端部切削刃前角大于0°，切削平稳，切削力小，排屑容易	
	镶齿三面刃铣刀		刀齿镶嵌在带齿纹的刀体槽中，克服了整体三面刃铣刀刃磨后厚度尺寸变小的不足，铣刀重磨后宽度减小时可将刀齿取出重新调整，刃磨后恢复原来的厚度	
	锯片铣刀		实际上是薄片的槽铣刀，只是齿数更多，对几何参数的合理性要求较高	加工窄槽和切断
	立铣刀		圆柱面上的切削刃是主切削刃，端面刃是副切削刃；因为立铣刀的端面中间有凹槽，所以不可以做轴向进给。铣槽时槽宽有扩张，故应使铣刀直径比槽宽略小（0.1mm以内）	加工沟槽表面，粗、半精加工平面、台阶面

（续）

铣刀种类	结构简图	特征说明	用　　途
键槽铣刀	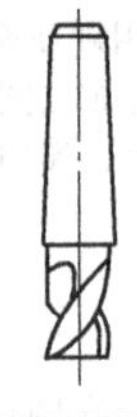	有两个刀齿，圆柱面和端面都有切削刃，端面刃延至中心，加工时可以轴向进给钻孔达到槽深，然后沿键槽方向铣出键槽全长，重磨时只磨端刃	加工平键键槽、半圆键键槽表面
模具铣刀	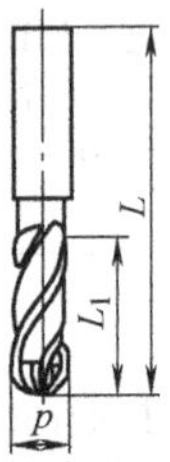	由立铣刀演变而来，结构特点是球头或端面上布满了切削刃，圆周刃与球头刃圆弧连接，可以做径向和轴向进给	加工模具型腔或凸模成形表面
角度铣刀 单角度铣刀	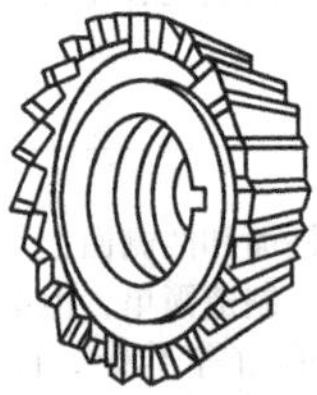	大小端直径相差较大时，会使小端刀齿过密，容屑空间小，故常将小端刀齿间隔去掉，以增大容屑空间	加工带角度的沟槽和斜面
角度铣刀 双角度铣刀	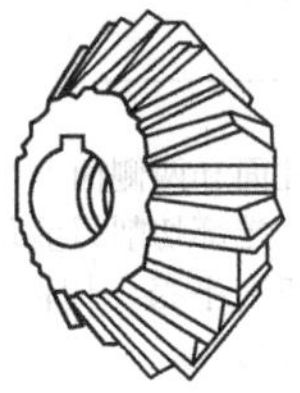		
成形铣刀（有铲齿铣刀、尖齿铣刀、凸半圆铣刀、凹半圆铣刀、圆角铣刀、特型面铣刀、模具铣刀等）	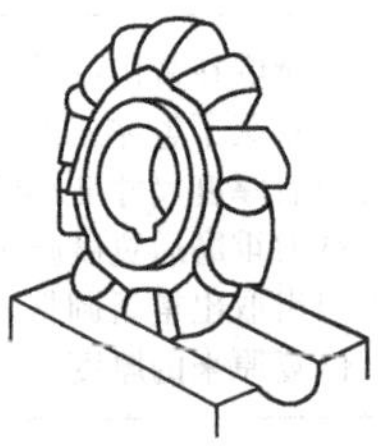	刀齿廓形根据被加工工件廓形确定	加工凸、凹半圆面、圆角，各种成形表面

　　按齿背形式分类，铣刀可分为尖齿铣刀和铲齿铣刀。

　　（1）尖齿铣刀　在垂直于切削刃的截面上，尖齿铣刀齿背的截面形状由直线齿背、折线齿背或曲线齿背三种刀齿齿背组成，如图5-18所示。尖齿铣刀的特点是用钝后需重磨后刀面，制造和刃磨较困难，但刀具寿命和加工表面质量高，适合在大批量生产中使用。

　　（2）铲齿铣刀　铲齿铣刀的齿背是用成形铣刀按阿基米德螺旋线铲出的，重磨时只需刃磨前刀面即可保证刃形不变，刃磨方便，广泛用于成形铣刀。

5.4.2　铣刀基本几何角度

　　铣刀是一种多切削刃刀具，在了解铣刀的组成和几何角度时，可将铣刀看作是由多把切削刀组合而成的，如图5-19a所示。图5-19b所示为铣刀各部分名称。

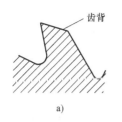
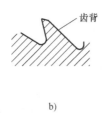
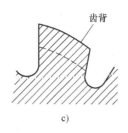

图 5-18　尖齿铣刀刀齿形状
a）折线齿背　b）直线齿背　c）曲线齿背

1. 圆柱铣刀的几何角度

分析铣刀的几何角度，应选定一个刀齿，以切削刃为单元进行分析。如图 5-20 所示，周铣时，其基面 p_r 为过切削刃上选定点且包含铣刀轴线的平面，切削平面 p_s 切于切削刃且垂直于基面。由于设计和制造的需要，采用法平面参考系来规定圆柱铣刀的几何角度。

（1）螺旋角 ω　螺旋角是指螺旋切削刃展开成直线后与铣刀轴线间的夹角，相当于圆柱铣刀的刃倾角 λ_s。其作用是使刀齿逐渐切入和切离工件，能增加刀具的实际工作前角，使切削轻快平稳，易于排屑。当 $\omega = 0°$ 时，为直齿圆柱铣刀。

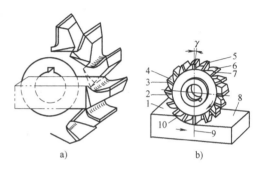

图 5-19　铣刀各部分名称及辅助平面
a）多切削刃组合示意　b）各部分名称
1—待加工表面　2—副后刀面　3—副切削刃
4—前刀面　5—切削平面　6—后刀面　7—主切削刃
8—已加工表面　9—基面　10—过渡表面

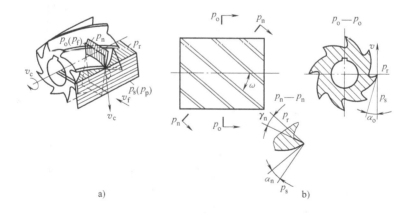

图 5-20　圆柱铣刀的几何角度
a）圆柱铣刀静止角度参考系　b）圆柱铣刀几何角度

（2）前角 γ_o　图样上通常标注 γ_n，便于制造。但检验时，通常测量前角 γ_o，两者可以换算。

（3）后角 α_o　规定在 p_o 平面内度量后角，以便于刃磨。

2. 面铣刀的几何角度

面铣刀的每一个刀齿相当于一把竖着的车刀,几何角度与车刀相似。

5.4.3 铣刀的选用

(1) 铣刀直径 d_0　铣刀直径 d_0 若取得大,刀具的齿数可增多,刀杆加粗,刚度大,散热好,刀具寿命长,生产率高;但 d_0 过大会使切削转矩增大,切入行程长。因此,铣刀直径 d_0 的选择原则是:在保证刀体刚度的前提下,选用较小的铣刀直径;而立铣刀因刚性差,可尽可能选择较大的铣刀直径。铣刀直径 d_0 可根据背吃刀量 a_p 和侧吃刀量 a_e 按经验公式估算,或查阅手册选取。

(2) 铣刀孔径 d　铣刀孔径 d 要取标准值 16mm、22mm、27mm、32mm、40mm、50mm、60mm 等,选择原则是要保证足够的刀杆刚度,并根据铣刀类型、材料,以及工件材料和切除金属层尺寸而定。

(3) 铣刀齿数 z　铣刀按齿数的多少,可分为粗齿铣刀和细齿铣刀两种。粗齿铣刀刀齿强度高,散热好,重磨次数多,容屑空间大,可采用较大的切削用量,但工作平稳性差,故适用于粗加工;细齿铣刀则相反,适用于半精加工和精加工,并适用于加工脆性材料。粗齿圆柱铣刀的螺旋角 ω 一般为 45°～60°,细齿圆柱铣刀的螺旋角 ω 一般为 25°～30°。整体铣刀的齿数可按公式估算,或查阅手册选取。

5.4.4 铣刀的安装

(1) 带柄铣刀的安装　带柄铣刀多用于立式铣床上,用于加工平面、台阶面、沟槽与键槽、T形槽及燕尾槽等。直径较小的铣刀,可用弹簧夹头安装。当铣刀的锥柄和主轴的锥孔相符时,可直接安装。当铣刀的锥柄与主轴不符时,用一个内孔与铣刀锥柄相符而外锥与主轴孔相符的过渡套将铣刀装入主轴孔内。带柄铣刀按刀柄形状分为直柄或锥柄两种。

1) 锥柄铣刀的安装。如图 5-21a 所示,安装时,要根据铣刀锥柄的大小选择合适的变锥套,还要将各配合表面擦净,然后用拉杆把铣刀及变锥套一起拉紧在主轴上。

2) 直柄铣刀的安装。如图 5-21b 所示,安装时,要用弹簧夹头安装,即铣刀的直柄要插入弹簧套内,然后旋紧螺母以压紧弹簧套的端面,弹簧套因外锥面受压使孔径缩小,夹紧直柄铣刀。

(2) 带孔铣刀的安装　带孔铣刀多用于在卧式铣床上加工平面、直槽、切断、齿形和圆弧形槽(或圆弧形螺旋槽)等。铣刀应尽可能地靠近主轴,以保证刀杆的刚度;套筒的端面和铣刀的端面应擦干净,以减小刀的跳动;拧紧刀杆的压紧螺母

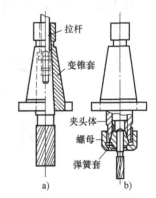

图 5-21　带柄铣刀的安装
a) 锥柄铣刀的安装
b) 直柄铣刀的安装

时,必须先装上吊架,以防刀杆受力弯曲。铣刀杆的结构如图 5-22 所示,安装铣刀的过程如图 5-23 所示。

1) 带孔铣刀中的圆柱形铣刀或三面刃铣刀等盘形铣刀常用长刀杆安装,如图 5-24 所示。

2) 带孔铣刀中的面铣刀、套式面铣刀等常用短刀杆安装。图 5-25 所示为内孔带键槽铣刀的安装,将铣刀内孔的键槽对准铣刀杆上的键,装入铣刀,然后旋入紧刀螺钉,用叉形扳

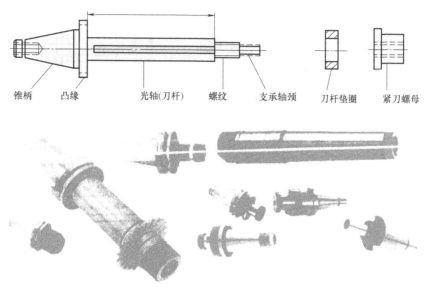

锥柄　凸缘　　光轴(刀杆)　螺纹　支承轴颈　　刀杆垫圈　紧刀螺母

图 5-22　铣刀杆的结构

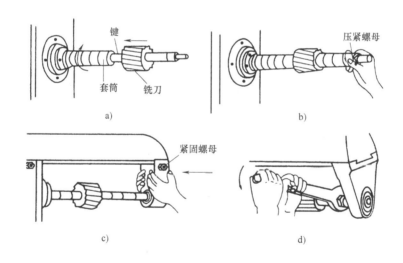

键

套筒　铣刀

a)

压紧螺母

b)

紧固螺母

c)

d)

图 5-23　安装铣刀的过程

手将铣刀固定。

　　图 5-26 所示为端面带键槽铣刀的安装，将铣刀端面上的槽对准铣刀杆上凸缘端面上的凸键，装入铣刀。然后旋入紧刀螺钉，用叉形扳手将铣刀固定。

　　（3）机夹式不重磨铣刀及其刀片的安装　机夹式硬质合金不重磨铣刀，不需要操作者刃磨，若刀片的切削刃用钝，只要用内六角扳手旋松双头螺柱，就可以松开刀片夹紧块。取出刀片，把用钝的刀片转换一个位置（多边形刀片的每一个切削刃都用钝后，更换新刀片），然后将刀片紧固即可，如图 5-27 所示。

　　（4）圆柱铣刀的正装和反装　圆柱铣刀在安装时有正装、反装之分，无论铣刀的旋向

119

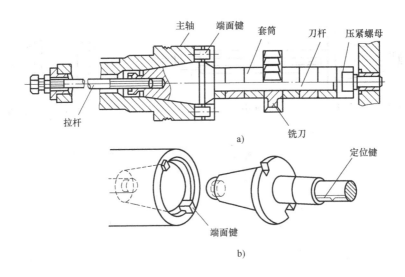

a)

b)

图 5-24　盘形铣刀的安装

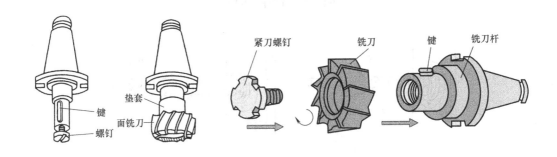

图 5-25　内孔带键槽铣刀的安装

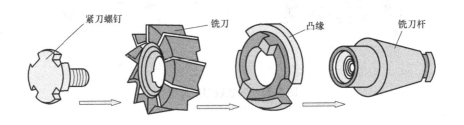

图 5-26　端面带键槽铣刀的安装

如何，安装后轴的旋转方向应保证铣刀刀齿在切入工件时，前刀面朝向工件方向正常切削。装刀时，从刀杆支架一端观察，使用右旋铣刀时，应使铣刀按顺时针方向旋转切削（见图5-28a）；使用左旋铣刀时，应使铣刀按逆时针方向旋转切削（见图5-28b）；这样均可使铣刀切削时产生的轴向分力指向主轴。这两种装刀方法为正装；反之，则为反装。为使切削过程更为平稳，轴向铣削分力指向主轴，应将铣刀正装。

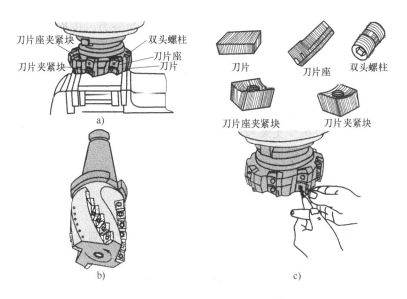

图 5-27 机夹式不重磨铣刀及其刀片安装
a) 面铣刀 b) 周铣刀 c) 更换刀片

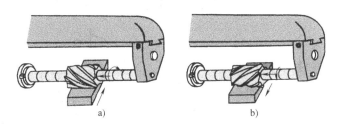

图 5-28 圆柱铣刀的正装
a) 右旋铣刀的正装 b) 左旋铣刀的正装

5.5 铣削力和铣削方式

5.5.1 铣削力

1. 作用在铣刀上的切削力

铣削时，由于切削变形和摩擦力的作用，每个工作刀齿都会承受一定的切削力。由于铣刀是多齿刀具，工作刀齿的切削位置和切削面积的变化，使每个刀齿所受的铣削力的大小和方向也在不断变化。为了便于分析，假定各刀齿的总切削力 F 作用在某个刀齿上，可将铣刀上的总切削力分解成三个互相垂直的分力，如图 5-29 所示。

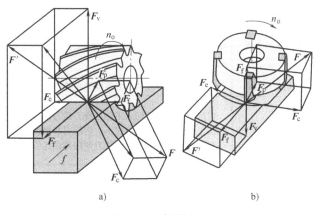

图 5-29 铣削力
a) 圆柱铣刀铣削力 b) 面铣刀铣削力

（1）主切削力 F_c 它是指作用于铣刀圆周切线方向的分力，也称圆周力、切向力，消耗功率最多。

（2）背向力 F_p 它是指作用于铣刀半径方向的分力。它使刀杆弯曲，影响铣削的平稳性。

（3）进给力 F_f 它是指沿铣刀轴线方向的分力。采用圆柱铣刀铣削时，应使进给力指向刚度较大的主轴方向，以减少支架和加工系统的变形，减轻支架轴承的磨损，还可增加铣刀心轴与主轴之间的摩擦力，以传递足够的动力。

各切削力在铣削时有一定的比例，其中主切削力 F_c 可像车削加工一样按实验公式进行计算。

2. 作用在工件上的切削分力

作用在工件上的总切削力 F' 是 F 的反作用力，为了设计和测量的需要，通常将 F' 沿铣床的工作台运动方向分解为三个分力：

（1）纵向进给力 F_f 它是总切削力 F' 在纵向进给方向的分力，它作用在铣床纵向进给机构上，随铣削方式的不同而不同。

（2）横向进给力 F_e 它是总切削力 F' 在横向进给方向的分力。

（3）垂向进给力 F_v 它是总切削力 F' 在铣床的垂向进给方向的分力。

5.5.2 铣削方式

1. 周铣

周铣有顺铣和逆铣两种方式。图 5-30a 所示为顺铣，是在铣刀与工件已加工面的切点处，铣刀切削速度方向与工件进给速度方向相同的铣削方式。图 5-30b 所示为逆铣，是在铣刀与工件已加工面的切点处，铣刀切削速度方向与工件进给速度方向相反的铣削方式。

两种铣削方式的不同之处见表 5-2。周铣时切削力对工作台的影响如图 5-31 所示。

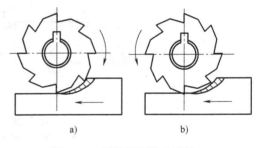

图 5-30 周铣的顺铣和逆铣
a）顺铣 b）逆铣

表5-2 顺铣和逆铣的不同之处

比较项目	顺 铣	逆 铣
垂向进给力 F_v	铣刀对工件作用力始终向下，对工件起压紧作用，铣削平稳，对不易夹紧或细长的薄壁件尤为适宜	垂直铣削力向上，有将工件向上抬高的趋势，易引起振动，且工件需要较大的夹紧力
切削厚度	刀齿的切削厚度从最大逐渐减至零	每个刀齿的切削厚度由零增至最大
刀具寿命	切削刃一开始就切入工件，铣刀后刀面与工件已加工表面的挤压、摩擦小，切削刃磨损慢，故切削刃比逆铣时磨损小，铣刀使用寿命比较长	由于切削刃不是绝对锋利，均有切削刃钝圆半径存在，因此在切削开始时不能立即切入工件，而是在工件已加工表面上挤压滑行一小段距离，刀齿磨损加快，刀具寿命降低
消耗动力	切削厚度比逆铣大，切屑短而厚且变形小，可节省铣床功率的消耗；消耗在工件进给运动上的动力较小	消耗在工件进给运动上的动力较大

（续）

比较项目	顺　　铣	逆　　铣
表面质量	加工表面上没有硬化层，所以容易切削，工件加工表面质量较好	加工表面上有前一刀齿加工时造成的硬化层，因而不易切削，降低表面加工质量
表面硬皮的影响	对表面有硬皮的毛坯件，顺铣时刀齿一开始就切到硬皮，切削刃容易损坏	无此问题
对工作台的影响	铣床工作台的进给运动通过丝杠和丝杠螺母在其结合面实现运动的传递（螺母固定），丝杠在螺母中要有一定的间隙才能轻快地旋转并带动工作台纵向进给，同时螺母受到铣刀纵向进给力 F_f 的作用	
	F_f 与进给方向相同，所以有可能会把工作台向进给方向拉动一个距离，从而造成每齿进给量的突然增加，不但会引起"扎刀"，损坏加工表面，严重时会导致刀齿折断、刀杆弯曲、工件与夹具产生位移甚至损坏机床等严重后果	F_f 与进给运动方向相反，丝杠与螺母的传动工作面始终接触，不会把工作台拉动一个距离，因此丝杠轴向间隙的大小对逆铣无明显的影响

综上所述，尽管顺铣比逆铣有较多的优点，但由于逆铣时不会拉动工作台，所以一般情况下都采用逆铣进行加工。但当工件薄而长或不易夹紧时，宜采用顺铣。此外，当铣削余量较小，铣削力在进给方向的分力小于工作台和导轨面之间的摩擦力时，也可采用顺铣。有时为了改善铣削质量而采用顺铣时，必须调整工作台与丝杠之间的轴向间隙（在 0.01 ~ 0.04mm 之间）。若设备陈旧且磨损严重，实现上述调整会有一定的困难。

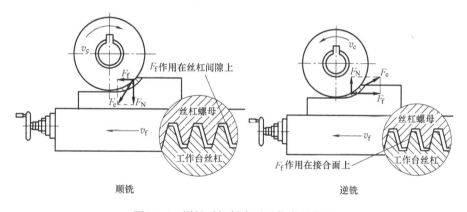

图 5-31　周铣时切削力对工作台的影响

2. 端铣

端铣时，根据铣刀相对于工件的安装位置不同，可分为对称端铣和不对称端铣。

（1）对称端铣　如图 5-32a 所示，用面铣刀铣削平面时，铣刀处于工件铣削层宽度中间位置的铣削方式，称为对称端铣。

若工作台纵向进给做对称铣削，工件铣削层宽度在铣刀轴线的两边各占一半。左半部为进刀部分是逆铣，右半部分为出刀部分是顺铣，从而使作用在工件上的纵向分力在中心线两边大小相等、方向相反，所以工作台在进给方向不会产生突然拉动现象。但是，这时作用在工作台横向进给方向上的分力较大，会使工作台沿横向产生突然拉动。因此，铣削前必须横向紧固工作台。由于上述原因，面铣刀对称端铣只适于加工短而宽或较厚的工件，不宜铣削狭长或较薄的工件。

（2）不对称端铣　如图 5-32b、c 所示，采用面铣刀铣削平面时，工件铣削层宽度相对于铣刀中心两边不相等的铣削方式，称为不对称端铣。不对称端铣时，当进刀部分大于出刀部分时，称为逆铣，如图 5-32b 所示；反之称为顺铣，如图 5-32c 所示。

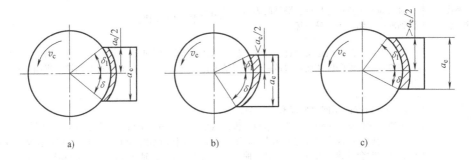

图 5-32　对称端铣与不对称端铣
a）对称端铣　b）不对称端铣（逆铣）　c）不对称端铣（顺铣）

端铣时，垂直铣削力的大小和方向与铣削方式无关。顺铣时，同样有可能拉动工作台，造成严重后果，故一般不采用。但顺铣的优点是：切屑在切离工件时较薄，所以切屑容易去掉，切削刃切入时切屑较厚，不致在冷硬层中挤刮（对容易产生冷硬现象的材料，如不锈钢，更为明显）。用端铣法逆铣时，刀齿开始切入时的切屑厚度较薄，切削刃受到的冲击较小，并且切削刃开始切入时无滑动阶段，故可提高铣刀的寿命。

3. 混合铣削

混合铣削（简称混铣）是指在铣削时铣刀的圆周刃与端面刃同时参与铣削的铣削方式。混铣时，工件上会同时形成两个或两个以上的已加工表面，如用立铣刀或三面刃铣刀铣台阶等。

5.6　铣削加工方法

5.6.1　工件装夹

1. 在铣床工作台上用螺栓、压板装夹

尺寸较大或形状特殊的工件通常采用螺栓、压板装夹，如图 5-33、图 5-34 所示。螺栓要尽量靠近工件，压板垫块的高度应保证压板不发生倾斜，压板在工件上的夹压点应尽量靠近加工部位，所用压板的数目不少于两块。

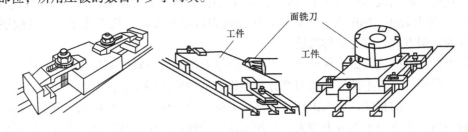

图 5-33　在铣床工作台面上用螺栓、压板装夹工件铣削平面

2. 用机用平口钳装夹

机用平口钳装夹适用于外形尺寸不大的工件。装夹工件时，工件的被加工面需高出钳口，否则要用平行垫铁垫高工件；工件放置的位置要适当，一般置于钳口中间；用机用平口钳装夹工件可铣削平面、平行面、垂直面和斜面，其加工示意如图 5-35a、图 5-35b 所示；加工斜面时，还可以使用可倾平口钳装夹工件，如图 5-35c 所示。机用平口钳可用于装夹矩形工件，也可以装夹圆柱形工件，是铣床常用的通用夹具。

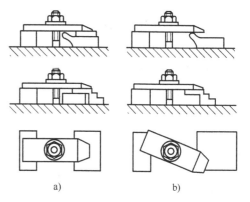

图 5-34　用压板装夹工件
a）正确　b）错误

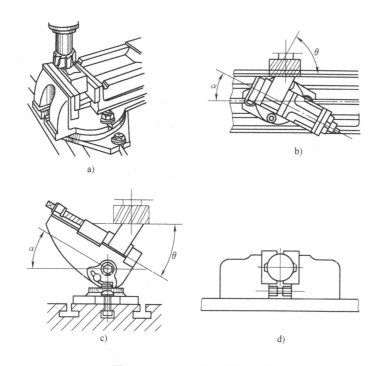

图 5-35　用机用平口钳装夹工件
a）用机用平口钳装夹铣削平面、平行面与垂直面　b）用机用平口钳装夹铣削斜面
c）用可倾平口钳装夹铣削斜面　d）用自定心平口钳装夹

3. 用回转工作台装夹

如图 5-16 所示，回转工作台底座圆周有刻度，可以观察和确定回转工作台的位置；回转工作台中央有一孔，用以找正和确定工件的回转中心；回转工作台底座上的槽相对于铣床的 T 形槽定位后，即可用螺栓把回转工作台固定在铣床工作台上。

工件用螺栓和压板装夹在回转工作台上，可加工工件的圆弧形周边、圆弧形槽、多边形及沿周边有分度要求的槽和孔等；当回转工作台运动与铣床纵向进给移动按一定比例联动时，可加工平面螺旋槽和等速平面凸轮。

4. 用分度头装夹

用分度头装夹工件可完成铣削多边形、花键、齿轮和刻线等工作。图5-36所示为F11250型万能分度头及其附件。F11250型万能分度头及各附件在铣床工作台上的放置如图5-37所示。

利用分度头，工件的装夹方式通常有以下几种：

1）用自定心卡盘和后顶尖装夹工件，如图5-38a所示。

2）用前、后顶尖夹紧工件，如图5-38b所示。

3）工件套装在心轴上用螺母压紧，然后同心轴一起被顶持在分度头和后顶尖之间，如图5-38c所示。

4）工件套装在心轴上，心轴装夹在分度头的主轴锥孔内，并可按需要使主轴倾斜一定角度，如图5-38d所示。

5）工件直接装夹在自定心卡盘上，并可使主轴倾斜一定角度，如图5-38e所示。

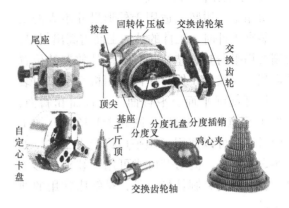

图5-36　F11250型万能分度头及其附件

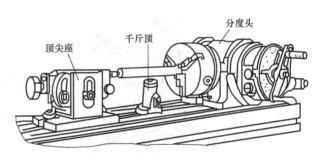

图5-37　F11250型万能分度头及各附件

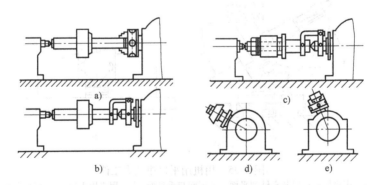

图5-38　用分度头装夹工件的方法
a）一夹一顶　b）双顶尖装夹
c）心轴两顶尖装夹　d）心轴分度头装夹　e）卡盘分度头装夹

5. 用专用夹具或辅助定位装置装夹

在连接面数量较多的工件和批量生产中，常采用辅助定位装置或专用夹具装夹工件。如铣削平行面可利用工作台的T形槽直槽安装定位块（见图5-39a）；铣削垂直面常利用角铁（弯板）装夹工件（见图5-39b）；铣削斜面可利用倾斜垫块定位（见图5-39c）；批量生产中铣削斜面用专用夹具装夹工件（见图5-39d）；铣削圆柱面上的小平面或键槽时，可使用V形块定位，特点是对中性好（见图5-39e）等。

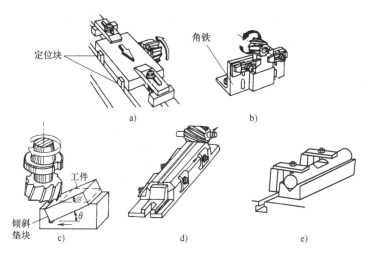

图 5-39 用专用夹具或辅助定位装置装夹工件
a）用定位块定位铣削平行面 b）用角铁装夹铣削垂直面
c）用斜垫块定位铣削斜面 d）用专用夹具装夹铣削斜面
e）用 V 形块定位，在轴类零件上铣小平面（或键槽）

5.6.2 铣削基本工艺

1. 铣平面

铣平面可以用圆柱铣刀或面铣刀进行，如图 5-40 所示。在一般情况下，面铣刀可以采用硬质合金进行高速铣削，并由于面铣刀的刀杆短、刚性好，故不易产生振动，可切除切削

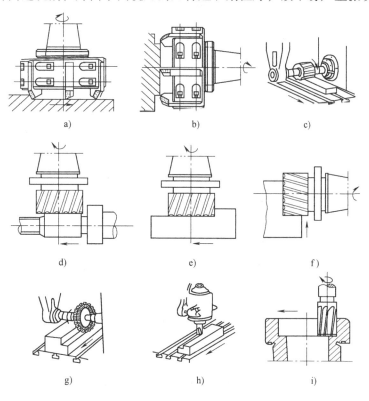

图 5-40 铣平面

层的厚度和深度较大，所以端铣的生产率和加工质量均比周铣的高。目前加工平面，尤其是较大的平面，一般都采用端铣的方式加工。周铣的优点是一次能切除较大的铣削层深度，另外在混铣时由于铣削速度受到周铣的限制，工件的表面粗糙度值比端铣小。

六面体工件装夹在机用平口钳中，铣削垂直平面的步骤如图 5-41 所示。

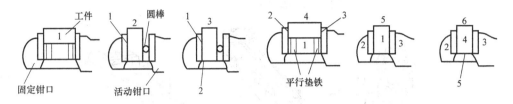

图 5-41　铣削垂直平面的步骤

2. 铣斜面

（1）倾斜工件铣斜面　将工件倾斜成所需的角度装夹并铣削斜面，适用于在主轴不能扳转角度的铣床上铣削斜面，常用的铣削方法如图 5-42 所示。

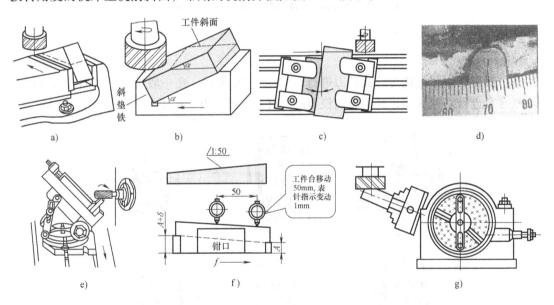

图 5-42　倾斜工件铣斜面的方法

1）按划线装夹工件铣削斜面（见图 5-42a）。在工件上划出斜面的加工线后，在平口钳上装夹工件，用划线盘校正工件上的加工线与工作台台面平行，再夹紧工件即可加工。此法操作简单，适用于低精度的单件小批生产。

2）采用斜垫铁铣削斜面（见图 5-42b）。斜垫铁宽度应小于工件宽度，斜度应与工件斜度相同。先将斜垫铁垫在平口钳钳体导轨面上，再将工件夹紧。此法可一次完成对工件的校正和夹紧；在铣削一批工件时，铣刀不需因工件的更换而重新调整高度，大大提高了批量生产的生产率。

3）利用靠铁铣削斜面（见图 5-42c）。先在工作台台面上安装一块倾斜的靠铁，用百分表校正其斜度符合规定要求，然后将工件的基准面靠向斜靠铁的定位面，再用压板将工件压紧后铣削。此法适用于尺寸较大的工件。

4）偏转平口钳钳体铣削斜面（见图 5-42d）。松开回转式平口钳钳体的紧定螺钉，将钳身上的零线相对回转盘底座上的刻线扳转所需的角度，然后将钳体固定，装夹工件铣斜面。

5）用可倾平口钳铣斜面（见图 5-42e）。调整倾斜面铣削斜面。

6）垫不等高垫铁铣斜面（见图 5-42f）。先按斜度计算出相应长度间的高度差 δ，然后在相应长度间反向垫不等高垫铁，夹紧后加工。此法适合铣削很小的斜面。

7）倾斜分度头主轴铣斜面（见图 5-42g）。主轴跟着回转壳体在水平线以下 6°至水平线以上 90°范围以内调整倾斜角度，工件由安装在主轴上的卡盘夹持。

（2）倾斜铣刀铣斜面　在可扳转角度主轴的立式铣床上或安装了万能立铣头的卧式铣床上，将安装的铣刀倾斜一个角度，就可按照要求铣斜面。

1）采用立铣刀圆周刃铣斜面（见图 5-43a）。当标注角度 θ 为锐角，基准面与工作台面平行时，主轴所扳角度 α 为标注角度的余角 $\alpha=90°-\theta$。

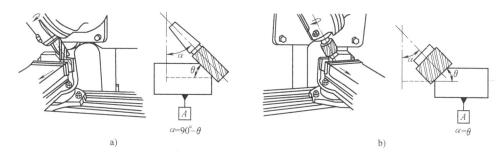

图 5-43　倾斜铣刀铣斜面的方法

2）采用面铣刀端面刃铣斜面（见图 5-43b）。当标注角度 θ 为锐角，基准面与工作台面平行时，主轴所扳角度 α 与标注角度 θ 相同。

（3）角度铣刀铣斜面　对于批量生产的窄长的斜面工件，比较适合使用角度铣刀进行铣削，如图 5-44 所示。

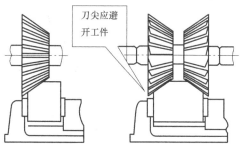

图 5-44　角度铣刀铣斜面

3. 工件的切断

（1）刀具的选用和安装　用于切断工件的铣刀是锯片铣刀。如图 5-45 所示，为增加刀杆的刚性，锯片铣刀应尽量靠近主轴或悬架安装；不要在铣刀与刀杆之间安装键，依靠刀杆垫圈与铣刀两侧端面间的摩擦力带动铣刀旋转，可在靠近进刀螺母的垫圈内装键，以有效防止铣刀松动；铣刀安装后应保证刀齿的径向和轴向圆跳动不超过规定值才可使用。

（2）工件的装夹

1）用平口钳装夹。工件在钳口上的夹紧力方向应平行于槽侧面（夹紧力方向与槽的纵向平行），避免工件夹住铣刀，如图 5-46 所示。

2）用压板装夹切断工件。此法适合加工大型工件及其板料的切断。如图5-47所示，压板下的垫铁应略高于工件，有条件的应使用定位靠铁定位。工件的切缝应选在 T 形槽上方，以免损伤工作台台面。另外，切断薄而长的工件时多采用顺铣，使垂直方向的铣削分力指向工作台面。

（3）切断铣削工艺　切断时应尽量采用手动进给，进给速度要均匀。若需采用机动进给时，切入或切出还是需要手动进给，进给速度不宜太快，并将不使用的进给机构锁紧。切削钢件时，应充分浇注切削液。

4. 铣台阶面

（1）铣刀的选择　台阶面由两个互相垂直的平面组成，这两个平面是由同一把铣刀的不同切削刃同时加工出来的，两平面是否垂直主要由刀具保证。

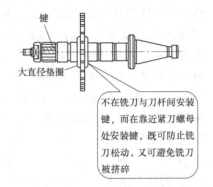

图 5-45　锯片铣刀的安装

不在铣刀与刀杆间安装键，而在靠近紧刀螺母处安装键，既可防止铣刀松动，又可避免铣刀被挤碎

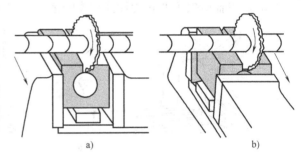

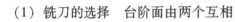

图 5-46　工件进行切断时夹紧力的方向

a）装夹错误，易夹刀　b）装夹正确，不夹刀

1）在卧式铣床上用三面刃铣刀铣台阶面时，因铣刀单侧受力，会出现让刀现象。应将铣刀靠近主轴安装，并使用吊架支承刀杆另一端，以提高工艺系统刚性。铣刀外径 D 应符合以下条件，即

$$D > 2t + d \tag{5-7}$$

式中，t 是台阶深度（mm）；d 是套筒外直径（mm）。

如图 5-48 所示，尽可能使铣刀的宽度 B 大于台阶宽度 E。如上诉条件均满足，选择尽量小的铣刀外径。

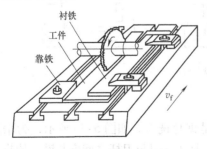

图 5-47　用压板装夹工件

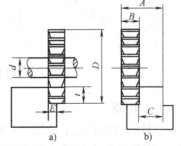

图 5-48　使用三面刃铣刀铣台阶面

2）铣削垂直面较宽而水平面较窄的台阶面时，可采用立式铣刀在立式铣床上铣削（见图 5-49），也可采用在卧式铣床上安装万能立铣头的方法铣削；铣削垂直面较窄而水平面较宽的台阶面时，可采用面铣刀铣削（见图 5-50）。

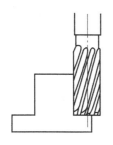

图 5-49　用立铣刀铣台阶面

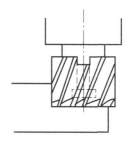

图 5-50　用面铣刀铣台阶面

（2）铣台阶的操作步骤　如铣削单件双台阶时，工件安装好后，可先开动铣床使铣刀旋转，移动工作台使工件靠近铣刀，使铣刀端面切削刃微擦到工件侧面，记下刻度读数，纵向退出工件，利用刻度盘将工作台横向移动距离 E，如图 5-48a 所示，并调整高低尺寸 t，开始铣削一侧的台阶。铣完一侧台阶后，利用刻度盘将横向工作台移动一个距离 A（$A = B + C$），铣削另一侧台阶。如果台阶较深，应沿着靠近台阶的侧面分层铣削（见图 5-51）。若是批量铣削两侧对称的台阶，可采用两把三面刃铣刀联合加工（见图 5-52）。

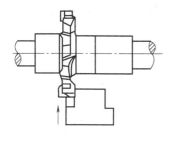

图 5-51　分层铣台阶面

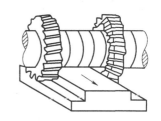

图 5-52　使用组合铣刀铣台阶面

5. 铣键槽和其他沟槽

（1）铣轴上键槽

1）平键槽的类型。平键槽的类型包括通键槽、半通键槽和封闭键槽。通键槽通常用盘形铣刀铣削，封闭键槽多采用键槽铣刀铣削。

2）轴类工件的装夹方法。轴类工件的装夹方法有四种：用机用平口钳装夹，适合单件生产；用 V 形架装夹，轴的中心高度会变化；用分度头定心装夹，适合精度较高的加工；直接放在工作台中间的 T 形槽上装夹。前三种方法如图 5-53 所示。

3）铣键槽的方法。通键槽可采用三面刃铣刀铣削，在卧式或立式铣床上均可，如图 5-54所示。封闭键槽通常使用立式铣床和键槽铣刀直接加工，如图 5-55 所示。如果用立铣刀加工，必须首先在槽的一端钻一个落刀孔，原因是立铣刀主切削刃在其圆柱表面上不能做轴向进给。

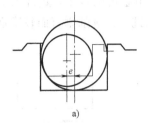
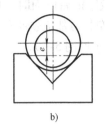

a)　　　　　　　　　　　b)　　　　　　　　　　　c)

图 5-53　工件装夹方法对中心位置的影响

a) 用机用平口钳装夹　b) 用 V 形架装夹　c) 用分度头装夹

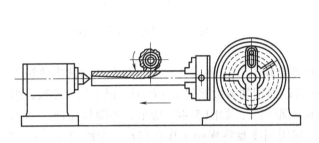
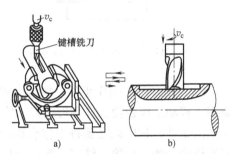

图 5-54　铣通键槽

图 5-55　铣封闭键槽

a) 抱钳装夹　b) 铣封闭键槽

用键槽铣刀铣键槽时，有分层铣削法和扩刀铣削法两种，如图 5-56 所示。

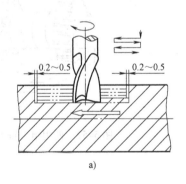
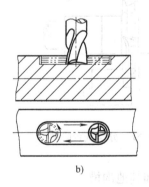

a)　　　　　　　　　　　　　　b)

图 5-56　用键槽铣刀铣键槽的方法

a) 分层铣削法　b) 扩刀铣削法

分层铣削法是指每次手动沿键槽长度方向进给时，取背吃刀量 $a_p = 0.5 \sim 1.0\text{mm}$，多次重复铣削，注意在键槽两端要各留长度方向的余量 $0.2 \sim 0.5\text{mm}$，在键槽深度铣到位后，最后铣去两端余量。此法适合键槽长度尺寸较短、批量小的铣削，如图 5-56a 所示。

扩刀铣削法是指先用直径比槽宽尺寸略小的铣刀分层往复粗铣至槽深，槽深留余量 $0.1 \sim 0.3\text{mm}$；槽长两端各留余量 $0.2 \sim 0.5\text{mm}$，最后用符合键槽宽度的键槽铣刀进行精铣，如图 5-56b 所示。

键槽对称度的检测：先将一块厚度与键槽尺寸相同的平行塞块塞入键槽内，用百分表校

正塞块的 B 平面，使之与平板（或工作台）平行并记下百分表的读数。然后将工件转过 180°，再校正塞块的 A 平面与平板（或工作台）平行，并记下百分表的读数。两次读数的差值即为键槽的对称度误差，如图 5-57 所示。

（2）铣 V 形槽　通常先选用锯片铣刀加工出底部的窄槽，然后可以用双角铣刀、立铣刀、三面刃铣刀或单角铣刀完成 V 形槽的加工，如图 5-58 所示。

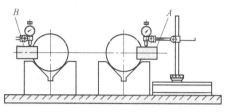

图 5-57　对称度的检测

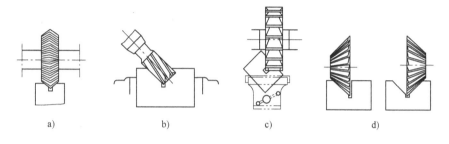

a)　　　　　b)　　　　　c)　　　　　d)

图 5-58　铣 V 形槽
a）双角铣刀铣 V 形槽　b）转动立铣头铣 V 形槽　c）转动工件铣 V 形槽　d）单角铣刀铣 V 形槽

（3）铣 T 形槽　先用立铣刀或三面刃铣刀铣出直角槽，然后再用 T 形槽铣刀铣 T 形槽，此时铣削用量应选得小一些，而且要注意充分冷却，最后用角度铣刀铣倒角，如图 5-59 所示。

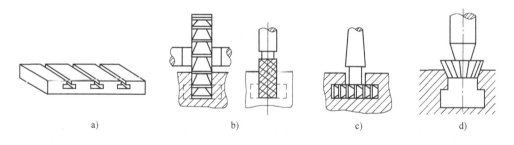

a)　　　　　b)　　　　　c)　　　　　d)

图 5-59　T 形槽的加工顺序
a）T 形槽　b）铣直角槽　c）铣 T 形槽　d）铣倒角

（4）铣半圆形键槽　半圆形键槽可在立式铣床或卧式铣床上用专用的半圆形键槽铣刀进行铣削，如图 5-60 所示。

半圆形键槽的宽度用塞规或塞块检验；深度用直径为 d（小于半圆形键槽直径）的样柱配合游标卡尺或千分尺进行间接测量，如图 5-61 所示。

（5）铣燕尾槽

1）先铣出直槽或台阶，再用燕尾槽铣刀铣削燕尾槽或燕尾，如图 5-62 所示。

2）单件生产时，若没有合适的燕尾槽铣刀，可用廓形角与燕尾槽槽角 α 相等的单角铣刀铣削，如图 5-63 所示，在立式铣床上用短刀杆安装单角铣刀，通过倾斜立铣头一个角度 $\beta = \alpha$ 进行铣削。

图 5-60 铣半圆形键槽

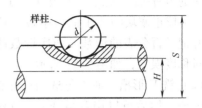

图 5-61 半圆形键槽深度的测量

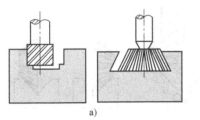

a)

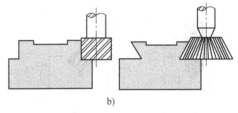

b)

图 5-62 燕尾槽及燕尾的铣削

a) 铣削燕尾槽 b) 铣削燕尾

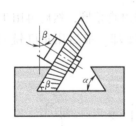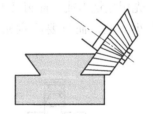

图 5-63 用单角铣刀铣削燕尾槽和燕尾

6. 利用分度头铣多边形工件

（1）铣较短的多边形工件 一般采用在分度头上的自定心卡盘装夹，用三面刃铣刀或立铣刀铣削较短的多边形，如图 5-64 所示。

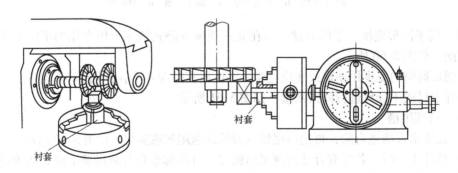

图 5-64 铣削较短的多边形工件

（2）铣较长的多边形工件　可用分度头配以尾座装夹，用立铣刀或面铣刀铣削较长的多边形，如图 5-65 所示。

7. 孔加工

（1）钻孔　用钻夹头将标准麻花钻直接夹紧在铣床主轴上。

（2）铰孔　采用乳化液作为铰孔时的切削液。

（3）镗孔　在立式铣床和卧式铣床上均可镗孔，可镗单孔（见图 5-66）；也可利用回转工作台或分度头镗工件表面的等分多孔，如图 5-67 所示。

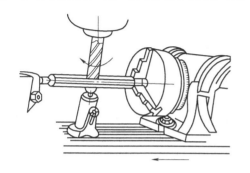

图 5-65　铣较长的多边形工件

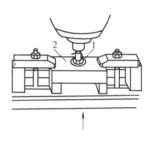

图 5-66　在立式铣床上镗孔
1—镗刀　2—工件

如图 5-68 所示，工件直接装夹在工作台上，镗刀杆柄部的外锥面可直接装入主轴孔内，镗刀杆若悬伸过长，可用吊架支承。

最简单的镗刀杆如图 5-69a 所示，刀尖伸出的长度调整不精确；改进的镗刀杆如图 5-69b 所示，刀头后面有螺钉可精确调整刀头伸出的长度。

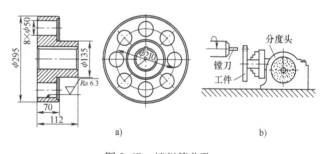

图 5-67　镗削等分孔
a）带等分孔工件　b）镗削示意图

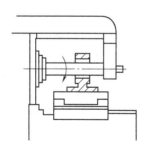

图 5-68　利用吊架支承

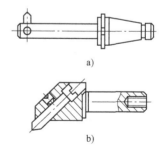

图 5-69　镗刀杆

8. 铣螺旋槽

带螺旋槽的工件有螺旋齿轮、麻花钻等。如图 5-70a 所示，在圆柱体做等速旋转运动时，使动点 A 沿圆柱体作等速直线运动，点 A 在圆柱表面的轨迹就是一条圆柱螺旋线。

螺旋线要素可以用直角三角形 ABC 来分析，如图 5-70b 所示，导程 L 与螺旋角 β 有以下关系，即

$$\tan\beta = \pi D/L$$

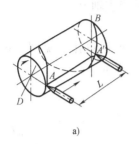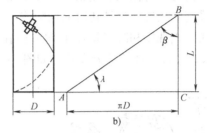

图 5-70　圆柱螺旋线的形成

在铣螺旋槽时，工件在其绕自身轴线转动的同时，还要做直线移动，并且必须使工件每转一圈的同时纵向进给螺旋槽的一个导程。因此，在分度头侧轴右边和纵向进给丝杠之间安装交换齿轮。安装交换齿轮后，松开分度头主轴锁紧装置，并插入分度盘上的定位销，纵向进给丝杠的运动通过交换齿轮组传给万能分度头的主轴，从而带动工件作缓慢的、具有一定速率的自转，如图 5-71 所示。

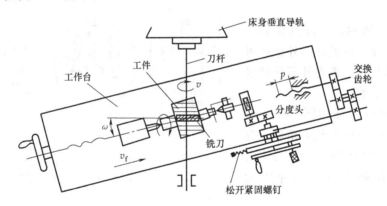

图 5-71　铣螺旋槽的传动系统（一）

当采用盘形铣刀铣削螺旋角为 β 的螺旋槽时，必须使铣刀的旋转平面与螺旋槽一致，从而保证铣刀的廓形和螺旋槽的廓形相同。因此，铣右旋槽时，工作台要逆时针旋转（用右手推动工作台转 $\omega = \beta$），否则相反。当铣法向截形为矩形的螺旋槽时，只能采用立铣刀，并且不需要扳转纵向工作台。

该传动链属于内联系传动链，运动关系为

工作台（纵向丝杠）纵向移动一个导程 L—工件旋转一周

根据图 5-72 所示的传动系统，可列出运动平衡式

$$L/L_{丝杠} \times (38/24) \times (24/38) \times (z_1/z_2) \times (z_3/z_4) \times (1/1) \times (1/1) \times (1/40) = 1 \quad (5-8)$$

式中，$L_{丝杠}$ 是工作台纵向进给丝杠的导程（$L_{丝杠} = 6mm$）；$L/L_{丝杠}$ 是工作台移动螺旋槽的一个导程 L 距离时，纵向丝杠应转过的转数；z_1、z_2、z_3、z_4 是配换交换齿轮组的齿数。

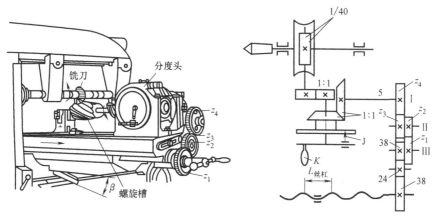

图 5-72　铣螺旋槽的传动系统（二）

整理后可得置换公式

$$z_1z_3/z_2z_4 = 40L_{丝杠}/L = 240/L \tag{5-9}$$

又知

$$L = \pi D \cot\beta \tag{5-10}$$

式中，L 是螺旋槽的导程（mm）；D 是工件的计算直径（mm）；β 是螺旋角。

确定交换齿轮齿数的根本依据是交换齿轮组的传动比，常用的方法有因子分解法和直接查表法。

例 5-3　用 F11250 型分度头加工一条螺旋槽，已知工件直径为 60mm，螺旋角 $\beta = 30°$，试用因子分解法选择交换齿轮。

解：$z_1z_2/z_3z_4 = 240/L = 240/\pi D\cot\beta = 240/(\pi \times 60 \times \cot30°) = 0.7350825 \approx 36/49 = (6 \times 6)/(7 \times 7) = (30 \times 60)/(70 \times 35)$

选择交换齿轮还要注意从分度头所具有的交换齿轮附件中选，还要注意交换齿轮架结构的限制，应满足 $z_1 + z_2 > z_3 + 15$，$z_3 + z_4 > z_2 + 15$；另外由于是近似计算，传动比误差应保持在工件精度允许的范围内。

因子分解法计算比较繁琐，在加工中往往根据螺旋槽的导程或交换齿轮组的速比。直接查表求得交换齿轮齿数，常用的有速比导程交换齿轮表，即对数交换齿轮表。

例 5-4　在铣床上，利用 F11250 分度头铣削一个 $m_k = 3mm$、螺旋角 $\beta = 41°24'$ 的螺旋齿轮，齿数 $z = 25$，工作台进给丝杠导程为 6mm，试用查表法确定交换齿轮齿数。

解：$L = \pi m_k z/\sin\beta = \pi \times 3 \times 25/\sin41°24' = 356.291$。

从速比、导程交换齿轮表中，可查得接近 356.291 的导程值为 356.36，对应的配换交换齿轮齿数为：$z_1 = 55$；$z_2 = 35$；$z_3 = 30$；$z_4 = 70$。再由这个结果反算得铣出的螺旋角 $\beta = 41°23'25''$，精度误差在允许范围内。

9. 铣削锥齿轮

先将分度头扳起一个根锥角 φ_1，如图 5-73 所示。锥齿轮铣刀的厚度是按照锥齿轮小端齿槽的宽度制造的。铣削锥齿轮齿槽中部，此时其小端齿槽的宽度已达到尺寸要求，而大端齿槽的宽度还不够，因此，要对大端齿槽进行扩铣。

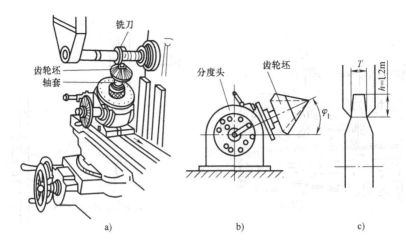

a)　　　　　　　　　b)　　　　　　　　c)

图 5-73　直齿锥齿轮的铣削方法

对锥齿轮大端齿槽的扩铣的方法是：先将工作台按箭头方向（见图 5-74a）移动一个偏移量 S（根据大端齿厚的一侧余量算出），然后转动分度头（见图 5-74b），使铣刀切削刃刚好擦到齿槽小端的一个侧面，而不会伤到另一侧面（见图 5-74c），再进行扩铣，使大端宽度达到要求。铣另一侧的大端时，将工作台从当前位置反向移动两倍的 S，分度头也反转上次转动的两倍，使之到达与上次的对称位置，再进行铣削。

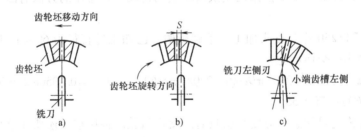

a)　　　　　　　　b)　　　　　　　　c)

图 5-74　直齿锥齿轮大端扩铣的方法

10. 铣特形面

工件的外形轮廓线（母线）有曲线部分，当其导线较短时，就称为曲线外形工件（见图 5-75），一般可在立式铣床上用立铣刀铣削；导线较长时，称为特形面工件（见图 5-76），一般可在卧式铣床上用盘形成形铣刀铣削。

图 5-75　曲线外形工件

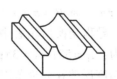

图 5-76　特形面工件

（1）曲线外形工件的铣削

1）用回转工作台铣削曲线外形。用手动或机动回转工作台铣出曲线部分（见图 5-77）。

2）用划线铣削曲线外形。在工件精度不高、数量较少的时候，采用划线用手动的方法在立式铣床上铣削，双手同时操纵横向和纵向两个手柄，使立铣刀切削刃与划的线相切，保持逆铣以免铣刀折断。

3）按靠模铣曲线外形。此法适用于成批大量生产，即做一个与工件形状相同的靠模板，使工件或铣刀始终沿着它的外形轮廓线做进给运动，在立式铣床或靠模铣床上都可进行加工。如图5-78b所示，按靠模手动进给铣削，靠模的型面必须具有较高的硬度，为了减少磨损，可在铣刀柄部安装一衬套或采用滚柱轴承作滚环（见图5-78c）。

图 5-77 在回转工作台上铣削曲线外形

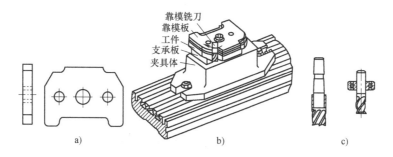

图 5-78 按靠模手动进给铣削

a）零件图 b）铣削示意图 c）装有衬套或轴承的立铣刀

（2）特形表面的铣削 特形表面可用成形铣刀铣削，装夹好工件和调试好铣刀位置后，起动铣床，主轴转动，上升工作台，使铣刀与工件表面相切时纵向进给铣出整个成形表面，如图 5-79 所示。

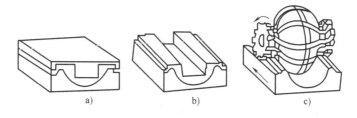

图 5-79 特形表面的铣削过程

a）划线的毛坯 b）切去大部分余量 c）精铣

铣削特形表面时，由于切削余量不均匀会造成切削条件差，故可分成粗铣和精铣两个步骤。铣削速度应比普通尖齿铣刀低 25%，以提高刀具寿命。刀具不能用得很钝以免失去成形面的准确性并且较难重磨。粗铣时，可以选用较大的前角并带有分屑槽的成形铣刀。

铣削加工范围广泛，凸轮和球面等都可以进行铣削加工。

5.6.3 铣削加工实例

燕尾槽和燕尾块的铣削加工，难点在于燕尾宽度的控制与测量。

铣削加工如图 5-80 所示的燕尾槽和燕尾块工件，预制件的材料为 HT200，其切削性能较好，预制件为矩形工件，便于装夹。按以下步骤进行加工。

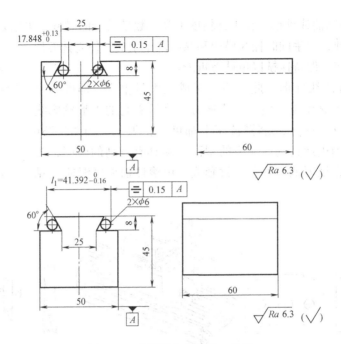

图 5-80 燕尾槽和燕尾块工件图

1. 拟订加工工艺与工艺准备

1) 本例宜在立式铣床上用立铣刀铣削加工直角槽（双台阶后），用燕尾铣刀铣削燕尾槽（块），燕尾槽（块）铣削加工工序过程是：

检验预制件→装夹、找正机床用平口钳→工件表面划出直角槽（双台阶）对刀线→装夹、找正工件→安装立铣刀→对刀、试切预检→铣削直角槽（双台阶）→换装燕尾铣刀→垂向深度对刀→铣削燕尾槽（块）一侧并预检→铣削燕尾槽（块）另一侧并预检→燕尾槽（块）铣削工序的检验。

2) 选择铣床。选用 X5032 型立式铣床或类同的立式铣床。

3) 选择工件装夹方式。采用机用平口钳装夹，工件以侧面和底面作为定位基准。

4) 选择刀具。根据图样给定的燕尾槽基本尺寸，选择直径为 20mm 的立铣刀铣削中间直角槽（双台阶）；选择外径为 25mm、角度为 60° 的燕尾槽铣刀铣削燕尾槽（块）。

5) 选择检验测量方法。燕尾槽（块）的槽口宽度用千分尺借助标准圆棒测量，对称度误差的测量与 V 形槽的对称度误差的测量类似，用百分表借助标准圆棒测量。燕尾槽（块）的深度用游标卡尺测量。

2. 燕尾槽（块）的铣削加工

（1）加工准备

1) 检验预制件。用千分尺检验预制件的平行度和尺寸，测得宽度的实际尺寸为 50.02～50.08mm。用 90° 角尺测量侧面与底面的垂直度误差，选择垂直度较好的侧面、底面作为定为基准。

2) 安装、找正机用平口钳。安装机用平口钳，并找正定钳口与工作台纵向平行。

3) 划线、装夹工件。在工件表面划直角槽（双台阶）位置的参照线。划线时，可将工件与划线平板贴合。划线尺寸高度：燕尾槽直角槽为 (50 - 25) mm/2 = 12.5mm，燕尾块双台阶为（50 − 25 − 2 × 8 × cot60°）mm/2 = 7.88mm。用翻身法划出两条参照线。工件装夹时，注意保持侧面、底面与平口钳定位面之间的清洁。

4）安装铣刀。铣削中间直角槽（双台阶），安装立铣刀；铣削燕尾槽（块），换装燕尾槽铣刀。

5）选择铣削用量。按工件材料（HT200）和铣刀参数，铣削直角槽（双台阶）时，因铣削余量少，材料硬度不高，选择并调整铣削用量 $n = 235\text{r/min}$（$v_C \approx 14.8\text{m/min}$），$v_f = 30\text{mm/min}$。铣削燕尾槽（块）时，因铣刀容屑槽浅、颈部细、刀尖强度差，故应选用较低的铣削用量，调整铣削用量 $n = 190\text{r/min}$（$v_C \approx 15\text{m/min}$），$v_f = 23.5\text{mm/min}$。

（2）铣削燕尾槽（块）

1）铣削直角槽（双台阶）

① 铣削直角槽时，应按工件表面划出的对称槽宽参照线横向对刀，具体操作方法与 T 形槽直槽铣削方法相同。槽侧与工件侧面的尺寸为 12.525mm。铣削时可分粗铣、精铣，以提高直角槽的铣削精度。

② 铣削双台阶时，应按工件表面划出的对称台阶宽度参照线横向对刀。具体操作方法与双台阶铣削方法相同。台阶宽度的尺寸为（25 + 2 × 8 × cot60°）mm = 34.24mm，台阶侧面与工件侧面的尺寸为（50.05 − 34.24）mm/2 = 7.905mm，或（50.05 − 7.905）mm = 42.145mm。用于控制台阶对工件侧面的对称度。

2）铣削燕尾槽（块）

① 燕尾槽的铣削步骤如下：

a. 铣削直角槽后换装燕尾槽铣刀，考虑铣刀的刚度，刀柄不应伸出过长。

b. 槽深对刀时，目测使燕尾槽铣刀轴心与直角槽对称中心线大致对准，垂向上升工作台，使铣刀端面刃齿与工件直角槽底接触，并调整槽深为 8.10mm。

c. 铣削燕尾槽一侧时（见图 5-81a），先使铣刀刀尖恰好擦到工件直角槽一侧，然后按偏移量 S 调整横向，偏移量 S 与槽深 h 和槽形角有关。本例 $S = h\cot\alpha = 8.10\text{mm} \times \cot60° = 4.676\text{mm}$。

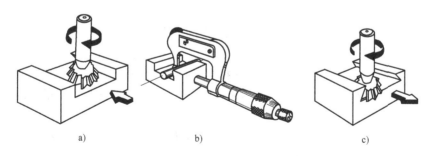

图 5-81　铣削燕尾槽
a）铣削槽一侧　b）预检　c）铣削另一侧

铣削槽一侧时，应将余量分为粗、精加工，粗、精铣余量为 2.5mm、1.5mm，然后进行预检，如图 5-81b 所示。放入直径 6mm 的标准圆棒后，工件侧面至一侧圆棒的尺寸为（50.05 − 17.91）mm/2 = 16.07mm。

d. 铣削燕尾槽另一侧时（见图 5-81c），应按侧面粗、精铣方法，逐步铣削至槽宽测量

尺寸 $17.848 ^{+0.13}_{0}$ mm 范围内。

铣削过程中应注意不能采用顺铣，以免折断铣刀。

② 燕尾块的铣削步骤如下：

a. 铣削双台阶后换装燕尾槽铣刀，考虑铣刀的刚度，刀柄不应伸出过长。

b. 燕尾块高度对刀时，使铣刀端面刃与台阶底面恰好接触，并圆整高度尺寸为 7.9mm。

c. 铣削燕尾块一侧时，侧面对刀使铣刀刀尖恰好擦台阶侧面，然后按 S 值分粗、精铣铣削。粗铣后，应进行预检，按工件侧面实际尺寸和燕尾块宽度测量尺寸，逐步达到测量尺寸 $(50.05 + 41.31)$ mm/2 $= 45.68$mm。

d. 铣削燕尾块另一侧时，应按侧面粗、精铣方法，逐步铣削至燕尾块宽度测量尺寸 $41.392 ^{0}_{-0.16}$ mm 范围内。

5.7 铣工实训

5.7.1 文明生产与安全技术

1）按规定穿戴好防护用品，扎好袖口，不准戴围巾，严禁戴手套，女工发辫需挽在帽子内。

2）按润滑表加油。开机前仔细检查设备，各手柄、挡块位置是否正确，各传动部分是否灵活正常；低速运转 3～5min。

3）工件装夹上机床前，应拟定装夹方法，并准备好相应工具。装夹毛坯时，台面要用铁皮或其他物品垫好，以免损伤工作台。

4）工作台及升降台移动时要检查有关零部件并先拧开固定螺丝，不移动时紧上。

5）刀具装卸时，应保持铣刀锥体部分和锥孔的清洁，并要装夹牢固。高速切削时必须戴好防护镜，导轨面上不准堆放工具、零件等物，注意刀具和工件的距离，防止发生撞击事故。

6）安装铣刀前应检查刀具是否完好、对好，铣刀尽可能靠近主轴安装，装好后要试机，装夹工件应牢固。一切准备工作做好后，方可开机。

7）装夹工具、工件必须牢固可靠，不得有松动现象。所有的扳手必须符合标准规格。

8）工作时应先用手动进给，然后逐步自动走刀，自动走刀时，注意限位挡块是否牢固，不准放到两端，以免走到两极端位置而撞坏丝杠；使用快速走刀时，要事先检查是否有相撞等现象，以免碰坏机件、铣刀、碎裂物飞出伤人。经常检查手摇把内的保险弹簧是否有效可靠。

9）切削时禁止用手摸切削刃和加工部位，测量和检查工件必须停机进行，切削时不准调整工件。不准用手或口直接清除切屑。

10）主轴停转前，须先停止进刀，如若切削深度较大时，退刀应先停机，换交换齿轮时须切断电源，交换齿轮间隙要适当，交换齿轮架紧固螺母要紧固，以免造成脱落；铣削毛坯时转速不宜太快，要选好吃刀量和进给量。

11）在机床上进行装卸工件、刀具及紧固、调整、变速及测量等工作时必须停机。两人工作时应协调一致，有主有从。

12）发现机床有故障，应立即停机检查并上报，由机修工修理。工作完毕应作好清洁工作，并关闭电源。

5.7.2　铣工实训项目

1. 图样分析（见图 5-82）

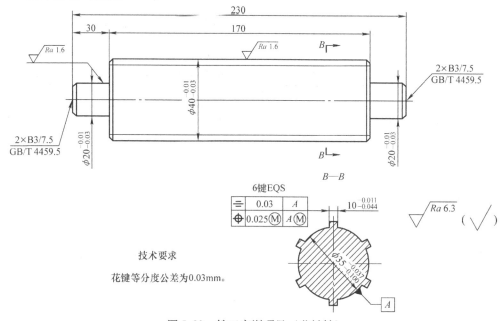

图 5-82　铣工实训项目（花键轴）

（1）尺寸精度　注明直径公差要求的有 $\phi20_{-0.03}^{-0.01}$ mm、$\phi40_{-0.03}^{-0.01}$ mm、$\phi35_{-0.100}^{-0.037}$ mm；注明长度尺寸公差要求的有 $6\times10_{-0.044}^{-0.011}$ mm；未注公差尺寸的有 30mm、170mm、230mm。

（2）位置公差　对称度公差为 0.03mm、位置度公差为 0.025mm。

（3）表面粗糙度要求　花键的顶面及两端轴颈的表面粗糙度为 $Ra1.6\mu m$，其他表面的表面粗糙度为 $Ra6.3\mu m$。

（4）技术要求　该花键轴为大径定心矩形花键轴。键数为 6，大径公差为 IT7 级，键宽公差等级为 IT9，单件生产。

（5）工件的材料　45 钢。

2. 刀具的选用

刀具应该采用高速钢三面刃铣刀，铣刀宽度可按照下列公式计算

$$b\leqslant d\times\sin\left[\frac{180°}{N}-\arcsin\left(\frac{B}{d}\right)\right]\leqslant17.24\,\text{mm}$$

式中　b——三面刃铣刀宽度（mm）；

　　　N——键数；

　　　d——花键小径（mm）；

　　　B——键宽（mm）。

选择铣刀宽度为 16mm，直齿三面刃铣刀中有 $\phi80\text{mm}\times27\text{mm}\times16\text{mm}$（18 齿）和 $\phi100\text{mm}\times32\text{mm}\times16\text{mm}$（20 齿）两种规格，由于花键在铣削时直径要尽量小，故刀具大小选择为 $\phi80\text{mm}\times27\text{mm}\times16\text{mm}$（18 齿）。

花键槽底的圆弧面可用厚度为 2~3mm 的细齿锯片铣刀来粗铣，再用成形铣刀精铣。

3. 切削用量

端面背吃刀量 a_p 的推荐值见表5-3，每齿进给量 f_z 的推荐值见表5-4，铣削速度 v_c 的推荐值见表5-5。

$$n = \frac{1000v_c}{\pi D} = \frac{1000 \times 20\text{m/min}}{\pi \times 80\text{mm}} = 79.6\text{r/min}, \ \text{取} \ n = 75\text{r/min}$$

$$v_f = f_z zn = 0.1\text{mm/}z \times 18 \times 75\text{r/min} = 135\text{mm/min}, \ \text{取} \ v_f = 118\text{mm/min}$$

表5-3　端面背吃刀量 a_p 的推荐值　　　　（单位：mm）

铣削类型	粗铣		精铣		
	一般	沉重	精铣	高精铣	宽刃精铣
背吃刀量 a_p	≤10	≤20	0.5 ~ 1.5	0.3 ~ 0.5	0.05 ~ 0.1

表5-4　每齿进给量 f_z 的推荐值　　　　（单位：mm/z）

工件材料	工件材料硬度（HBW）	硬质合金		高速钢			
		面铣刀	三面刃铣刀	圆柱铣刀	立铣刀	面铣刀	三面刃铣刀
低碳钢	<150	0.2 ~ 0.4	0.15 ~ 0.3	0.12 ~ 0.2	0.04 ~ 0.2	0.15 ~ 0.3	0.12 ~ 0.2
	150 ~ 200	0.2 ~ 0.35	0.12 ~ 0.25	0.12 ~ 0.2	0.03 ~ 0.18	0.15 ~ 0.3	0.1 ~ 0.15
中、高碳钢	120 ~ 180	0.15 ~ 0.5	0.15 ~ 0.3	0.12 ~ 0.2	0.05 ~ 0.2	0.15 ~ 0.3	0.12 ~ 0.2
	180 ~ 220	0.15 ~ 0.4	0.12 ~ 0.25	0.12 ~ 0.2	0.04 ~ 0.2	0.15 ~ 0.25	0.07 ~ 0.15
	220 ~ 300	0.12 ~ 0.25	0.07 ~ 0.2	0.07 ~ 0.15	0.03 ~ 0.15	0.1 ~ 0.2	0.05 ~ 0.12
灰铸铁	150 ~ 180	0.2 ~ 0.5	0.12 ~ 0.3	0.2 ~ 0.3	0.07 ~ 0.18	0.2 ~ 0.35	0.15 ~ 0.25
	180 ~ 220	0.2 ~ 0.4	0.12 ~ 0.25	0.15 ~ 0.25	0.05 ~ 0.15	0.15 ~ 0.3	0.12 ~ 0.2
	220 ~ 300	0.15 ~ 0.3	0.1 ~ 0.2	0.1 ~ 0.2	0.03 ~ 0.1	0.1 ~ 0.15	0.07 ~ 0.12
可锻铸铁	110 ~ 160	0.2 ~ 0.5	0.1 ~ 0.3	0.2 ~ 0.35	0.08 ~ 0.2	0.2 ~ 0.4	0.15 ~ 0.25
	160 ~ 200	0.2 ~ 0.4	0.1 ~ 0.25	0.2 ~ 0.3	0.05 ~ 0.2	0.2 ~ 0.35	0.15 ~ 0.2
	200 ~ 240	0.15 ~ 0.3	0.1 ~ 0.2	0.12 ~ 0.25	0.07 ~ 0.15	0.15 ~ 0.3	0.12 ~ 0.2
	240 ~ 280	0.1 ~ 0.3	0.1 ~ 0.15	0.1 ~ 0.2	0.02 ~ 0.08	0.1 ~ 0.2	0.07 ~ 0.12
$w(C) < 0.3\%$ 合金钢	125 ~ 170	0.15 ~ 0.5	0.12 ~ 0.3	0.12 ~ 0.2	0.05 ~ 0.2	0.15 ~ 0.3	0.12 ~ 0.2
	170 ~ 220	0.15 ~ 0.4	0.12 ~ 0.25	0.1 ~ 0.2	0.05 ~ 0.1	0.15 ~ 0.25	0.07 ~ 0.15
	220 ~ 280	0.1 ~ 0.3	0.08 ~ 0.2	0.07 ~ 0.12	0.03 ~ 0.08	0.12 ~ 0.2	0.07 ~ 0.12
	280 ~ 320	0.08 ~ 0.2	0.05 ~ 0.15	0.05 ~ 0.1	0.03 ~ 0.05	0.07 ~ 0.12	0.05 ~ 0.1
$w(C) > 0.3\%$ 合金钢	170 ~ 220	0.125 ~ 0.4	0.12 ~ 0.3	0.12 ~ 0.2	0.12 ~ 0.2	0.15 ~ 0.25	0.07 ~ 0.15
	220 ~ 280	0.1 ~ 0.3	0.08 ~ 0.2	0.07 ~ 0.15	0.07 ~ 0.15	0.12 ~ 0.2	0.07 ~ 0.12
	280 ~ 320	0.08 ~ 0.2	0.08 ~ 0.15	0.05 ~ 0.12	0.05 ~ 0.12	0.07 ~ 0.12	0.05 ~ 0.1
	320 ~ 380	0.06 ~ 0.15	0.05 ~ 0.12	0.05 ~ 0.1	0.05 ~ 0.1	0.05 ~ 0.1	0.05 ~ 0.1
工具钢	退火状态	0.15 ~ 0.5	0.12 ~ 0.3	0.07 ~ 0.15	0.05 ~ 0.1	0.12 ~ 0.2	0.07 ~ 0.15
	36HRC	0.12 ~ 0.25	0.08 ~ 0.15	0.05 ~ 0.1	0.03 ~ 0.08	0.07 ~ 0.12	0.05 ~ 0.1
	46HRC	0.1 ~ 0.2	0.06 ~ 0.12	—	—	—	—
	50HRC	0.07 ~ 0.1	0.05 ~ 0.1	—	—	—	—
镁铝合金	95 ~ 100	0.15 ~ 0.38	0.125 ~ 0.3	0.15 ~ 0.2	0.05 ~ 0.15	0.2 ~ 0.3	0.07 ~ 0.2

表 5-5　粗铣时的铣削速度 v_c 的推荐值

加工材料				铣削速度／（m/min）	
名　称	牌　号	材料状态	硬度（HBW）	高速钢	硬质合金
低碳钢	Q235-A	热轧	131	25～45	100～160
	20	正火	156	25～40	90～140
中碳钢	45	正火	≤229	20～30	80～120
		调质	220～250	15～25	60～100
合金结构钢	40Cr	正火	179～229	20～30	80～120
		调质	220～230	12～20	50～80
	38CrSi	调质	255～305	10～15	40～70
	18CrMnTi	调质	≤217	15～20	50～80
	38CrMoAlA	调质	≤310	10～15	40～70
不锈钢	2Cr13	淬火回火	197～240	15～20	60～80
	1Cr18Ni9Ti	淬火	≤207	10～15	40～70
合金工具钢	9CrSi	—	197～241	20～30	70～110
	W18Cr4V	—	207～255	15～25	60～100
灰铸铁	HT150	—	163～229	20～30	80～120
	HT200	—	163～229	15～25	60～100
冷硬铸铁	—	—	52～55HRC	—	5～10
铜及铜合金	—	—	—	50～100	100～200
铝及铝合金	—	—	—	100～300	200～600

注：1. 刀具寿命 T 为 90～180min，刀具的磨损限度为 1～1.2mm。

　　2. 如果延长刀具寿命，铣削速度 v_c 要相应降低。

　　3. 精铣时，铣削速度 v_c 可提高 30%～50%。

4. 工件装夹

工件装夹在分度头和尾座的两顶尖之间，用百分表找正工件，对径向圆跳动误差大的工件剔除隔离，使工件上的素线与铣床工作台的台面平行，侧素线与工作台纵向进给方向平行。

5. 加工步骤

1）读图，计算铣刀宽度，选择铣刀，安装铣刀、分度头、尾座和前顶尖。

2）用两顶尖装夹工件，用百分表找正工件的圆跳动误差，使上素线与工作台的台面平行，侧素线与工作台纵向进给方向平行。

3）进行分度计算，调整分度手柄，以键宽的划线作为参考。

4）用侧面接触对刀法对刀。先使三面刃铣刀的侧刃轻轻接触工件侧面的外圆表面，然后下降工作台退出工件，再使工作台横向带动工件向铣刀方向移动距离 $S = (D - b)/2$，其中 D 为花键大径，b 为键宽。

5）铣削花键一侧。按键槽高度上升工作台，按如图5-83所示的铣削顺序，依次铣完1至6键侧。

6）铣削花键另一侧，下降工作台退出工件，横向移动工作台 A = B + b，其中 B 为铣刀宽度，依次铣完7至12键侧。

7）检查键的对称度误差、等分度误差、位置度误差和键宽是否符合要求。

8）用厚度为2~3mm的细齿锯片铣刀粗铣花键槽底的圆弧面。首先应使锯片铣刀对准工件的中心，然后，摇动分度头，使工件转过一个角度，调整好铣削深度，使铣刀的一侧刀齿既不碰伤铣好的键侧，又能铣削到键侧与键底直径的相交部分。铣一刀后，使工件转动一个很小的角度，紧贴着刚才的铣削部位再铣第二刀、第三刀……近似加工出槽底的圆弧面。

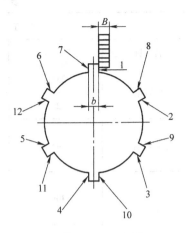

图 5-83　铣削顺序

9）用成形铣刀精铣槽底的圆弧面，铣出花键小径。成形刀头的装夹方法如图5-84所示。

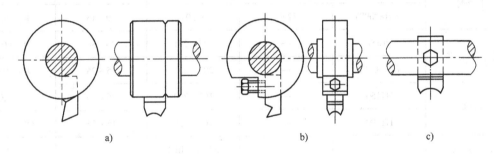

a)　　　　　　　　　　　b)　　　　　　　　　　c)

图 5-84　成形刀头的装夹方法

注意：

1）尾座顶尖的松紧度要适当，夹紧工件后应再次找正工件两段的径向圆跳动误差，使其符合要求。

2）为保证花键尺寸与几何公差要求，键的两侧面应分粗、精铣。

3）对刀方法除了上述的侧面接触对刀法，还有切痕法、划线法等对刀方法。铣削花键轴的方法除了使用单刀铣削，还可使用组合铣刀、花键成形铣刀铣削。

6. 评分标准（表5-6）

表5-6　评分标准

序号	质量检查项目	配分	评分标准	自检	复检	得分
1	$6 \times 10^{-0.011}_{-0.044}$ mm	24	尺寸超差0.01mm，扣1分			
2	$\phi 35^{-0.037}_{-0.100}$ mm	12	尺寸超差0.01mm，扣1分			
3	对称度0.03mm	18	尺寸超差0.01mm，扣1分			
4	位置度0.25mm	12	尺寸超差0.01mm，扣1分			
5	表面粗糙度（齿侧）	12	每处降级，扣2分			

（续）

序号	质量检查项目	配分	评分标准	自检	复检	得分
6	表面粗糙度（齿底）	12	每处降级，扣 2 分			
7	文明生产与安全技术	10	违反操作规程，损坏设备，未及时清扫机床周边 2m 范围，出现事故等，按具体情况扣分			
日期：	学生姓名：		学号：	教师签字：		总分：

练习与思考

5-1　铣削加工的内容主要有哪些？与车削加工相比，铣削过程有哪些特点？

5-2　标注出图 5-1a～j 所示的各种铣刀铣削时的背吃刀量 a_p 和侧吃刀量 a_e。

5-3　铣刀直径为 110mm，刀齿数为 14，铣削速度为 0.5m/s，每齿进给量为 0.05mm，则每分钟进给量为多少？

5-4　根据 X6132 型万能卧式升降台铣床的传动系统图，说明该机床进给运动是如何实现的。

5-5　为何卧式车床的进给运动由主电动机带动，而 X6132 型万能卧式升降台铣床的主运动和进给运动分别由两台电动机驱动？

＊5-6　试根据图 5-10 说明孔盘变速工作原理。

5-7　万能分度头的作用是什么？

5-8　要在铣床上分别铣削 $z=60$、$z=109$、$z=87$ 的齿轮，试进行分度计算。

5-9　卧式铣床和立式铣床在工艺和结构布局上各有什么特点？

5-10　铣刀有哪些特点？

5-11　键槽铣刀磨损后，刃磨什么部位？为什么？

5-12　铣刀的主要几何角度有哪些？

5-13　铣平面时为什么面铣比周铣优越？

5-14　试比较圆柱铣削时顺铣和逆铣的主要优缺点。

5-15　简述铣削加工时，轴类工件的装夹方式及其各自的特点。

5-16　对称铣和不对称铣各有哪些切削特点？分别适用于什么场合？

5-17　利用分度头铣螺旋槽时，机床要做哪些调整工作？

5-18　在 X6132 型万能卧式升降台铣床上利用 F11250 型分度头铣削 $z=19$、$m_k=2mm$、$\beta=20°$ 的螺旋圆柱齿轮，试确定配换交换齿轮齿数。

5-19　简述常见直角沟槽和特形沟槽的种类及其特点。

单元 6　刨 削 加 工

6.1　刨削工作内容

6.1.1　刨削加工范围

在刨床上用刨刀加工工件的工艺方法称为刨削。刨削主要适于加工平面（如水平平面、垂直平面、斜面等）、各种沟槽（如 T 形槽、V 形槽、燕尾槽等）和成形面等，见表 6-1。

表 6-1　刨削加工范围

刨平面	刨垂直面	刨台阶	刨直槽	刨斜面	刨燕尾槽
刨 T 形槽	刨 V 形槽	刨曲面	刨孔内键槽	刨齿条	刨复合表面

6.1.2　刨削加工的运动及精度

1. 刨削加工的运动

如图 6-1 所示，刨削加工的主运动是刨刀（或工件）的往复直线运动，进给运动是由工件（或刨刀）做垂直于主运动方向的间歇送进运动来完成。

刨削的主要特点是断续切削。因为主运动是往复直线运动，切削过程只是在刀具前进时进行，称为工作行程；刀具后退时不进行切削，称为空行程，此时刨刀要被抬起，以便让刀，避免损伤已加工表面并减少刀具磨损。进给运动是在空行程结束后、工作行程开始前之间的短时间内完成，因而是一种间歇运动。

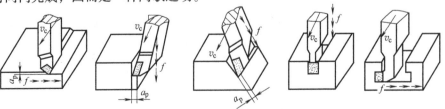

图 6-1　在牛头刨床上加工平面和沟槽的切削用量

2. 刨削加工的工艺特点

（1）生产率低　刨削生产率一般低于铣削，刨削加工为单刃切削，往复直线运动换向时受惯性力的影响，且刀具切入切出时会产生冲击，故限制了主运动的速度，即刨削的切削速度不宜太高。另外，刨刀返程不切削，从而增加了辅助时间，造成了时间损失。而铣削多为多刃刀具的连续切削，无空行程损失，硬质合金面铣刀还可以采用高速切削。因此，刨削在多数加工中生产率低。

但对于加工窄长平面，刨削的生产率则高于铣削，这是由于铣削不会因为工件较窄而改变铣削进给的长度，而刨削却因工件较窄可减少进给次数，因此窄长平面如机床导轨面等的加工多采用刨削。为提高生产率，可采用多件同时刨削的方法，使生产率不低于铣削，且能保证较高的平面度。

（2）加工质量中等　刨削过程中由于惯性及冲击振动的影响使刨削加工质量不如车削。刨削与铣削的加工精度与表面粗糙度大致相当。但刨削主运动为往复运动，只能采用中低速切削。当用中等切削速度刨削钢件时，易出现积屑瘤，影响表面粗糙度值。而硬质合金镶齿铣刀可采用高速切削，表面粗糙度值较小。加工大平面时，刨削进给运动可不停地进行，刀痕均匀。而铣削时若铣刀直径（端铣）或铣刀宽度（周铣）小于工件宽度，需要多次走刀，会有明显的接刀痕。

（3）加工范围　刨削加工范围不如铣削加工范围广泛，铣削的许多加工对象是刨削无法代替的，例如加工内凹平面、封闭型沟槽以及有分度要求的平面沟槽等。但对于 V 形槽、T 形槽和燕尾槽的加工，铣削由于受定尺寸的限制，一般适宜加工小型的工件，而刨削可以加工大型的工件。

（4）人工成本　刨床结构比铣床简单且廉价，调整操作方便。刨刀结构简单，制造、刃磨及安装均比铣刀方便。一般刨削的成本也比铣削低。

（5）实际应用　基于上述特点，牛头刨床多用于单件小批生产和维修车间里的修配工作中。在中型和重型机械的生产中，龙门刨床则使用较多。

3. 刨削精度

刨削加工精度一般为 IT9 ~ IT7，用牛头刨床加工时，表面粗糙度为 $Ra12.5 \sim 3.2\mu m$，平面度误差小于 0.04mm/500mm。用龙门刨床加工时，因刚性好和冲击小可以达到较高的精度和平面度精度，表面粗糙度为 $Ra3.2 \sim 0.4\mu m$，平面度误差可达到 0.02mm/1000mm。

6.2　刨床

刨床是继车床之后发展起来的一种工作母机，并逐渐形成完整的机床体系。刨床属于直线运动机床，利用工作台与刀架间的相对运动完成切削加工。

就刀具与工件之间的相对运动来讲，刨削加工是最简单的机械加工方法，进行刨削加工的机床是所有机床中最简单的之一。

常用的刨床为牛头刨床、龙门刨床。牛头刨床主要用于加工中小型零件，龙门刨床则用于加工大型零件或同时加工多个中型零件。

6.2.1　牛头刨床

牛头刨床是刨削类机床中应用最为广泛的一种，它适宜刨削长度不超过1000mm 的中小型零件，主参数是最大刨削长度。牛头刨床的生产率较低，一般只适用于单件小批量生产或机修车间。

牛头刨床分为大、中、小三种形式。小型的刨削长度在400mm内，中型的刨削长度为400～600mm，大型的刨削长度超过600mm。

1. 牛头刨床的主要部件及其作用

牛头刨床因其滑枕刀架形似"牛头"而得名。图6-2所示为应用最广泛的B665型牛头刨床，其最大刨削长度为650mm，主要由床身、滑枕、刀架、工作台、横梁、底座等部分组成。

（1）床身　床身4用来支撑和连接刨床的各部件，其顶面导轨供滑枕做往复运动用，侧面导轨供工作台升降用，床身的内部有变速机构和摆杆机构。

（2）滑枕　滑枕3用来带动刨刀沿床身4的水平导轨做直线往复运动（即主运动）。其前端装有刀架1。

（3）工作台　工作台6用来通过平口钳或螺栓压板装夹工件。可随横梁作上下调整，并可沿着横梁做移动或垂直于主运动方向的间歇进给运动。工作台位置的高低，是指工件装夹后，其最高处与滑枕导轨底面间的距离，一般两者距离调整为40～70mm。

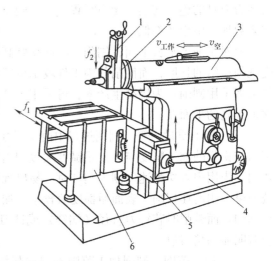

图6-2　B665型牛头刨床外形
1—刀架　2—转盘　3—滑枕
4—床身　5—横梁　6—工作台

（4）横梁　横梁5能沿着床身前侧导轨在垂直方向移动，以适应不同高度工件的加工需要。横梁刀架后的转盘可绕水平轴线扳转角度，这样在牛头刨上不仅可以加工平面，还可以加工各种斜面和沟槽。

（5）刀架　刀架1用以夹持刨刀，并带动刨刀做上下移动、斜向送进以及在返回行程时抬起以减少与工件的摩擦。它的结构如图6-3所示，刨刀通过刀夹1压紧在抬刀板2上，抬刀板可绕刀座上的转销7向前上方向抬起，便于在回程时抬起刨刀，以防擦伤工件已加工表面。刀座3可在滑板4上作±15°范围内的回转，使刨刀倾斜安置，以便加工侧面和斜面。摇动刀架手柄5可使刀架沿转盘上的导轨移动，使刨刀垂直间歇进给或调整背吃刀量。调整转盘6，可使刀架左右回转60°，用以加工斜面或斜槽。松开转盘两边的螺母，将转盘转动一定角度，可使刨刀做斜向间歇进给。

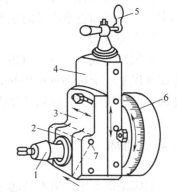

图6-3　牛头刨床刀架结构
1—刀夹　2—抬刀板　3—刀座
4—滑板　5—刀架手柄　6—转盘
7—转销

2. B665型牛头刨床传动系统简介

（1）主运动　主运动的传动方式有机械传动和液压传动两种。在机械传动方式中，曲柄摇杆机构最为常见。

图6-4为采用曲柄摇杆机构的B665型牛头刨床的传动系统。电动机17的旋转运动通过带轮，经过变速机构16由齿轮18传给大齿轮14，大齿轮上的偏心销2带动滑块3在摇杆的滑槽中移动，并使摆杆4绕与之铰接的下支点15摆动，摆杆4的上端与滑枕螺母6铰接，

大齿轮每转一圈，滑枕作一次往复直线运动。

滑枕行程长度的调整方法是：滑枕行程长度是其在运动过程中相对移动的距离，必须根据被加工工件长度做相应调整。大齿轮圆心处伸出轴有滚花紧固螺母，调整前应先松开，然后套上手柄摇转。借助调节手柄，旋转的大齿轮圆心处，摆杆中心的一对锥齿轮 19 旋转，带动丝杠 1 旋转，使曲柄销连同滑块移向大齿轮中心或远离中心，就可以改变滑枕行程的长短。调整后，取下手柄，旋紧螺母。根据工件长度确

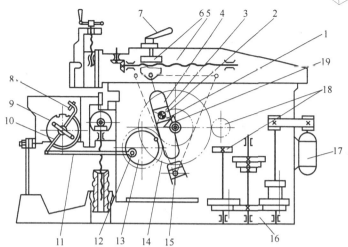

图 6-4　B665 型牛头刨床的传动系统

1—丝杠　2—偏心销　3—滑块　4—摆杆　5—滑枕丝杠
6—螺母　7—锁紧手柄　8—棘爪　9—棘轮　10—摇杆
11—连杆　12—偏心销　13—齿轮（曲柄）　14—大齿轮
15—下支点　16—变速机构　17—电动机　18—传动齿轮
19—锥齿轮

定行程长度是否符合。调整后检查方法：安装工件或测好工件在工作台上的安装位置，再将手柄安装在可使大齿轮旋转的传动轴方头上，旋转即可使滑枕移动（这时必须使变速手柄扳至空档位置）。观察滑枕行程长短与工件加工要求是否符合。

滑枕起始位置的调整方法是：根据被加工工件装夹在工作台上的前后位置，调整滑枕的前后位置。调整时，首先松开锁紧手柄 7，通过扳手转动滑枕丝杠 5 左边锥齿轮上方的方头（图 6-4 中未示意），则由锥齿轮带动丝杠，可以使滑枕丝杠 5 转动并在螺母 6（螺母不动）中移动，并带动滑枕移至合适的位置，然后将手柄 7 锁紧。

滑枕移动速度的调整方法：根据工件的加工要求、工件材料、刀具材料和滑枕行程长度确定滑枕的行程速度。比如在 B6050 型牛头刨床上是以每分钟往复行程次数表示的，共 9 级（标牌上注明）。变换行程速度必须在停机时进行，不允许开机调速，防止齿轮损坏。

用曲柄摇杆机构传动时，滑枕的工作行程速度 $v_{工作}$ 和空行程速度 $v_{空}$ 都是变量。如图6-5所示，曲柄摇杆机构的急回特性使滑枕回程速度比切削速度快，利于生产率的提高。其切削速度按工作行程速度平均值平均计算。这种机构由于结构简单、传动可靠、维修方便，因此应用较广。

采用液压传动时，滑枕的工作行程速度 $v_{工作}$ 和空行程速度 $v_{空}$ 都是定值。液压传动能传递较大的力，可实现无级变速，运动平稳，且能得到较高的空行程速度，但其结构复杂、成本较高，一般用于较大规格的牛头刨床，如 B6090 型液压牛头刨床。

（2）进给运动　牛头刨床工作台的横向进给运动也是间歇进行的，它可由机械传动或液压传动实现。

在机械传动的牛头刨床上，一般采用棘轮机构来实现进给运动。工作台的横向进给运动是间歇的，在滑枕每一次往复运动结束时，下一次工作行程开始前，工作台横向移动一小段距离（进给量）。横向进给可以手动，也可以机动。横向进给由棘轮、棘爪机构控制（见图

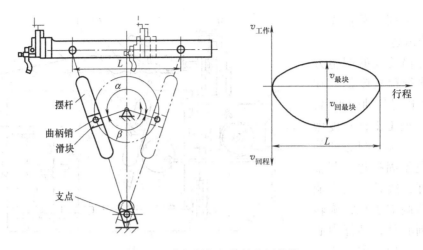

图 6-5　曲柄摇杆机构的急回特性

6-6）。通过这个机构可改变间歇进给的方向和进给量，或是停止机动进给，改用手动进给。

如图 6-4 所示，当滑枕每往复一次，与大齿轮 14 一体的小齿轮带动齿轮 13 以 1:1 的传动比顺时针转动一圈，齿轮 13 上的偏心销 12 带动连杆 11，使摇杆 10 摆动一次，棘爪 8 拨动棘轮 9 转过所需的齿数。棘轮 9 用键联接在横向进给丝杠上，因而可以带动工作台作间歇进给运动。

工作台进给量大小和方向的调整方法如图 6-6 所示，调整挡环 3 的位置，可改变在角度 α 内拨动的棘轮齿数，从而得到不同的进给量。

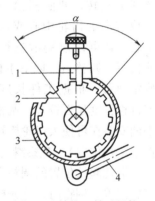

图 6-6　棘轮、棘爪机构
1—棘爪　2—棘轮　3—挡环
4—连杆　α—棘爪摆动角

根据加工材料、刀具材料及加工条件要求来决定进给量。如在 B6050 型牛头刨床上，进给量分为 16 级，横向水平进给量为 0.125～2mm/往复行程，垂向进给量为 0.08～1.28mm/往复行程。调整方法是用手柄控制棘爪拨动棘轮齿数的多少。

6.2.2　龙门刨床

1. 龙门刨床的组成和工艺范围

龙门刨床属于大型机床，因有一个"龙门"式框架而得名。龙门刨床的第 1 主参数是最大刨削宽度，第 2 主参数是最大刨削长度。例如，B2012A 型龙门刨床的最大刨削宽度为 1250mm，最大刨削长度为 4000mm。

龙门刨床主要由床身、工作台、立柱、横梁和刀架等组成，如图 6-7 所示。

龙门刨床在加工时，其主运动与牛头刨床不同，主运动是工作台 2 沿床身 1 水平导轨所做的是直线往复运动。进给运动是刀架的横向或垂直方向的直线运动。床身 1 的两侧固定有左右立柱 6，立柱顶部由顶梁 5 连接，形成结构刚性较好的龙门框架。横梁 3 上装有两个垂直刀架 4，可分别做横向或垂直方向的进给运动及快速移动。横梁 3 可沿着左右立柱的导轨作垂直升降，以调整垂直刀架位置，适应不同高度工件的加工需要。横梁升降位置确定后，由夹紧机构夹持在两个立柱上。左右立柱上分别装有左侧刀架及右侧刀架 9，可分别沿垂直

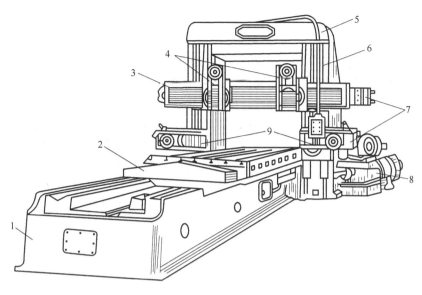

图 6-7 龙门刨床

1—床身 2—工作台 3—横梁 4—垂直刀架 5—顶梁

6—立柱 7—进给箱 8—减速箱 9—侧刀架

方向做自动进给和快速移动。各刀架的自动进给运动是在工作台每完成一次直线往复运动后，由刀架沿水平或垂直方向移动一定距离，刀具能够逐次刨削待加工表面。快速移动则用于调整刀架的位置。

龙门刨床的刚性好，功率大，适合在单件、小批生产中加工大型或重型工件上的各种平面、沟槽和各种导轨面，也可在工作台上一次装夹进行多个中小型工件的同时加工。

2. B2012A 型龙门刨床的传动系统简介

（1）主运动 在龙门刨床工作台传动时，通常采用齿轮齿条机构或蜗杆齿条机构将旋转运动转变为直线运动。

如图 6-8 所示，B2012A 型龙门刨床主运动是采用直流电动机 5 为动力源，经减速器 4、蜗杆 2 带动齿条 1，使工作台 3 获得直线往复的主运动。主运动的变速是通过调节直流电动机的电压实现（简称调压调速），并通过减速器里的两级齿轮进行机电联合调速，扩大了无级调速的范围。

主运动方向的改变是通过直流电动机改变方向实现的。工作台的降速和变向是由工作台侧面的挡铁压动床身上的行程开关，通过电气控制系统实现的。直流电动机传动可

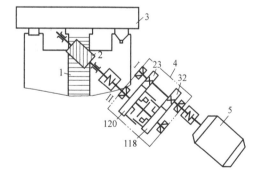

图 6-8 B2012A 型龙门刨床工作台主运动传动简图

1—齿条 2—蜗杆 3—工作台 4—减速器 5—电动机

以传递较大的功率，能实现无级变速，且能简化机械传动机构；其不足之处是电气系统复杂，成本较高，且传动效率较低。

龙门刨床工作台也可采用液压传动，一般采用容积调速系统，它具有与直流电动机传动

相同的优点；缺点是传动效率低，且工作液压缸较长，制造成本高，一般用于行程不大的工作台运动中。

（2）进给运动 龙门刨床刀架的进给运动有机械、液压等传动方式。机械传动的进给运动由两个垂直刀架和两个侧刀架来完成，常采用单独电动机驱动，可同时用于传动刀架的进给和快速移动，使传动路线大为缩短，简化了机械传动机构。为了刨斜面，各刀架均有可扳转角度的拖板，另外各刀架还有自动抬刀装置、避免回程时擦伤工件表面。

横梁上的两个垂直刀架由一单独的电动机驱动，使两刀架在水平与垂直方向均可实现自动进给运动或快速运动。两立柱上的两个侧刀架分别由两独立的电动机驱动，使侧刀架在垂直方向实现自动进给运动或快速运动，但水平方向只能手动。具体的传动系统图不在此赘述。

6.3 刨刀

6.3.1 刨刀的种类及应用

（1）按形状和结构的不同分类 刨刀可分为直头刨刀和弯头刨刀（见图6-9），左刨刀和右刨刀（见图6-10）。

刀杆纵向是直的，称为直头刨刀（见图6-9a），一般用于粗加工；刨刀刀头后弯的刨刀，称为弯头刨刀（见图6-9b），一般用于各种表面的精加工和切断以及切槽加工。弯头刨刀在受到较大的切削阻力时，刀杆产生弯曲变形，刀尖向后上方弹起，因此刀尖不会啃入工件，从而避免直头刨刀折断刀杆或啃伤加工表面的缺点。所以，这种刨刀应用广泛。

根据主切削刃在工作时所处的左右位置不同，以及左右大拇指所指主切削刃的方向不同，可区分左右刨刀，如图6-10中的左图为左刨刀，右图为右刨刀。加工平面常用的右刨刀。

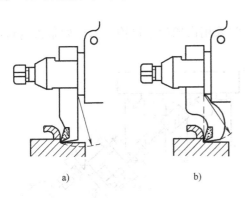

图6-9 直头刨刀和弯头刨刀
a）直头刨刀 b）弯头刨刀

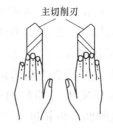

图6-10 左刨刀和右刨刀

（2）按加工的形状和用途不同分类 平面刨刀（见图6-11a）包括直头刨刀和弯头刨刀，用于粗、精刨削平面用；偏刀（见图6-11b）用于刨削垂直面、台阶面和外斜面等；角度刀（见图6-11c）用于刨削角度形工件，如燕尾槽和内斜面等；直槽刨刀（见图6-11d）也称为切刀，用于切直槽、切断、刨削台阶等；弯头刨槽刀（见图6-11e）也称为弯头切刀，用于加工T形槽、侧面槽等；内孔刨刀（见图6-11f）用于加工内孔表面与内孔槽；成形刀（见图6-

11g）用于加工特殊形状表面。刨刀切削刃的形状与工件表面一致，一次成形；精刨刀（见图6-11h）是精细加工用刨刀，多为宽刃形式，以获得较低的表面粗糙度值。

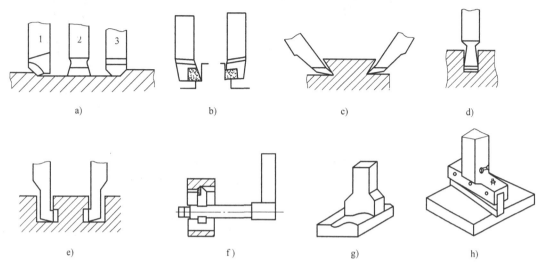

图 6-11　形状和用途不同的刨刀

a）平面刨刀　b）偏刀　c）角度刀　d）直槽刨刀　e）弯头刨槽刀　f）内孔刨刀　g）成形刀　h）精刨刀

1—尖头平面刨刀　2—平头精刨刀　3—圆头精刨刀

（3）按刀头结构不同分类　焊接式刨刀是刀头与刀杆由两种材料焊接而成的，刀头一般为硬质合金刀片。机械夹固式的刀头与刀杆为不同的材料，用压板、螺栓把刀头紧固在刀杆上。

（4）宽刃细刨刀简介　在龙门刨床上，用宽刃细刨刀可细刨大型工件的平面（如机床导轨面）。宽刃细刨主要用来代替手工刮削各种导轨平面，可使生产率提高几倍，应用较为广泛。

宽刃细刨是在普通精刨的基础上，使用高精度的龙门刨和宽刃细刨刀，以低切速和大进给量在工件表面切去一层极薄的金属。由于切削力、切削热和工件变形均很小，从而可获得比普通精刨更高的加工质量。表面粗糙度值可达 $Ra1.6 \sim 0.8\mu m$，直线度精度可达 $0.02mm/m$。图6-12所示为宽刃细刨刀的一种形式。

6.3.2　刨刀的角度

刨刀的结构与车刀相似，其几何角度的选取也与车刀基本相同，如图6-13所示。但是由于刨

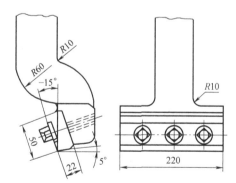

图 6-12　宽刃细刨刀

削的过程有冲击，所以刨刀的前角比车刀的要小（一般小于5°），而且刨刀的刃倾角也应取较大的负值。

刨刀在工作时承受较大的冲击载荷，为了保证刀杆具有足够的强度和刚度以及切削刃不致崩掉，刨刀的结构具有以下的特点：

1）刀杆的端面尺寸较大，通常为车刀的1.25～1.5倍。

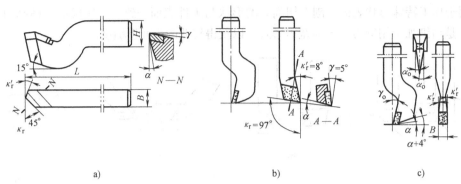

图 6-13　刨刀切削部分的主要角度

a）尖头平面右刨刀　b）刨垂直面的左刨刀（刨右端面）　c）切槽刨刀（切刀）

2）刃倾角较大，使刨刀切入工件时所产生的冲击力不是作用在刀尖上，而是作用在离刀尖稍远的切削刃上，以保护刀尖和提高切削的平稳性，如硬质合金刨刀的刃倾角可达10°~30°。

3）在工艺系统刚性允许的情况下，选择较大的刀尖圆弧半径和较小的主偏角。

6.3.3　刨刀的安装

刨刀的正确安装与否直接影响工件的加工质量。刨刀的安装遵循以下几点原则：

1）刨刀在刀架上不宜伸出过长，以免在加工时发生振动和折断。直头刨刀的伸出长度一般为刀杆厚度的1.5~2倍。弯头刨刀可以适当伸出稍长些，一般以弯曲部分不碰刀座为宜。

2）装卸刨刀时，必须一手扶住刨刀，另一手使用扳手，用力方向应自上而下，否则容易将抬刀板掀起，碰伤或夹伤手指。

3）刨平面或切断时，刀架和刀座的中心线都应处在垂直于水平工作台的位置上。即刀架后面的刻度盘必须准确地对零刻线。在刨削垂直面和斜面时，刀座可偏转10°~15°。以使刨刀在返回行程时离开加工表面，减少刀具磨损和避免擦伤已加工表面。

4）安装带有修光刀或平头宽刃精刨刀时，要用透光法找正修光刀或宽切削刃的水平位置，夹紧刨刀后，需再次用透光法检查切削刃的水平位置准确与否。

6.4　刨削加工方法

6.4.1　工件的装夹

（1）压板装夹（见图6-14）　压板装夹时应注意位置的正确性，使工件的装夹牢固。

（2）台虎钳装夹　牛头刨床工作台上常用台虎钳装夹方法，如图6-15a~c所示。图6-15a适于一般粗加工，工件平行度、垂直度要求不高时应用；图6-15b适用于工件面1、2有垂直度要求时应用；图6-15c用垫铁和撑板安装，适于工件面3、4有平行度要求时应用。

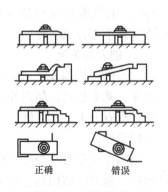

正确　　错误

图 6-14　压板装夹

（3）薄板件装夹 当刨削较薄的工件时，在四周边缘无法采用压板，这时三边用挡块挡住，一边用薄钢板撑压，并用锤子轻敲工件待加工表面四周，使工件贴平、夹持牢固，如图 6-16 所示。

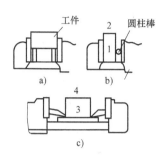

图 6-15 台虎钳装夹

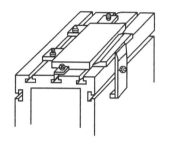

图 6-16 薄板件装夹

（4）圆柱体工件装夹 如图 6-17a 所示，刨削圆柱体时，可以采用台虎钳装夹，也可以利用工作台上 T 形槽、斜铁和撑块装夹；如图 6-17b 所示，当刨削圆柱体端面槽时，还可以利用工作台侧面 V 形槽、压板装夹。

（5）弧形工件装夹（见图 6-18） 刨削弧形工件时，可在圆弧内、外各用三个支承将工件夹紧。

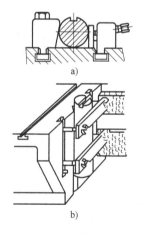

图 6-17 圆柱体工件装夹

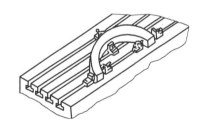

图 6-18 弧形工件装夹

（6）薄壁工件装夹（见图 6-19） 刨削薄壁工件时，由于工件刚性不足，会使工件产生夹紧变形或在刨削时产生振动，因此需将工件垫实后再进行夹紧，或在切削受力处用千斤顶支撑。

（7）框形工件装夹（见图 6-20） 装夹部分刚性差的框形工件，应将薄弱部分预先垫实或用螺栓支撑。

（8）侧面有孔工件装夹（见图 6-21） 普通压板无法装夹侧面有孔工件，可用圆头压板伸入孔中装夹。

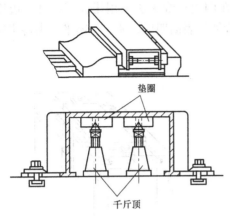

图 6-19　薄壁工件装夹

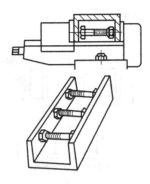

图 6-20　框形工件装夹

（9）用螺钉撑和挡铁装夹（见图 6-22）　此法适用于装夹较薄工件，可加工整个上平面。

（10）用挤压法装夹（见图 6-23）　此法适用于装夹较厚工件，可加工整个上平面，两边的螺旋夹紧力通过压板传给撑板而挤压工件。

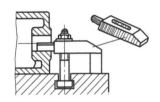

图 6-21　侧面有孔工件装夹

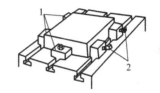

图 6-22　用螺钉撑和挡铁装夹

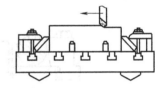

图 6-23　用挤压法装夹

6.4.2　刨削基本工艺

1. 保证刨削平面位置精度的方法

保证刨削平面位置精度的方法见表 6-2。

表 6-2　保证刨削平面位置精度的方法

项目	刨削方法		说　明
	安装不变	安装改变	
保证垂直度	 a)	 b)	图 a：工件以底平面为安装基准，加工顶平面时，用水平进给法刨削；加工两侧垂直平面时，用垂向进给法；刨台阶也用类似方法进行。垂直度取决于机床的精度 图 b：在基面用水平进给法刨出后，将工件转 90°，紧贴定位元件或工作台侧面仍用水平进给法刨削，此时垂直度取决于定位元件的精度和机床精度

（续）

项目	刨削方法		说　　明
	安装不变	安装改变	
保证平行度	a)	b)	图a：工件的两侧面均用垂向进给法刨出 图b：先将底部平面刨出，然后将工件翻转180°，仍用水平进给法刨平面 以上两种方法所得到平行度都取决于机床精度
保证倾斜度	a)	b)	图a：上图所示是将刀架斜置所需角度，采用倾斜进给方法刨出倾斜平面；下图所示是将牛头刨床工作台转一角度，刨出的平面与基准面倾斜 图b：基面平面紧贴定位件，用水平进给法刨出平面。其倾斜度取决于刨床精度和定位元件支承面的加工精度

2. 刨垂直面及台阶面的方法

（1）偏刀的使用及安装　普通偏刀（见图6-24a）比台阶偏刀的刀尖角较大，刀尖强度高，散热性好，能承受较大的切削力；主偏角小于90°，切削力 F_n 将刀具推离加工表面，不会像台阶偏刀（见图6-24b）那样产生扎刀现象，而且加工的垂直面的表面粗糙度值较小。普通偏刀适合于加工垂直面，台阶偏刀适合于加工台阶，也适合于加工余量较少的垂直面（见图6-24c）。为了使刨刀在回程抬刀时离开加工表面，以减少刀具磨损，保证加工表

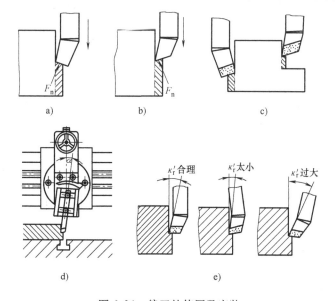

图6-24　偏刀的使用及安装

a）普通偏刀　b）台阶偏刀　c）刨垂直面和台阶面偏刀　d）偏刀安装　e）刀杆位置

面的表面质量，刀架应扳转一个角度 α，使刀架上端向离开工件加工表面的方向偏转（见图 6-24d）。安装偏刀时，刀杆应处于垂直位置（见图 6-24e 左图）；否则主、副偏角就要发生变化，图 6-24e 中图所示位置，会使刀杆碰到加工面；如图 6-24e 右图所示位置会使加工表面粗糙度值增大。

（2）台阶的刨削方法　粗刨台阶的方法如图 6-25 所示，图 6-25a 所示用尖头平面刨刀刨削，适用于浅而宽的台阶；图 6-25b 所示用左右偏刀刨削，适用于窄而深的台阶。切刀精刨台阶的顺序如图 6-26 所示，适用于浅台阶的精刨。刨削时用正切刀按图a→图b→图c→图d 的顺序进刀。精刨台阶的两种进给方法如图6-27 所示，适用于深台阶的精刨，用偏刀水平进给时，背吃刀量应很

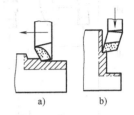

图 6-25　粗刨台阶的方法

小，一般粗刨要给精刨留 0.3~0.5mm 的加工余量。浅台阶的刨削方法如图 6-28 所示，浅台阶可用台阶刨刀采用水平进给直接刨出（见图 6-28a）；双面浅台阶为保证平面等高，可用圆头平面刨刀刨出（见图 6-28b），然后用切刀或平头精刨刀刨台阶两垂直面并接平（见图 6-28c）。窄台阶的刨削方法如图6-29所示，窄台阶可用平头精刨刀、台阶偏刀采用垂向进给直接刨出（见图 6-29a）；窄而浅的台阶，刀架可不扳转角度，用平头精刨刀刨出两个台阶面；回程时，用手抬起（见图 6-29b）。

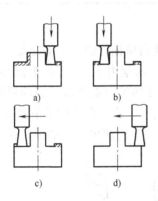

图 6-26　切刀精刨台阶的顺序

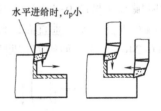

图 6-27　精刨台阶的两种进给方法

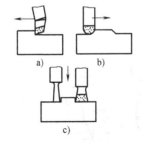

图 6-28　浅台阶的刨削方法

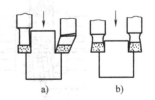

图 6-29　窄台阶的刨削方法

3. 刨斜面的方法

（1）转动钳口垂向进给刨斜面　如图 6-30 所示，适用于刨削长工件的两端斜面。把工

件 2 装夹在平口钳 1 上，然后根据图样要求，把平口钳钳身转动一定的角度，用刨垂直面的方法刨出斜面来。

（2）斜装工件水平进给刨斜面　如图 6-31 所示，划线、找正工件（见图 6-31a），适用于斜面宽度较大时的加工；用斜垫铁装夹工件（见图6-31b），适用于批量生产，可用预先做好的两块符合零件图上斜度要求的斜垫铁，在平口钳内装夹工件，注意工件斜度不能太大，否则无法装夹或装夹不稳；转动工作台刨斜面（见图 6-31c），适用于在有偏转工作台的牛头刨床上加工成批工件；夹具斜装工件（见图 6-31d），可在成批或大量生产时采用。

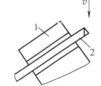

图 6-30　转动钳口
垂向进给刨削斜面
1—平口钳　2—工件

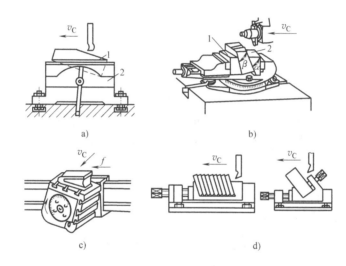

a)

b)

c)

d)

图 6-31　斜装工件水平进给刨斜面
a）划线、找正工件（1—划线　2—平口钳）
b）用斜垫铁装夹工件（1、2—斜垫铁）　c）转动工作台刨斜面　d）夹具斜装工件

（3）斜装刨刀刨斜面　如图 6-32a 所示，刀架转动角度 β 使送进方向与被加工表面互相平行；抬刀板要偏转，使其上端偏离工件加工表面方向，避免刀具在回程时与工件发生摩擦；刨斜面前应刨去多余的金属，再精刨斜面，其粗刨和精刨斜面的进刀方法和余量的分布如图 6-32b 所示。

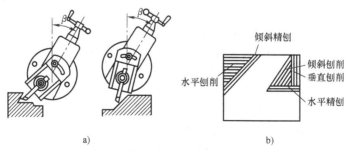

a)

b)

图 6-32　斜装刨刀刨斜面

（4）用成形刀刨斜面　如图6-33所示，此法适用于窄斜面的加工。

4. 切断及刨槽

（1）切断和刨轴上槽时的工件装夹　切断时可在平口钳内（见图6-34a）和工作台上（见图6-34b）装夹。在平口钳内装夹时，钳口须与刨削行程方向垂直，工件伸出不能太长，切断位置离钳口越短越好；在工作台上装夹时，切断处要对准T形槽口，防止损坏工作台。

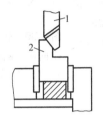

图6-33　用成形刀刨斜面
1—刨刀　2—工件

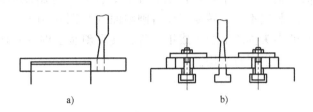

a)　　　　　b)

图6-34　切断时的工件装夹
a）平口钳内装夹　b）工作台上装夹

刨削轴上槽时，如在轴端面上刨槽，可利用工作台侧面的V形槽装夹工件（见图6-35a）；在工作台上装夹工件时，为防止工件轴向位移，可在轴外端加设挡块（见图6-35b）；在V形块上装夹工件时，图6-35c用于刨缺口横槽，图6-35d用于使用龙门刨床侧刀架刨轴上长键槽。

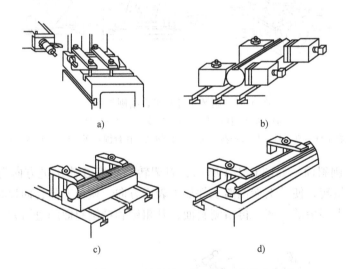

a)　　　　　　　　b)

c)　　　　　　　　d)

图6-35　刨削轴上槽时的工件装夹
a）利用工作台侧面装夹工件　b）在工作台上装夹工件
c）V形块装夹工件时刨缺口横槽　d）V形块装夹工件时刨长键槽

（2）刨直槽的方法　刨窄槽时，若一次进给完成，适用于槽精度不高的情况；若两次进给完成，第二把切槽刀主要起修光和控制尺寸作用。粗刨宽槽时，如图6-36a所示，可按1、2、3顺序用切槽刀垂向进给，当槽宽而深度较浅时，按图6-36b先用切槽刀刨两条

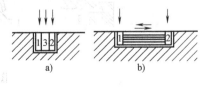

a)　　　　　b)

图6-36　粗刨宽槽

直槽，然后用尖头刨刀以横向进给刨去中间的多余金属；精刨宽槽时，如图 6-37 所示，当精刨右侧面时，必须由上向下进给，当刨至槽底时，应注意选择较小的背吃刀量及接刀；刨宽深槽时，如图 6-38 所示，先粗刨一半槽深，再刨下一半槽深，以减少一次刨至槽深的困难，最后用精切槽刀刨至尺寸。

图 6-37　精刨宽槽　　　　　　　　　　图 6-38　刨宽深槽

（3）刨 T 形槽的方法　第一步是划线（见图 6-39a），装夹工件时，按划线找正；第二步是刨直槽（见图 6-39b）；第三步是用弯切刀刨左、右凹槽（见图 6-39c）。注意，刨 T 形槽时，切削用量要小；刨刀回程时，必须将刀具抬出 T 形槽外，最后用偏角为 45°的角度刨刀进行倒角（见图 6-39d）。

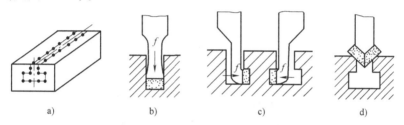

图 6-39　刨 T 形槽的方法
a）划线　b）刨直槽　c）刨左、右凹槽　d）倒角

（4）刨 V 形槽的方法　刨 V 形槽的方法见表 6-3。

表 6-3　刨 V 形槽的方法

图 a：首先按尺寸在工件上划线，用水平走刀粗刨大部分余量	
图 b：切空刀槽	
图 c：用偏刀刨两斜面	
图 d：如果 V 形槽的尺寸小，可用样板刀精刨	
图 e：可用夹具刨 V 形槽	

5. 刨曲面的方法

（1）用划线刨曲面　刨曲面的关键是水平进给和垂向进给的配合，进给方式有两种：一是手动控制水平进给和垂向进给进行加工；二是水平为自动进给，垂直为手动进给进行加工。为防止手动进给跟不上而使刨刀吃入划线内使工件报废，一般从曲面最高处向低处刨削，如图 6-40a 所示。尽可能按曲线部分的中间位置平行于工作台面装夹工件（见图

6-40b）。加工时，首先划线（见图6-40c）；再用尖头平面刨刀按划线刨去大部分多余金属（见图6-40d）；粗刨曲面时，垂直和水平两个方向相互配合进给，留1～1.5mm精刨余量；最后，改用圆头刨刀精刨曲面（见图6-40e）。

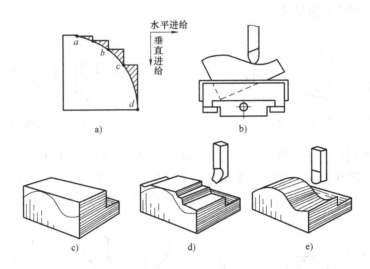

图6-40　刨曲面的方法

a）进给方式　b）工件装夹　c）划线　d）粗刨　e）精刨

（2）用成形刀刨曲面（见图6-41）　为减少成形刀的磨损，提高效率，应先用普通刨刀进行粗刨，再用成形刀精刨。成形刀刃磨时，应尽量修磨前面，以免破坏形线的准确性。由于参加切削的切削刃长，易振动，应降低刨削用量，采用弯头弹性刀杆。

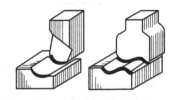

图6-41　用成形刀刨曲面

（3）用附加装置刨曲面　第一种是用蜗轮蜗杆机构刨曲面（见图6-42）；第二种是用靠模装置刨曲面（见图6-43），靠模板装在龙门刨床固定横梁上，拆去刀架垂直丝杠，装在刀架上端的滚轮嵌在靠模板的曲线槽内。重锤经过钢绳，滑轮将刀架上提，使滚轮始终紧贴曲线槽的上侧面，消除了两者之间的间隙。当刀架做水平自动进给时，由于靠模曲线槽的导向作用，使滚轮带动刀架做上、下移动，刨刀即可刨出与靠模曲线相同的曲面工件；第三种是用连杆机构刨曲面（见图6-44），拆去左刀架的水平进给丝杠（或螺母），并将左刀架紧固在横梁上，同时将刀架的转盘紧固螺钉略为放松，使它不

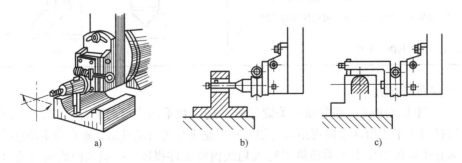

图6-42　用蜗轮蜗杆机构刨曲面

a）刨凹圆弧　b）刨封闭内圆弧　c）刨凸圆弧

能移动，只能转动。右刀架转盘紧固，不能转动。两刀架上端用连杆相连。当右刀架自动进给时，由连杆带动左刀架转动，刨出一个凹形圆弧曲面。其半径大小可通过调节转盘中心至刨刀刀尖的距离来达到。

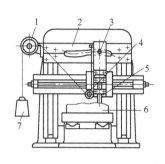

图 6-43　用靠模装置刨曲面
1、4—滑轮　2—靠模板　3—滚轮
5—刨刀　6—工件　7—重锤

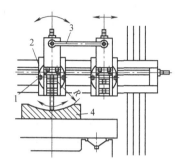

图 6-44　用连杆机构刨曲面
1—紧固螺钉　2—转盘　3—连杆　4—工件

6.4.3　刨削用量的选择

1. 刨削用量的要素

如图 6-1 所示，刨削用量包括背吃刀量 a_p（mm）、进给量 f（mm／双行程）和刨削速度 v_c（m／min）。

（1）背吃刀量 a_p　它是指工件上已加工表面和待加工表面之间的垂直距离。

（2）进给量 f　它是指当刀具（或工件）做一次往返行程时，工件或刀具在垂直于主运动方向相对移动的距离。

（3）刨削速度　它是指刀具或工件的主运动速度。

2. 刨削用量的选择

选择刨削用量时，同样要综合考虑表面质量、生产率和刀具寿命，按照 a_p、f、v_c 的顺序进行适当的选择。

6.4.4　刨削加工实例

例 6-1　长方形垫铁的刨削加工步骤如图 6-45 所示。

1）把毛坯的一个比较平整和较大的大平面作为粗基准，加工出一个比较光滑平整的平面 1（见图 6-45a），作为以后刨其他平面的精基准。

2）将已加工表面 1 靠在固定钳口上，在活动钳口与工件之间用撑板夹紧，刨相邻平面 2（见图 6-45b）。

3）将已加工表面 1 靠在固定钳口上，平面 2 与平行垫铁贴紧，刨平面 3（见图 6-45c）。

4）刨削加工平面时，工件的装夹可以采用图 6-45a 所示的方法夹紧，用锤子轻轻敲击被加工表面 1，使工件的底面 4 与垫铁贴实，刨削平面 1。也可采用图 6-45d、e 所示方法加工，其中图 6-45e 所示方法最佳。

例 6-2　图 6-46、图 6-47 所示分别为某轴承盖和轴承座的零件图。下面分析其刨削加工过程：

（1）零件图样分析　两个零件的材料均为 HT200，切削性能较好，主要加工表面有平面

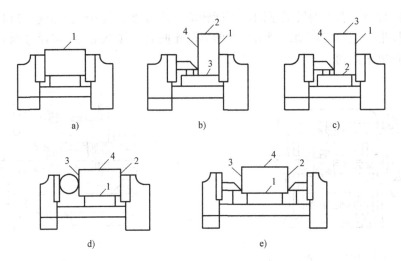

图 6-45　长方形垫铁的刨削加工步骤

a) 刨平面1　b) 刨平面2　c) 刨平面3　d) 刨平面4　e) 刨平面4

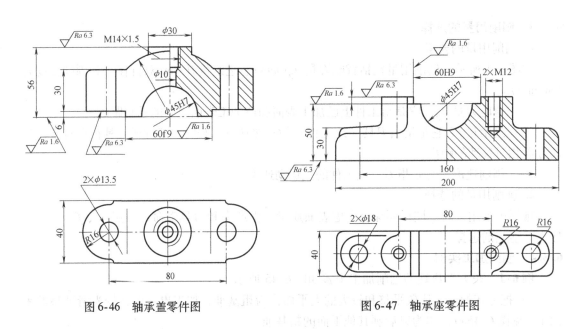

图 6-46　轴承盖零件图　　　　图 6-47　轴承座零件图

和轴承支承孔，最高精度为 7 级，表面粗糙度为 $Ra1.6\mu m$。轴承支承孔需两件合装后同时加工。由于尺寸较小，主要平面的加工可在牛头刨床上进行。

（2）零件的主要加工过程　划出刨削工序各表面加工线→刨轴承盖上面、轴承座底面到加工线→粗刨轴承盖底面，精刨轴承盖止口尺寸 60f9 到达图样要求；粗刨轴承座上面，精刨轴承座止口尺寸 60H9 到达图样要求→划出轴承盖和轴承座尺寸 $2\times\phi13.5mm$ 和 $M14\times1.5mm$，中心线→钻攻轴承盖和轴承座尺寸 $2\times\phi13.5mm$ 和 $M14\times1.5mm$→合装轴承盖和轴承座→镗 $\phi45H7$ 轴承支承孔及端面达到图样要求。

（3）刨削加工分析　从工艺过程中可以看出，对该两零件的刨削加工主要是在牛头刨床上刨止口。

1）零件的装夹及夹具的选择。刨削时，可采用平面定位，利用机用平口钳夹紧。

2）刀具的选择及进给路线的确定。刀具选择材料为 W18Cr4V 的正切刀，它是在普通切刀的两个副切削刃靠近刀尖处，分别磨出 1～2mm 长的修光刃，修光刃与主切削刃成 90°夹角，如图 6-48 所示。进给路线为：先把止口右面台阶的垂直面刨到尺寸线，表面粗糙度为 $Ra1.6\mu m$，如图 6-48a 所示；然后摇起刀架，再重新对刀刨止口的左面台阶垂直面，严格控制止口配合尺寸 60H9/f 9，如图 6-48b 所示；再按图 6-48c、d 所示粗、精刨左、右两台阶水平面，达到图样尺寸。

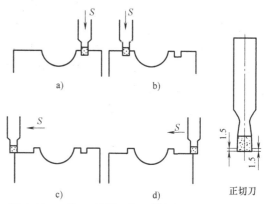

图 6-48　正切口及用正切口精刨止口的进给方法

3）切削用量的选择　粗刨时，留精刨余量 0.3～0.5mm，进给量 f 为 0.33～0.66mm/双行程，刨削速度 v_c 为 0.25～0.41m/min；精刨时，加工表面达到尺寸要求，进给量 f 为 0.33～2.33mm/双行程，刨削速度 v_c 为 0.08～0.13m/min。

6.5　插削加工

6.5.1　插削加工范围

插削加工可认为是立式刨削加工。插床的运动与牛头刨床相似，也可称为立式刨床。其主运动是刀具的上下往复直线运动。由于插床的附件多，工作台又可以做自动回转进给运动，因此一般用来加工工件的内表面，如内键槽、方孔、多边形孔和内花键等，以及在牛头刨床和其他机床上不宜加工的工件，如各种冲模、压模内表面、内齿轮等。其中用得最多的是插削各种盘形零件的内键槽。由于插床的生产率不高，一般在工具车间、修理车间及单件小批生产车间应用较多。插削加工范围如图 6-49 所示。

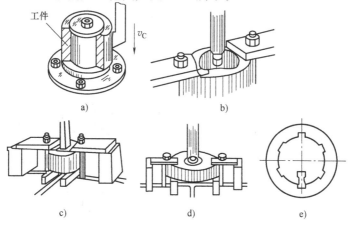

图 6-49　插削加工范围

a）插圆弧　b）插曲面　c）插内多边形　d）插单键槽　e）插内花键

6.5.2 插床

插削是在插床上进行的，插床外形如图 6-50 所示。在插床上加工，工件装夹在工作台上，插刀安装在滑枕的刀架上。滑枕带动刀具在垂直方向的往复直线运动为主切削运动，工作台带动工件沿垂直于主运动方向的间歇运动为进给运动，圆工作台还可绕水平轴线在前后小范围内调整角度，以便加工倾斜的面和沟槽。图 6-51 所示为插削孔内键槽示意图。插削前需在工件端面上画出键槽加工线，以便对刀和加工。工件用自定心卡盘或单动卡盘夹持在工作台上。插削速度一般为 20 ~ 40m/min。

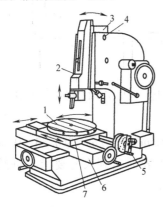

图 6-50　插床外形

1—圆工作台　2—滑枕　3—滑枕导轨座
4—轴　5—分度装置　6—床鞍　7—溜板

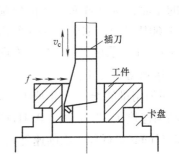

图 6-51　插销孔内键槽

6.5.3 插刀

键槽插刀的种类如图 6-52 所示。图 6-52a 为高速钢整体插刀，一般用于插削较大孔径内的键槽；图 6-52b 为柱形刀杆，在径向方孔内安装高速钢刀头，刚性较好，可用于加工各种孔径的内键槽。插刀材料一般为高速钢，也有用硬质合金的。插刀在回程时，刀面与工件已加工表面会发生剧烈摩擦，将影响加工质量和刀具寿命。因此，插削时需采用活动刀杆，如图 6-53 所示。当刀杆回程时，夹刀板 3 在摩擦力作用下绕轴 2 的轴线沿逆时针方向稍许转动，刀具后面只在工件已加工表面轻轻擦过，可避免刀具损坏。回程终了时，靠弹簧 1 的作用力，使夹刀板恢复原位。

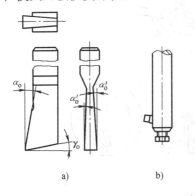

图 6-52　键槽插刀的种类

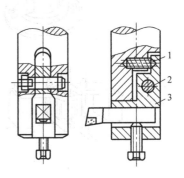

图 6-53　活动刀杆

1—弹簧　2—轴　3—夹刀板

1. 插刀的几何形状及角度

1）由于插刀的切削行程为垂直方向，所以其前、后角与刨刀正好相反。

2）前角 γ_o 一般不超过 15°，后角 α_o 一般为 4°～8°。

3）插削钢料时，前刀面应磨出卷屑槽。

4）图 6-54a 所示为尖刀，可用于粗插或插削各种多边形孔；图 6-54b 所示为切刀，可用于插削直角形、沟槽和各种多边形；图 6-54c 所示为小刀头，可装入刀杆中使用。

2. 刀杆类型

如图 6-55a 所示为横向装夹刀杆，可减少刀具伸出长度，节约刀具材料，便于换刀和刃磨；如图 6-55b 所示为垂直装夹刀杆，适用于小孔内加工。

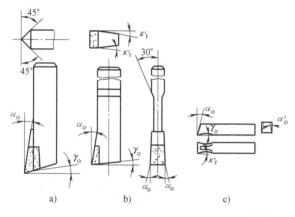

图 6-54　插刀的几何形状及角度

a）尖刀　b）切刀　c）小刀头

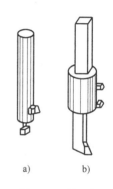

图 6-55　插刀杆

a）横向装夹刀杆　b）垂直装夹刀杆

练习与思考

6-1　刨削的工作内容有哪些？刨削加工适用于什么场合？

6-2　与车削相比，刨削运动有何特点？

6-3　分别说明龙门刨床、牛头刨床、插床的主运动和进给运动。

6-4　牛头刨床主要由哪几个部分组成？各有何功用？刨削前，刨床需做哪些方面的调整，如何调整？

6-5　滑枕往复直线运动的速度是如何变化的？为什么？

6-6　在 B2012A 型龙门刨床上能否同时加工相互垂直的平面？如何加工？

6-7　为什么刨刀往往做成弯头的？

6-8　刨刀的主要角度有哪几个？分别对刨刀及加工有什么样的影响？

6-9　刨刀的种类有哪些？其结构有何特点？

6-10　刨削时，工件装夹方法有哪些？

6-11　常用刨削斜面的方法有哪几种？它们分别有什么特点与区别？

6-12　刨削用量诸要素的定义是什么？

6-13　什么是插削？插削与刨削有哪些方面不同？

模块 4　内孔加工

单元 7　钻、扩、铰加工

7.1　钻、扩、铰的工作内容

孔是各种机器零件上出现最多的几何表面之一。钻削加工是孔加工工艺中最常用的方法，钻床是孔加工的主要机床，在钻床上主要用钻头加工精度不高的孔，也可以通过钻孔—扩孔—铰孔的工艺手段加工精度要求较高的孔，还可以利用夹具加工有一定位置要求的孔系。另外，钻床还可用于锪平面、锪孔、攻螺纹等工作，如图 7-1 所示。

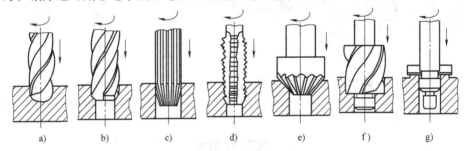

图 7-1　钻床的主要加工表面

a）钻孔　b）扩孔　c）铰孔　d）攻螺纹　e）锪埋头孔　f）锪沉头孔　g）锪平面

钻床在加工时，一般工件不动，刀具一面旋转做主运动，一面做轴向进给运动。故钻床适用于加工没有对称回转轴线的工件上的孔，尤其是多孔加工，如箱体、机架等零件上的孔。

钻孔是在实体材料上一次钻成孔的工序，孔精度低，表面粗糙度值增大；扩孔是对已有的孔进行扩大，已有的孔可以是铸孔、锻孔或前工序钻出的孔等，扩出的孔精度提高，表面粗糙度值降低；铰孔是利用铰刀对已有的孔进行半精加工和精加工的工序；锪孔是在钻孔孔口表面加工出倒棱、沉孔或平面的工序，属于扩孔范围；另外，还有对孔用钢球或滚压头进行光整加工，校准孔的几何形状，降低表面粗糙度值，强化金属表面层。

孔的加工还分为与其他零件非配合或配合的孔加工，前者直接在毛坯上钻、扩出来；后者必须在钻、扩等粗加工之后，根据具体要求进行铰、锪等加工。

孔的加工难度比外圆大得多，在设计时经常把孔的公差等级定得比轴低一级。此外，如果内孔与外圆有较高的同轴度等位置精度要求时，一般先加工内孔，再以内孔为定位基准加工外圆。孔难加工的原因主要是：

1）大部分孔加工刀具为定尺寸刀具。刀具自身的尺寸和形状精度影响内孔的加工精度。

2）孔加工刀具的直径越小，深径比越大，刚性越差，容易偏离正确位置、以及引起工件变形和振动。

3）孔加工过程是在封闭或半封闭的空间内进行的，断屑和排屑困难，散热困难，影响加工质量和刀具寿命。

4）对加工情况的观察、测量和控制都比外圆加工和平面加工困难。

钻孔的加工精度通常为 IT10 ~ IT11，表面粗糙度为 $Ra50 ~ 6.3\mu m$，直径尺寸从小至 $\phi0.01mm$ 的微细孔到超过 $\phi1000mm$ 的大孔均有。

7.2 钻床

钻床根据用途和结构不同，主要有台式钻床、立式钻床、摇臂钻床、深孔钻床、铣钻床、中心钻床、手电钻等类型。下面主要介绍台式钻床、立式钻床和摇臂钻床。

7.2.1 台式钻床

台式钻床简称台钻。它是放在台桌上使用的小型钻床，通常是手动进给，自动化程度较低，但结构小巧简单，使用方便灵活，多用于单件、小批量生产。它的结构如图7-2 所示。

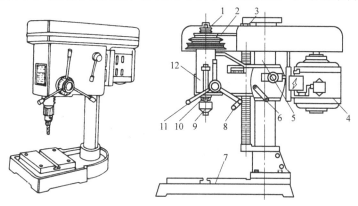

图 7-2 台式钻床的结构

1—塔轮 2—V 形带 3—丝杠架 4—电动机 5—立柱 6—锁紧手柄
7—工作台 8—升降手柄 9—钻夹头 10—主轴 11—进给手柄 12—主轴架

钻孔时，钻头装在钻夹头 9 内，钻夹头装在主轴 10 的锥体上。电动机 4 通过一对五级塔轮 1 和 V 形带 2，使主轴获得 5 种转速。扳动进给手柄 11 可使主轴上下运动。工件装夹在工作台 7 上，松开锁紧手柄 6，摇动升降手柄 8 就可以使主轴架 12 沿立柱 5 上升或下降，以适应不同高度工件的加工，调整好后扳动锁紧手柄 6 锁紧。

台钻的钻孔直径一般小于 16mm，最小可加工零点几毫米的小孔。由于加工的孔径小，台钻主轴的转速可以高达 10 万 r/min 以上。

7.2.2 立式钻床

立式钻床又分为圆柱式立式钻床、方柱式立式钻床和可调式多轴立式钻床三个系列。立式钻床的主参数是最大钻孔直径。根据主参数不同，立式钻床（简称立钻）钻孔直径为 $\phi16 ~ \phi80mm$，有 18mm、25mm、35mm、40mm、50mm、63mm、80mm 等多种规格。

图 7-3a 所示为最大钻孔直径为 35mm 的 Z5135 型方柱式立式钻床的外形，机床由主轴箱、主轴、进给箱、立柱、工作台和底座组成，电动机通过主轴箱带动主轴回转，同时通过进给箱可获得轴向机动进给运动。工作台和进给箱可沿立柱上的导轨上下移动，调整其位置的高低，以适应在不同高度的工件上进行钻孔加工。

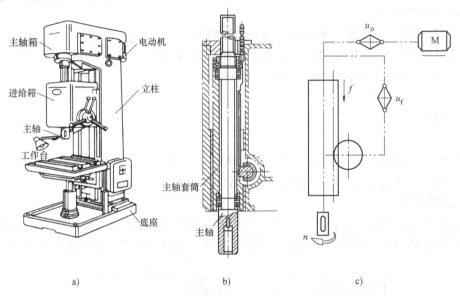

图 7-3 Z5135 型立式钻床

a）外形图 b）结构图 c）传动原理图

立式钻床的主运动是由电动机经主轴箱驱动主轴旋转，进给运动可以机动，也可以手动。机动进给是由进给箱传来的运动，通过小齿轮驱动主轴套筒上的齿条，使主轴随着套筒齿条做轴向进给运动，如图 7-3b 所示；如要进行手动进给，应当断开机动进给，扳动手柄，使小齿轮旋转，从而带动齿条上下移动，完成手动进给。

图 7-3c 所示为立式钻床的传动原理图，主运动一般采用单速电动机经齿轮分级变速机构传动。

立式钻床也采用机械无级变速器传动；主轴旋转方向的改变靠电动机的正反转来实现。钻床的进给运动由主轴传出，与主运动共享一个电动机，属于内联系传动链（尤其攻螺纹时），进给运动链中的换置（变速）机构 u_f 通常为滑移变速齿轮。进给量用主轴每转 1 转时主轴的轴向位移量来表示，单位为 mm/r。

在立式钻床上加工多孔时，需要移动工件一个一个地加工孔，这对于大而重的工件很不方便。因此，立式钻床仅适合加工中小型零件。

立式钻床除上面的基本品种外，还有一些变型品种，下面简单介绍一下较常用的可调式多轴立式钻床和排式多轴立式钻床。

可调式多轴立式钻床如图 7-4 所示，主轴箱上装有很多主轴，主轴轴心线位置可根据被加工孔的位置进行调整对准工件。加工

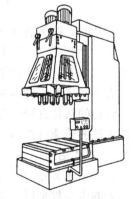

图 7-4 可调式多轴立式钻床

时，主轴箱带着全部主轴对工件进行多孔同时加工，生产率较高。

排式多轴立式钻床相当于几台单轴立式钻床的组合，它的各个主轴可以安装不同的刀具，如钻头、扩孔钻、铰刀、攻螺纹的丝锥等，顺次地加工同一工件的不同孔径或分别进行各种类型的孔加工。由于这种机床加工时是一个孔一个孔地加工，而不是多孔同时加工。所以，它没有可调式多轴立式钻床的生产率高，但它与单轴立式钻床相比，可节省换刀时间，适用于单件小批生产。

7.2.3 摇臂钻床

在大型零件上钻孔时，因工件移动不便，就希望工件不动，而钻床主轴能在空间调整到任意位置，这就产生了摇臂钻床。

1. 主要组成部件

图 7-5 所示为摇臂钻床的外形图，被加工工件和夹具安装在工作台 8 上，如工件较大，还可以卸掉工作台，直接安装在底座 1 上，或直接放在周围的地面上，这就为在各种批量的生产中加工大而重的工件上的孔带来了很大的方便。立柱为双层结构，内立柱 2 安装于底座上，外立柱 3 可绕内立柱 2 转动，并可带着夹紧在其上的摇臂 5 摆动。另外，摇臂 5 可沿外立柱 3 轴向上下移动，以调整主轴箱及刀具的高度。主轴箱 6 可在摇臂 5 的水平导轨上移动。通过摇臂和主轴箱的上述运动，可以方便地在一个扇形面内调整主轴 7 至被加工孔的位置。因此，主轴 7 的位置可在空间任意地调整。

加工时，由特殊的夹紧装置将主轴箱紧固在摇臂导轨上，而外立柱 3 紧固在内立柱 2 上，摇臂 5 紧固在外立柱上，然后进行钻削加工。

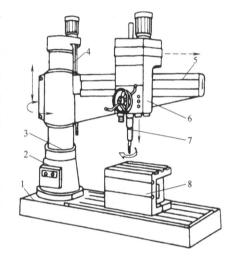

图 7-5 摇臂钻床的外形图
1—底座 2—内立柱 3—外立柱
4—摇臂升降丝杠 5—摇臂
6—主轴箱 7—主轴 8—工作台

2. 传动系统

摇臂钻床具有 5 个运动，即主运动（主轴旋转）、进给运动（主轴轴向进给）、3 个辅助运动（包括主轴箱沿摇臂水平导轨的移动、摇臂与外立柱一起绕内立柱的回转摆动和摇臂沿外立柱的垂直方向的升降运动）。前两个运动为表面成形运动。

7.2.4 深孔钻床

深孔钻床是用特制的深孔钻头专门加工深孔的钻床，如加工炮筒、枪管和机床主轴等零件中的深孔。为避免机床过高和便于排除切屑，深孔钻床一般采用卧式布局。为保证获得很好的冷却效果，在深孔钻床上配有周期退刀排屑装置及切削液输送装置，使切削液由刀具内部输入至切削部位。

7.3 钻、扩、铰刀具

孔加工的刀具结构形式很多，按用途可分为两大类：一类是从实心材料上加工出孔的刀具，如麻花钻、扁钻、中心钻和深孔钻等；另一类是对已有孔进行再加工的刀具，如扩孔钻、铰刀、锪钻和镗刀等。

7.3.1 从实心材料上加工出孔的刀具

1. 麻花钻

麻花钻是最常用的孔加工刀具，一般用于实体材料上的粗加工。钻孔的尺寸精度为 IT11 ~ IT12，表面粗糙度为 $Ra12.5 ~ 6.3\mu m$。加工孔径范围为 $0.1 ~ 80mm$，在 $\phi30mm$ 以下时最常用。麻花钻的特点是允许重磨次数多，使用方便、经济。

（1）麻花钻的类型　按刀具材料的不同，麻花钻可分为高速钢钻头和硬质合金钻头，其中硬质合金钻头有整体式、镶片式和可转位式；按柄部结构不同，麻花钻可分为直柄（13mm 以下）和锥柄（13mm 以上），其中直柄一般用于小直径钻头，锥柄一般用于大直径钻头；按长度不同，麻花钻可分为基本型和短、长、加长、超长等类型。

（2）麻花钻的结构　标准麻花钻由工作部分、颈部和柄部组成，如图 7-6a、b 所示。

1）颈部和柄部。柄部是装夹钻头和传递动力的部分，图 7-6a 为锥柄，其后端做出扁尾，用于传递转矩和使用斜铁将钻头从钻套中取出。颈部是与工作部分的过渡部分，通常用作砂轮退刀和打印标记的部位。图 7-6b 为直柄麻花钻。

2）工作部分。担负切削与导向工作，工作部分有切削和导向两个部分。

切削部分如图 7-6c 所示，有两个前刀面（螺旋槽面，用于排屑和导入切削液）、两个主后刀面（即钻头端面上的两个刃瓣，为圆锥表面或其他表面）、两个副后刀面（钻头外缘上两小段窄棱边形成的刃带棱面，可近似认为是圆柱面，在钻孔时刃带起导向作用，为减小与孔壁的摩擦，刃带向柄部方向有较小的倒锥量，从而形成副偏角）。前、后刀面相交形成主切削刃；两后刀面与钻心处相交形成的切削刃为横刃，两条主切削刃通过横刃相连；前刀面与刃带（即副后刀面）相交的棱边为副切削刃。标准麻花钻的主切削刃是两条直线，横刃近似为一条短直线，副切削刃是两条螺旋线。

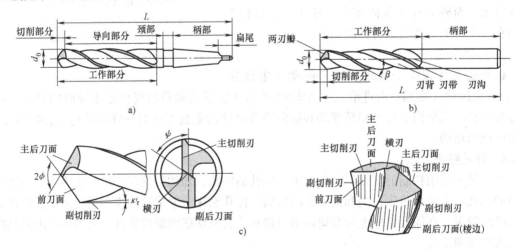

图 7-6　高速钢麻花钻的结构

导向部分即钻头上的螺旋部分，是切削的后备部分，起导向和排屑作用。其中，螺旋槽是流入切削液和排出切屑的通道，其前面的一部分即是前刀面。钻体中心部分有钻心，用于连接两刃瓣。外圆柱上的两条螺旋形棱面（即刃带），用于控制孔的廓形，保持钻头进给方向。麻花钻为前大后小的正锥形。

（3）麻花钻的几何角度

1）螺旋角 ω　螺旋角 ω 是钻头刃带棱边螺旋线展开成直线后与钻头轴线之间的夹角。如图 7-7 所示，在主切削刃上半径不同的点的螺旋角不相等，钻头外缘处的螺旋角最大，越靠近中心，其螺旋角越小。螺旋角不仅影响排屑，而且影响切削刃强度。

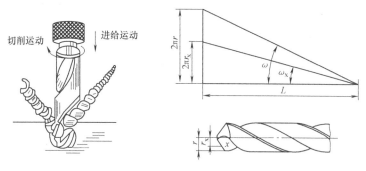

图 7-7　麻花钻的螺旋角

2）顶角 2ϕ　麻花钻的顶角 2ϕ 是两主切削刃在平行于两主切削刃的平面 $P_c—P_c$ 中投影得到的夹角，如图 7-8 所示。顶角 2ϕ 的大小影响钻头尖端强度和进给力。顶角越小，主切削刃越长，单位切削刃上负荷便减轻，进给力小，定心作用也较好；但若顶角过小，则钻头强度减弱，钻头易折断。标准麻花钻的顶角一般为 $2\phi = 118°$。

3）主偏角 κ_r　主偏角 κ_r 是在基面内测量的主切削刃在其上的投影与进给方向间的夹角。由于主切削刃上各点的基面不同，所以主偏角也就不同。

4）前角 γ_o　如图 7-8 所示，主切削刃上选定点 X 的前角，是在正交平面 $P_{ox}—P_{ox}$ 中测量的前刀面（螺旋面）与基面的夹角。麻花钻主切削刃上各点的前角随直径大小而变化，钻头外缘处的前角最大，一般为 30°；靠近横刃处的前角最小，约为 −30°。

5）后角 α_f　如图 7-9 所示，麻花钻主切削刃上任意点 Y 的后角是在以钻头轴线为中心的圆柱剖面上定义的后刀面与切削平面的夹角。之所以不像前角一样在正交平面内测量，原因在于，主切削刃上的各点都在绕轴线作圆周运动（忽略进给运动时），而过该选定点圆柱面的切削平面内的后角最能反映钻头的后刀面与工件加工表面间的摩擦情况，而且便于测量。

6）横刃角度。如图 7-10 所示，横刃是两个主后刀面的交线，其长度为 b_ψ。

在垂直于钻头轴线的端平面内，横刃与主切削刃的投影线间的夹角称为横刃斜角，标准麻花钻的横刃斜角 $\psi = 50° \sim 55°$。当后角磨得偏大时横刃斜角减小，横刃长度增加。$\gamma_{o\psi}$ 是横刃前角，从横刃上任一点的正交平面可以看出，横刃前角 $\gamma_{o\psi}$ 均为负值，标准麻花钻的 $\gamma_{o\psi} = −54° \sim −60°$，横刃后角 $\alpha_{o\psi} = 30° \sim 36°$。

（4）群钻　这是标准高速钢麻花钻切削部分的改进。群钻是我国工人群众发明出来的一套能适应加工各种材料的先进钻头，它比标准麻花钻钻孔效率高，加工质量好，使用寿命长。群钻是综合应用上述措施，用标准高速钢麻花钻修磨而成的。现以图 7-11 所示的中型标准群钻说明群钻的特点：

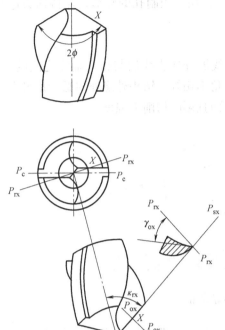

图 7-8 麻花钻的几何角度

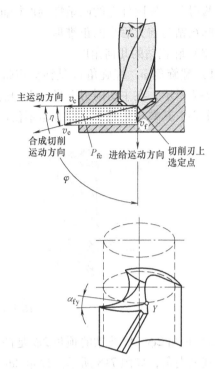

图 7-9 麻花钻的后角

1）三尖七刃。先磨出两条外刃 AB，然后在两个后刀面上分别磨出月牙形圆弧槽 BC，最后修磨横刃。两主切削刃各分成了三段，分别是外直刃 AB、圆弧刃 BC 和内直刃 CD，加上一条窄横刃共有七个刃，并形成三个尖（钻心尖 O 和两对应的刀尖 B）。这些结构的优点是主切削刃分段后有利于分屑、断屑；圆弧刃前角比原来平刃的大，使钻削轻便省力；圆弧刃工作时在底孔上划出一道圆环筋，增加了

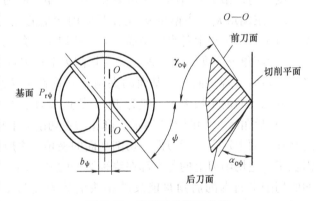

图 7-10 麻花钻的横刃角度

钻头的稳定性，有利于提高进给量和降低表面粗糙度值，可提高生产率 3~5 倍。

2）横刃变短、变低、变尖，比原来的锋利，钻孔阻力下降 35%~50%；新形成的内直刃上副前角大为减少，使转矩下降 10%~30%，钻削省力。

3）对较大直径钻头，在一边外刃上可再磨出分屑槽，使切屑排出方便，且有利于切削液流入，既减小了切削力，又提高了钻头的寿命（刀具寿命提高 2~3 倍）。

2. 其他钻头

（1）扁钻 扁钻是将切削部分磨成一个扁平体，轴向尺寸小，刚性好，便于制造和刃磨，使用优质刀具材料，在组合机床或数控机床上应用广泛。

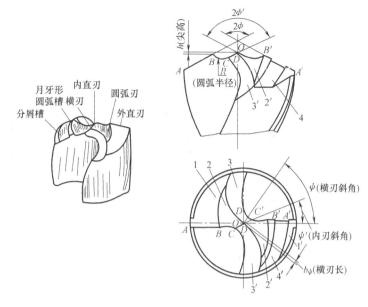

图 7-11　中型标准群钻
1、1′—外刃后刀面　2、2′—月牙形圆弧槽　3、3′—内刃前刀面　4、4′—分屑槽

（2）中心钻　中心钻适用于轴类零件中心孔的加工，其结构如图 4-49 所示，中心钻是标准化刀具。

（3）深孔钻　在加工孔深 L 与孔径 D 之比 $L/D \geq 20 \sim 100$ 的特殊深孔（如枪管、液压管等）过程中，必须解决断屑、排屑、冷却润滑和导向等问题，因此要在深孔机床上用深孔钻加工。常用的深孔钻有外排屑深孔钻（枪钻）、内排屑深孔钻和喷吸钻，现介绍喷吸钻的工作原理。

喷吸钻是 20 世纪 60 年代以后出现的新型刀具，适用于中等直径的一般深孔加工。图 7-12 所示为喷吸钻的工作原理。

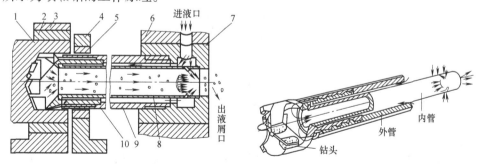

图 7-12　喷吸钻的工作原理
1—工件　2—卡爪　3—中心架　4—引导架　5—导向套
6—支撑座　7—连接套　8—内管　9—外管　10—钻头

工作时，压力切削液从进液口流入连接套。其中，1/3 的切削液从内钻管四周月牙形喷嘴喷入内管。由于月牙槽缝隙很窄，切削液喷入时产生喷射效应，能使内管里形成负压区；另外 2/3 的切削液流入内、外管壁间隙到切削区，汇同切屑被吸入内管，并迅速向后排出，

压力切削液流速快，到达切削区时呈雾状喷出，有利于冷却，经喷口流入内管的切削液流速增大，加强"吸"的作用，提高排屑效果。

7.3.2 对已有孔进行再加工的刀具

1. 扩孔钻

使用麻花钻或专用的扩孔钻将原来钻过的孔或铸锻出的孔进一步扩大，称为扩孔，如图7-13所示。扩孔可作为孔的最后加工，也常用作铰孔或磨孔前的预加工，作半精加工，广泛应用在精度较高或生产批量的场合。扩孔的加工精度可达IT10～IT9，表面粗糙度可达 $Ra\ 6.3～3.2\mu m$。

用麻花钻扩孔时，底孔直径为要求直径的0.5～0.7倍；用扩孔钻扩孔时，底孔直径为要求直径的0.9倍。

专用的扩孔钻一般有3～4条切削刃，故导向性好，不易偏斜，切削较平稳；切削刃不必自外圆延续到中心，没有横刃，轴向切削力小；由于 a_p 小、切屑窄、易排除，排屑槽可做得较小较浅，增加刀具刚度；扩孔工作条件较好，因此进给量可比钻孔大1.5～2倍，生产率高；除了铸铁和青铜材料外，对其他材料的工件扩孔都要使用切削液，其中以乳化液应用最多。

图 7-13 扩孔

随着孔的增大，高速钢扩孔钻有整体直柄式、整体锥柄式和套式3种。硬质合金扩孔钻除了有直柄、锥柄、套式（刀片焊接或镶在刀体上），对于大直径的扩孔钻常采用机夹可转位形式。图7-14所示为扩孔钻的几种类型。

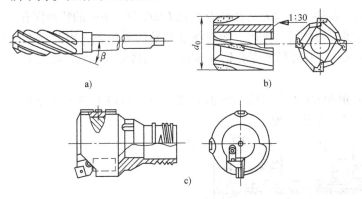

图 7-14 扩孔钻

a) 整体锥柄式高速钢扩孔钻　b) 套式硬质合金扩孔钻　c) 机夹可转位式硬质合金扩孔钻

2. 锪钻

锪钻用于在已加工孔上锪各种沉头孔和孔端面的凸台平面。锪钻大多用高速钢制造，只有加工端面凸台的大直径端面锪钻才用硬质合金制造，采用装配式结构。

圆柱形埋头锪钻用于锪圆柱形沉头孔（见图7-15a），锪钻端面切削刃起主切削刃作用，外圆切削刃作为副切削刃起修光作用。前端导柱与已有孔间隙配合，起定心作用；锥面锪钻用于锪圆锥形沉头孔（见图7-15b、c），一般有6条～12条切削刃。锪钻顶角 2ϕ 有60°、75°、90°及120°四种，以90°的应用最广。端面锪钻用于锪与孔轴线垂直的孔口端面（见图7-15d），端面锪钻头部有导柱以保证孔口端面与轴线垂直。

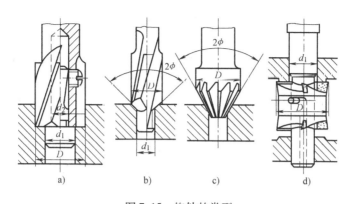

图 7-15　锪钻的类型

a）带导柱平底圆柱形锪钻　b）带导柱锥面锪钻

c）不带导柱锥面锪钻　d）端面锪钻

3. 铰刀

铰刀是对预制孔进行半精加工或精加工的多刃刀具，操作方便、生产效率高、能够获得高质量孔，在生产中应用广泛。加工精度可达 IT6～IT8，表面粗糙度可达 $Ra1.6～0.4\mu m$。

铰刀按结构分有整体式（锥柄和直柄）和套装式。根据使用方法分为手用和机用两大类，如图 7-16 所示。

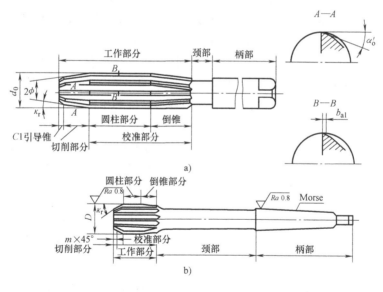

图 7-16　整体式圆柱铰刀

a）手用铰刀　b）机用铰刀

机用铰刀工作部分较短，用于在机床上铰孔，常用高速钢制造，有锥柄和直柄两种形式（多为锥柄式），铰削直径范围为 10～80mm，可以安装在钻床、车床、铣床、镗床上铰孔；手用铰刀工作部分较长，齿数较多，常为整体式结构，直柄方头，锥角 2ϕ 较小，导向作用好，结构简单，手工操作，使用方便，铰削直径范围为 1～50mm。

铰刀由工作部分、颈部及柄部三部分组成，各部分作用如下：

（1）工作部分

1）引导部分。引导部分是在工作部分前端是呈45°倒角的引导锥，其作用是便于铰刀容易进入孔中，也参与切削。

2）切削部分。切削部分担负主要的切削工作。切削部分切削锥的锥角 2ϕ 较小，一般为 $3° \sim 15°$，起主要切削作用。引导锥起引入预制孔的作用，手用铰刀取较小的 2ϕ（通常 $\phi = 1° \sim 3°$）值，目的是减轻劳动强度，减小进给力及改善切入时的导向性；机用铰刀可以选用较大的 ϕ 角，原因是工作时的导向由机床和夹具来保证，还可以减小切削刃长度和机动时间。

3）校准部分。校准部分也称修光部分，由圆柱部分与倒锥组成，起引导铰刀、修光孔壁并作备磨之用；后部具有很小的倒锥，以减少与孔壁之间的摩擦和防止铰削后孔径扩大。

（2）颈部 颈部是为加工切削刃时，便于退刀而设计的，此处注有铰刀的规格。

（3）柄部 柄部供夹持用。

为了测量方便，铰刀刀齿相对于铰刀中心对称分布。手用铰刀如图7-16a所示，有6 ~ 12个齿，每个刀齿相当于一把有修光刃的车刀；机用铰刀（图7-16b）刀齿在圆周上均匀分布，手用铰刀刀齿在圆周上采用不等距分布，以减少铰孔时的周期性切削载荷引起的振动；切削槽浅，刀芯粗壮，因此铰刀的刚度和导向性比扩孔钻好；加工钢件时，切削部分刀齿的主偏角 $\kappa_r = 15°$；加工铸铁时 $\kappa_r = 3 \sim 5°$，铰不通孔时 $\kappa_r = 45°$。圆柱部分刀齿有刃带，刃带宽度 $b_{a1} = 0.2 \sim 0.4mm$，刃带与刀齿前刀面的交线为副切削刃，副切削刃的副偏角 $\kappa_r' = 0°$（修光刃），副后角 $\alpha_o' = 0°$，所以铰刀加工孔的表面粗糙度值很小。

图7-17所示为铰刀的其他种类。可调式手用铰刀（见图7-17a）的直径尺寸可在一定范围内调节，转动两端调节螺母，刀片便沿着刀体上的斜槽移动，使铰刀直径扩大或缩小，它适用于铰削非标准尺寸的通孔，特别适合于机修、装配和单件生产中使用；大直径铰刀做成套式结构（见图7-17b、c）；手用直槽铰刀（见图7-17d）刃磨和检验方便，生产中常用；螺旋槽铰刀（见图7-17d）切削过程平稳，适用于铰削带有键槽和缺口的通孔工件；锥孔用粗铰刀与精铰刀（见图7-17e）用于铰削锥孔，常用的锥度有五种。

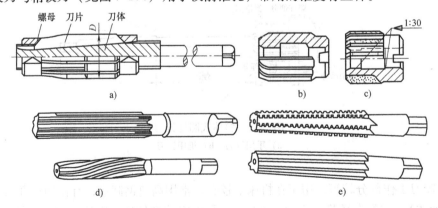

图7-17 铰刀的种类

a）可调式手用铰刀 b）高速钢套式机用铰刀 c）硬质合金套式机用铰刀

d）手用直槽铰刀和螺旋槽铰刀 e）锥孔用粗铰刀与精铰刀

4. 孔加工复合刀具

孔加工复合刀具是由两把以上的同类型单个孔加工刀具复合后，同时或按先后顺序完成不同工序（或工步）的刀具，在组合机床或自动线上应用广泛。

（1）孔加工复合刀具的类型

1）同类刀具复合的孔加工复合刀具，如图 7-18 所示。

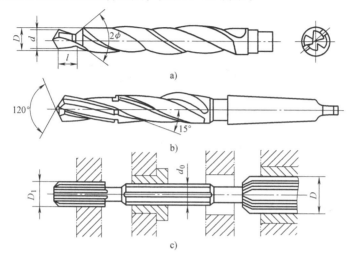

图 7-18　同类刀具复合的孔加工复合刀具

a）复合钻　b）复合扩孔钻　c）复合铰刀（d_0 为导向部分）

2）不同类刀具复合的孔加工复合刀具，类型很多，如图 7-19 所示是其中两种。

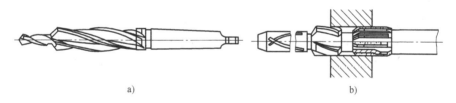

图 7-19　不同类刀具复合的孔加工复合刀具

a）钻-扩复合刀具　b）扩-铰复合刀具

（2）孔加工复合刀具的特点　孔加工复合刀具可减少换刀时间，生产率很高；可减少安装次数，降低定位误差，提高加工精度；同时或顺次加工保证了各加工表面之间位置精度；集中工序，从而减少了机床的台数或工位数，对于自动生产线可以减少投资，降低加工成本。

7.4　钻、扩、铰加工方法

7.4.1　工件的装夹

工件钻孔时，应保证所钻孔的中心线与钻床工作台面垂直，为此可以根据钻削孔径的大小、工件的形状选择合适的装夹方法。常用的装夹方法如图 7-20 所示，一般钻削直径小于 8mm 时，可用手握牢工件进行钻孔；小型工件或薄板工件可以用手台虎钳装夹（见图 7-20a）。

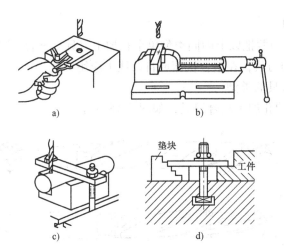

图 7-20 在钻床上钻孔时工件的装夹

a) 手台虎钳装夹 b) 平口钳装夹

c) V形块装夹 d) 压板装夹

7.4.2 钻削基本工艺

1. 工件划线

钻孔前，需按照图样的要求，划出孔的中心线和圆周线，并打上样冲眼，如图7-21所示。高精度孔还要划出检查圆。

2. 选择钻头

钻削时，要根据孔径的大小和公差等级选择合适的钻头。

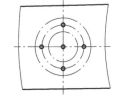

图 7-21 划线、打样冲眼

钻削直径≤30mm的低精度孔，选用与孔径相同直径的钻头一次钻出；高精度孔，可选用小于孔径的钻头钻孔，留出加工余量进行扩孔或铰孔。

钻削直径为30～80mm的低精度孔，可先用0.6～0.8倍孔径的钻头进行钻孔，然后扩孔；若是高精度孔，可先选用小于孔径的钻头钻孔，然后进行扩孔和铰孔。

3. 装夹钻头

根据钻头柄部形状的不同，钻头装夹方法有：

1）直柄钻头用钻夹头装夹（见图7-22b），通过转动夹头扳手可以夹紧或放松钻头。

2）大尺寸锥柄钻头可直接装入钻床主轴锥孔内；小尺寸锥柄钻头可用钻套过渡连接。钻套及锥柄钻头装卸方法，如图7-22a、c所示。

钻头装夹时应先轻轻夹住，开车检查有无偏摆，若无摆动，便可停机夹紧后再钻孔；若有摆动，应停机重新装夹，纠正后再夹紧。

4. 钻头刃磨

刃磨要求要求顶角2ϕ为118°±2°，两个ϕ角相等；两个主切削刃对称，长度一致。刃磨时，左手配合右手同步运动磨出后角，要常蘸水冷却，防止退火降低硬度。刃磨时，可用角度样板检验，也可用钢直尺配合目测检验。

5. 钻削用量的选择（见图7-23）

（1）背吃刀量 a_p 当孔的直径小于30mm时一次钻成；当直径为30～80mm或机床性能不足时，才采用先钻孔再扩孔的两个步骤，需扩孔时，钻孔直径取孔径的50%～70%。这样可以减小背吃刀量和进给力，保护机床并提高钻孔质量。

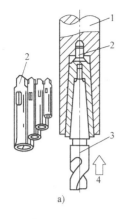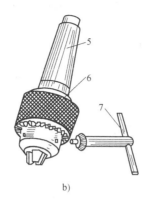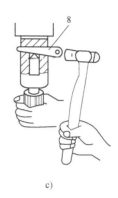

a)   b)   c)

图 7-22 钻头的装夹

a) 安装钻套 b) 钻夹头安装 c) 卸下钻套

1—钻床主轴 2—钻套 3—钻头 4—安装方向

5—锥体 6—钻夹头 7—夹头扳手 8—楔铁

（2）进给量 f　麻花钻为多齿刀具，它有两条切削刃（即两个刀齿），其每齿进给量 f_z（单位为 mm）为进给量的一半，即 $f_z = f/2$。一般钻头进给量受钻头的刚性与强度限制，而大直径钻头受机床进给机构动力与工艺系统刚性限制。普通钻头进给量可按经验公式估算：$f = (0.01 \sim 0.02) d$。

（3）钻削速度 v_c　它是指麻花钻外缘处的线速度（单位为 m/min），其表达式为 $v_c = \pi d n / 1000$，式中，n 是麻花钻转速（r/min）。高速钢钻头的钻削速度推荐值可参考有关手册、资料选取。

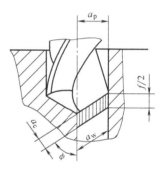

图 7-23 钻削用量

7.4.3　扩孔和铰孔基本工艺

1. 扩孔方法

（1）用麻花钻扩孔　在预钻孔上用麻花钻扩孔，扩孔时避免了麻花钻横刃切削的不良影响，可适当提高切削用量。扩孔时的切削速度约为钻孔的 1/2；进给量为钻孔的 1.5～2 倍；背吃刀量减小，切屑容易排出。表面粗糙度值有一定的降低。

（2）用扩孔钻扩孔　为了保证扩的孔与钻的孔中心重合，钻孔后在不改变工件和机床主轴的相对位置的时候，立即换上扩孔钻，可使切削平稳均匀，保证加工精度。扩孔前，还可先用镗刀镗出一段与扩孔钻直径相同的导向孔，可使扩孔钻不致随原有不正确的孔偏斜，这种方法常用于对毛坯孔（铸孔和锻孔）的扩孔加工。

2. 铰孔

铰削加工除了主切削刃正常的切削作用外，还对工件产生挤刮的作用。铰削过程是一个复杂的切削和挤压摩擦过程。铰削加工虽然生产效率比其他精加工效率高，但其适应性较差，一种铰刀只能加工一种尺寸的孔，另外，一般只能加工直径小于 80mm 的孔。

（1）手动铰孔　手动铰孔适用于硬度不高的材料和批量较小、直径较小、精度要求不高的工件。手动铰孔时，铰杠（见图 7-24）要放平，顺时针旋转，两手用力要平衡，随着铰刀的旋转轻轻施加压力，旋转要缓慢、均匀、平稳，不能让铰刀摇摆，避免孔口成喇叭形

或者孔径变大；当一个孔快铰完时，不能让铰刀的校准部分全部露出，以免将孔的下端划
伤；铰削完毕退出铰刀时，仍然按顺时针转
动退出，不能反转，防止铰刀刃口磨损、崩
裂，以及切屑嵌入切削刃后面和孔壁之间而
擦伤已铰好的孔壁。

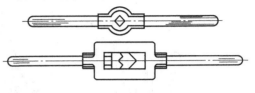

图 7-24　铰杠

铰削锥孔时，由于铰削余量大，刀齿负
荷较重，因此每进给 2~3mm，应退出铰刀，
清除切屑后再继续铰孔。

（2）机铰孔　机铰孔适用于硬度较高的材料和批量较大、直径较大、精度要求较高的
工件。机铰孔是在钻、车、铣床上进行的，机用铰刀与机床常用浮动连接，以防止铰削时孔
径扩大或产生孔的形状误差。铰刀与机床主轴浮动连接所用的浮动夹头如图 7-25 所示。浮
动夹头的锥柄 1 安装在机床的锥孔中，铰刀锥柄安装在锥套 4 中，挡钉 2 用于承受进给力，
销钉 3 可传递转矩。由于锥套 4 的尾部与大孔、销钉 3 与小孔间均有较大间隙，所以铰刀处
于浮动状态。

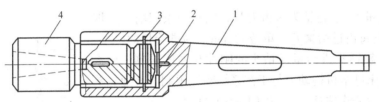

图 7-25　铰刀的浮动夹头
1—锥柄　2—挡钉　3—销钉　4—锥套

铰刀与主轴之间应浮动连接，以防止铰刀轴线相对于主轴轴线偏斜引起轴线歪斜、孔径
扩大等，开始铰削时可先用手扶正铰刀，采用手动进给，当铰进 2~3mm 后再改用机动，浮
动连接使铰削不能校正底孔轴线的偏斜。应对工件采用一次装夹进行钻、扩、铰孔操作，以
保证铰刀轴线与钻孔轴线一致，铰孔完毕，先退出铰刀后停机，避免拉毛孔壁。

7.4.4　钻扩铰加工实例

加工支架的销孔，如图 7-26 所示为工件的主要尺寸及安装。

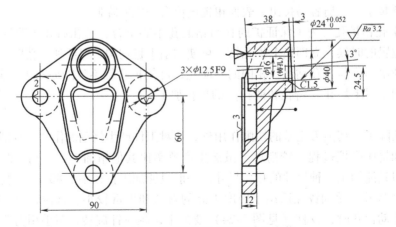

图 7-26　支架销孔的主要尺寸及安装

1. 工艺方案分析

1）工件的年生产纲领为 1000 件，属批量生产。销孔加工前已完成底平面及 3 个 $\phi 12.5$ mm 孔的加工，且销孔已铸出 $\phi 16$ mm 的通孔。

2）机床的选择。因为工件为批量生产，可考虑采用 Z535 型立式钻床加工。

3）夹具及定位基准的选择。选用高效快换钻模专用夹具，用已加工底平面与 $\phi 12.5$ mm 两孔定位。为解决孔轴线与定位平面呈 93°角，将定位平面与夹具底板平面设计呈 3°角。因销孔中心不在定位支承平面内，所以在工件定位夹紧后，必须将销孔底平面辅助支承销锁紧，以承受钻削进给力。由于所选择的定位基准与设计、测量基准重合，所以不必进行工艺尺寸链计算。

2. 工序内容安排

工步一：扩 $\phi 22.5$ mm 孔。

工步二：倒角 $C1.5$，表面粗糙度为 $Ra12.5 \mu m$。

工步三：扩 $\phi 23.7$ mm 孔。

工步四：锪平面。保证加工平面与孔中心线交点距定位平面 41mm；表面粗糙度为 $Ra12.5 \mu m$。

工步五：铰 $\phi 24^{+0.052}_{0}$ mm 孔，表面粗糙度为 $Ra3.2 \mu m$。

练习与思考

7-1　台式钻床、立式钻床和摇臂钻床的加工范围有何不同？

7-2　指出摇臂钻床的成形运动和辅助运动及其工艺范围。

7-3　常见的孔加工刀具有哪些？各适用于什么情况？

7-4　试说明麻花钻的结构组成和各部分的作用。

7-5　画图说明麻花钻切削部分的组成。

7-6　试用刀具角度定义分析麻花钻主切削刃、横刃上前角、后角、偏角、刃倾角，并用正交平面参考系图表示。

7-7　若将麻花钻主切削刃、横刃分别比作两把镗孔车刀，试问它们的几何参数有何异同点。

7-8　比较钻削要素、钻削过程与车削要素、车削过程有何异同点。

7-9　为什么麻花钻主切削刃上任一点的主偏角不等于 ϕ（半顶角）。

7-10　钻头顶角 2ϕ 与主偏角有何异同？有何关系？

7-11　试画图说明钻头横刃处的 ψ、$\gamma_{o\psi}$、$\alpha_{o\psi}$。

7-12　如何理解钻头螺旋角就是假定工作平面的侧前角？

7-13　麻花钻在结构上存在哪些缺点？群钻与麻花钻相比有哪些改进？

7-14　深孔加工要解决的主要问题是什么？试述喷吸钻的工作原理。它在结构上如何保证孔的质量？

7-15　钻孔、扩孔、铰孔有什么区别？

7-16　试述常用锪钻的种类与用途。

7-17　铰孔时铰刀为什么不能反转？

7-18　手用铰刀的刀齿在圆周上为什么不是均匀分布的？

7-19　为什么手用铰刀的切削锥角比用机用铰刀小？

7-20　为什么用高速钢铰刀铰削铸铁时易出现孔径扩大现象？而使用硬质合金铰刀铰削钢件时易出现孔径收缩现象？

7-21　孔加工复合刀具有何特点？

单元 8 镗 削 加 工

8.1 镗削工作内容

8.1.1 镗削加工范围

镗削加工是在镗床上对已铸出或钻出的孔进行扩大孔径并提高加工质量的加工方法，工件固定装夹在工作台上，以镗刀旋转作为切削主运动，工作台或主轴移动作为进给运动。

镗削加工范围很广，下面介绍卧式镗床的加工范围，如图 8-1 所示。

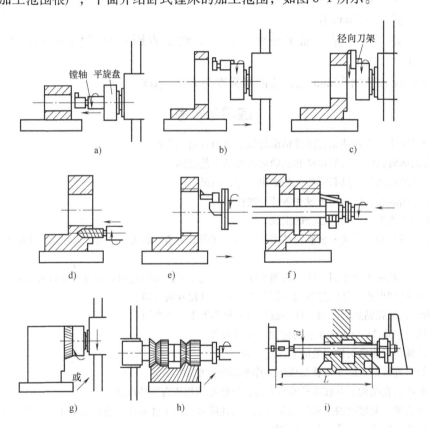

图 8-1 卧式镗床的工作内容及运动

a）用主轴安装镗刀杆镗不大的孔 b）用平旋盘上镗刀镗大直径孔 c）用平旋盘上径向刀架进给镗平面

d）主轴进给钻孔（小于 80mm） e）用工作台进给镗螺纹 f）用主轴进给镗螺纹

g）主轴箱垂向进给铣平面 h）双支承铣组合面 i）利用后支承架支承镗杆（双支承）进行镗孔

1. 孔加工

1）用钻头、铰刀等通用刀具对工件进行钻孔、扩孔、铰孔加工等。

2）用镗刀对孔进行镗削加工。

3）用镗床的平旋盘径向进给刀架使镗刀处于偏心位置，进行大孔的镗削加工。

4）用镗杆与镗床的后立柱、主轴连接，对工件深孔加工。

2. 平面加工

1）利用镗床平旋盘做径向进给，镗削加工工件的较大端面或槽。

2）利用铣刀盘或其他铣刀，对工件进行平面铣削或铣槽；利用锪钻锪小平面。

3）利用平旋盘径向刀架对工件外圆进行车削加工。

4）利用镗床加工螺纹的附件，可在镗床上加工螺纹。

8.1.2 镗削特点及精度

除了在车床、钻床上加工孔以外，用镗孔刀具在镗床上也可以加工孔，与钻孔相比，镗床可以加工比较大的孔，精度较高。对于孔与孔之间较高的同轴度、垂直度、平行度及孔距精度等，镗孔是主要的切削加工方法。

镗削特别适合加工机座、箱体、支架等外形复杂的大型零件上的直径较大的孔以及有位置精度要求的孔和孔系，特别是有位置精度要求的孔和孔系，在一般机床上加工很困难，在镗床上利用坐标装置和镗模则很容易加工。

镗削加工能获得较高的精度和较小的表面粗糙度值。加工零件一般尺寸公差等级为IT8、IT7，表面粗糙度为 $Ra1.6 \sim 0.8\mu m$，孔距精度可达 0.015mm。若用金刚镗床和坐标镗床则加工质量可更好。

8.2 镗床

8.2.1 卧式铣镗床的外部结构

卧式铣镗床因其工艺范围广泛而得到普遍应用。一般情况下，卧式铣镗床可在一次装夹中加工精度要求较高的孔系及端面，完成大部分甚至全部的加工工序，其加工精度比钻床和一般的车床、铣床高，因此特别适合加工大型、复杂的箱体类零件。

图 8-2 所示为卧式铣镗床的外形。由下滑座 11、上滑座 12 和工作台 3 组成的工作台部件安装在床身导轨上，工作台通过下滑座和上滑座可在纵向和横向实现进给和调位运动。工

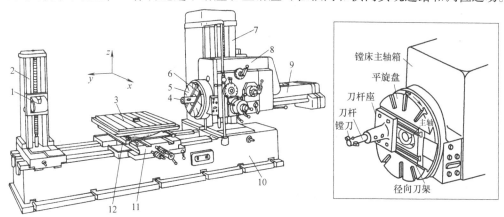

图 8-2　卧式铣镗床的外形

1—后支架　2—后立柱　3—工作台　4—镗轴　5—平旋盘　6—径向刀具溜板

7—前立柱　8—主轴箱　9—后尾筒　10—床身　11—下滑座　12—上滑座

作台还可在上滑座 12 的环形导轨上绕垂直轴线转位，以便在工件一次装夹中对其互相平行或成一定角度的孔或平面进行加工。主轴箱 8 可沿前立柱 7 的垂直导轨上下移动，以实现垂向进给运动或调整主轴轴线在垂直方向的位置。此外，机床上还具有坐标测量装置，以实现主轴箱和工作台的准确位置。加工时，根据加工情况不同，刀具可以安装在镗轴 4 前端的锥孔中，或安装在平旋盘 5 的径向刀具溜板上。镗轴 4 除完成旋转主运动外，还可沿其轴线移动，做轴向进给运动（由后尾筒 9 内的轴向进给机构完成）。平旋盘 5 只能做旋转运动。安装在平旋盘径向导轨上的径向刀具溜板 6，除了随平旋盘一起旋转外，还可做径向进给运动，也可处于所需的任何位置。后支架 1 用以支承悬伸长度较长的镗杆的悬伸端，以增加刚性。后支架可沿后立柱 2 的垂直导轨与主轴箱 8 同步升降，以保证其支承孔与镗轴在同一轴线上。为适应不同长度的镗杆，后立柱 2 还可沿床身导轨调整纵向位置。

8.2.2 卧式铣镗床的工作运动

卧式铣镗床具有下列工作运动（主运动和进给运动见图 8-3）：

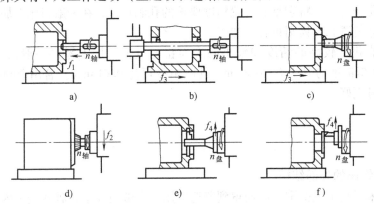

图 8-3 卧式铣镗床的运动

a) 镗小孔 b) 双支承镗同轴孔 c) 镗大孔 d) 铣平面 e) 车内沟槽 f) 车端面

（1）主运动 主运动包括镗杆的旋转主运动（$n_{轴}$）和平旋盘的旋转主运动（$n_{盘}$）。

（2）进给运动 进给运动包括镗杆的轴向进给运动（f_1）、主轴箱垂向进给运动（f_2）、工作台纵向进给运动（f_3）、工作台横向进给运动和平旋盘径向刀架进给运动（f_4）。

（3）辅助运动 辅助运动包括主轴箱、工作台在进给方向上的快速调位运动，后立柱纵向快速调位运动，后支架垂直快速调位运动，以及工作台回转快速调位运动。这些辅助运动由快速电动机传动。

8.3 镗孔刀具

镗刀是在车床、镗床、自动机床以及组合机床上使用的孔加工刀具。镗刀种类较多，分类也很复杂，按切削刃的数量可分为单刃镗刀、双刃镗刀和多刃镗刀；按用途可分为内孔镗刀、端面镗刀、切槽刀和内螺纹切刀；按镗刀结构可分为整体式单刃镗刀、镗刀头、固定式镗刀块、浮动镗刀块、复合镗刀、机夹不重磨式镗刀以及镗刀块等。本书按镗刀切削刃的数量来分别介绍镗刀的类型及应用。

8.3.1　单刃镗刀

它适用于孔的粗、精加工。单刃镗刀的切削效率低，对工人操作技术要求高。加工小直径孔的镗刀通常做成整体式（见图 8-4a、b），加工大直径孔的镗刀可做成机夹式（见图 8-4c、d、e、f）。在镗不通孔或阶梯孔时，为了使镗刀头在镗杆内有较大的安装长度，并具有足够的位置安置压紧螺钉和调节螺钉，常将镗刀头在镗杆内倾斜安装，镗刀头在镗杆上的安装倾斜角 δ 一般取 $10° \sim 45°$，以 $30°$ 居多；镗通孔时取 $\delta = 0°$。

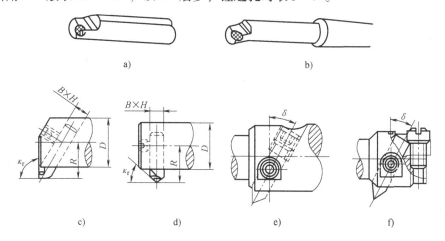

图 8-4　单刃镗刀

a）直柄整体式单刃镗刀　b）锥柄整体式单刃镗刀　c）机夹式单刃不通孔镗刀
d）机夹式单刃通孔镗刀　e）、f）机夹式单刃阶梯孔镗刀

机夹式单刃镗刀的镗杆可长期使用，镗刀头通常做成正方形或圆形。正方形镗刀头的强度与刚度是直径与其边长相等的圆形刀的 $80\% \sim 100\%$，故在实际生产中都采用正方形镗刀头。镗杆不宜太细太长，以免切削时产生振动。镗杆与镗刀头尺寸见表 8-1。镗杆上的调节螺钉用来调节镗刀伸出长度，压紧螺钉从镗杆端面或顶面来压紧镗刀头。在设计不通孔镗刀时，应使压紧螺钉不影响镗刀的切削工作。

表 8-1　镗杆与镗刀头尺寸　　　　　　　　　　（单位：mm）

工件孔径	28 ~ 32	40 ~ 50	51 ~ 70	71 ~ 85	85 ~ 100	101 ~ 140	141 ~ 200
镗杆直径	24	32	40	50	60	80	100
镗刀头直径或长度	8	10	12	16	18	20	24

镗刀的刚性差，切削时易引起振动，所以镗刀的主偏角选得较大，以减小背向力 F_p。镗铸件孔或精镗时，一般取 $\kappa_r = 90°$；粗镗钢件孔时，取 $\kappa_r = 60° \sim 75°$，以提高刀具寿命。

在坐标镗床、自动生产线和数控机床上使用的一种微调镗刀，具有结构简单、制造容易、调节方便、调节精度高等优点，主要用于精加工，图 8-5 为微调镗刀结构。

微调镗刀首先用调节螺母 5、波形垫圈 4 将微

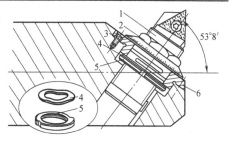

图 8-5　微调镗刀

1—镗刀头　2—微调螺母　3—螺钉
4—波形垫圈　5—调节螺母　6—固定座套

调螺母2连同镗刀头1一起固定在固定座套6上，再用螺钉3将固定座套6固定在镗杆上。用螺钉3通过固定座套6，调节螺母5将镗刀头1连同微调螺母2一起压紧在镗杆上。调节时，转动带刻度的微调螺母2，使镗刀头径向移动达到预定尺寸。镗不通孔时，镗刀头在镗杆上倾斜$53°8'$。微调螺母的螺距为0.5mm，微调螺母上刻线80格，调节时，微调螺母每转过一格，镗刀头沿径向移动量$\Delta R = [(0.5/80)\sin53°8']mm = 0.005mm$。

旋转调节螺母5，使波形垫圈4和微调螺母2产生变形，用以产生预紧力和消除螺纹副的轴向间隙。

8.3.2 双刃镗刀

镗削大直径的孔可选双刃镗刀。双刃镗刀分固定式镗刀和浮动镗刀，它的两端具有对称的切削刃，工作时可消除背向力对镗杆的影响；工件孔径尺寸与精度由镗刀径向尺寸保证。

1. 固定式镗刀

双刃镗刀有两个切削刃对称地分布在镗杆轴线的两侧参与切削，背向力互相抵消，不易引起振动。高速钢固定式镗刀如图8-6所示，也可制成焊接式或可转位式硬质合金镗刀块。固定式镗刀块用于粗镗或半精镗直径$d > 40mm$的孔。工作时，镗刀块可通过楔块或者在两个方向倾斜的螺钉等夹紧在镗杆上。安装后，镗刀块相对于轴线的不垂直、不平行与不对称，都会造成孔径扩大，所以，镗刀块与镗杆上方孔的配合要求较高，方孔对轴线的垂直度与对称度误差不大于0.01mm。

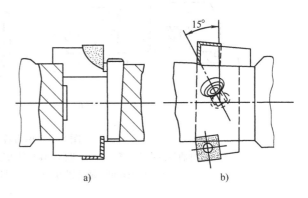

图8-6 高速钢固定式镗刀
a）用斜楔夹紧 b）用双向倾斜的螺钉压紧

固定式镗刀镗削通孔时κ_r取45°，镗削不通孔时κ_r取90°，而γ_o取5°~10°，α_o取8°~12°，修光刃起导向和修光作用，一般取$L = (0.1 \sim 0.2)d_w$。

2. 浮动镗刀

镗孔时，浮动镗刀装入镗杆的方孔中，不需夹紧，通过作用在两侧切削刃上的切削力来自动平衡其径向切削位置，自动对中进行切削。因此，它自动补偿由刀具安装误差、机床主轴偏差而造成的加工误差，能获得较高的公差等级（IT7、IT6）。加工铸件时表面粗糙度为$Ra0.2 \sim 0.8\mu m$，加工钢件时表面粗糙度为$Ra0.4 \sim 1.6\mu m$，但它无法纠正孔的直线度误差和位置误差，因而要求预加工孔的直线度好，表面粗糙度不大于$Ra3.2\mu m$。浮动镗刀结构简单，但镗杆上方孔制造较难，切削效率低于铰孔，因此适用于单件、小批加工直径较大的孔，特别适用于精镗孔径较大（$d > 200mm$）而深的（$L/d > 5$）筒件和管件。双刃镗刀的两端对称的切削刃同时参加切削，与单刃镗刀相比，每转进给量可提高一倍左右，生产效率高。这种镗刀头部可以在较大范围内进行调整，且调整方便，最大镗孔直径可达1000mm。

可调节的硬质合金浮动镗刀如图8-7所示。调节时，松开两个紧固螺钉2，拧动调节螺钉3以调节刀块1的径向位置，使之符合所镗孔的直径和公差。

浮动镗刀在车床上车削工件如图 8-8 所示。工作时刀杆固定在四方刀架上，浮动镗刀块安装在刀杆的长方孔中，依靠两刃径向切削力的平衡而自动定心，从而可以消除因刀块在刀杆上的安装误差所引起的孔径误差。

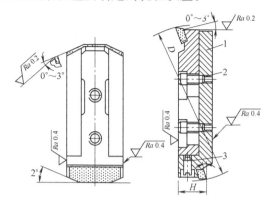

图 8-7　可调节的硬质合金浮动镗刀
1—刀块　2—紧固螺钉　3—调节螺钉

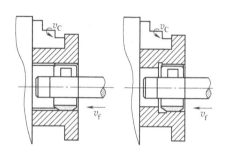

图 8-8　浮动镗刀在车床上车削工件

　　浮动镗刀在镗床上镗削工件如图 8-9 所示。浮动镗刀还有挤压和修光作用，可减小镗刀块安装误差及镗杆径向圆跳动所引起的加工误差。

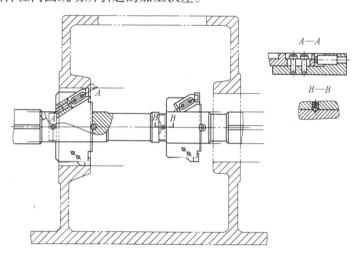

图 8-9　浮动镗刀在镗床上镗削工件

　　（1）整体式硬质合金浮动镗刀　它通常用高速钢制作或在 45 钢刀体上焊两块硬质合金刀片，制造时直接磨到尺寸，不能调节。

　　（2）可调焊接式硬质合金浮动镗刀　如图 8-10 所示，可调焊接式硬质合金浮动镗刀调节尺寸时，稍微松开紧固螺钉 3，旋转调节螺钉 2 推动刀体，就可增大尺寸，一般调节量为 3～10mm。它已列入国家标准，并由工具厂生产。

　　（3）可转位式硬质合金浮动镗刀　图 8-11 所示为可转位式硬质合金浮动镗刀，将刀片 6 套在销子 5 上，旋转压紧螺钉 4，压块 3 向下移动，压块 3 的 3° 斜面将刀片楔紧在销子 5 上。压块靠专用调节螺钉 2 顶紧定位，刀片承受切削力时不会松动。硬质合金刀片的切削刃磨损后，可转位后继续使用。当刀片上的两刃都磨损后可进行重磨。只需旋松螺钉2、4，便可方便地装卸刀片、调节直径尺寸，一般调节范围在 1~6mm 内。

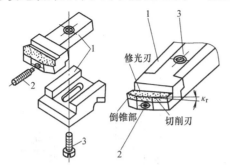

图 8-10　可调焊接式硬质合金浮动镗刀
1—刀体　2—调节螺钉　3—紧固螺钉

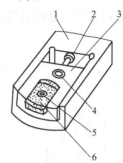

图 8-11　可转位式硬质合金浮动镗刀
1—刀体　2—调节螺钉　3—压块
4—压紧螺钉　5—销子　6—刀片

浮动镗刀工作时，其镗削用量为：$v_c = 5 ~ 8m/min$，$f = 0.5 ~ 1mm/r$，$a_p = 0.03 ~ 0.06mm$。加工钢时采用乳化液或硫化切削油，加工铸铁时采用煤油或柴油。

8.4　镗削加工方法

8.4.1　工件的安装与找正

1. 工件的安装

在镗削之前，刀具和工件之间必须调整到一个合理的位置，为此工件在机床上必需占据某一正确的位置。在镗削加工过程中，工件的安装方法主要有以下几种：

（1）底平面安装　利用工件底平面安装，是镗削加工最常用的安装方法之一。一般来说，工件的底面面积比较大，而且大都经过不同程度的粗、精加工，可直接安装在镗床工作台上；若工件底面是毛坯面，则可用楔形垫块或辅助支承安装在镗床工作台上。

若一次安装加工几个面上的孔，工作台转到任一加工位置时，主轴的悬伸量都不能过长，以免影响加工精度。若加工一个侧面上的孔，或两个互相垂直的孔时，可将工件安装在工作台的一端或一角，如图 8-12a、b 所示；若工件四个侧面上的孔都需镗削，则可将工件安装在工作台中间的合适位置，如图 8-12c 所示，这样可使加工各孔时主轴的悬伸长度相差不大，保证镗削质量。

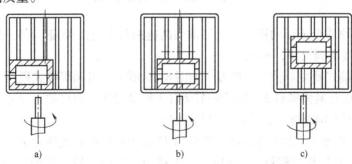

图 8-12　工件在工作台上的安装位置

（2）侧面安装 有些工件，需要镗削的面或孔对于底面有平行度和垂直度的要求，其形体结构无法直接安装在镗床工作台上，可利用镗床专用的大型角铁，以工件的底平面定位安装，如图8-13所示。

若遇到大型工件需要侧平面安装时，可加辅助支承，以平衡由于工件重量引起的颠覆力矩，如图8-14所示。用侧平面安装时，必须注意工件重量的影响，安装表面垫正，并与角铁贴实，防止镗削时振动。

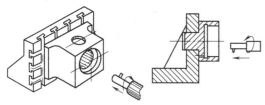

图 8-13 底平面定位安装

图 8-14 侧平面加辅助支承安装

（3）利用镗模安装 对于箱体、支架等零件，为了保证加工要求和安装方便，可以设计一镗床夹具进行安装，如图8-15所示。其特点是利用浮动夹头（见图8-16）将机床与镗杆连接在一起，零件的加工精度受机床精度影响较小。

2. 工件的找正

工件安装在工作台上位置是否正确，必需按照图样要求，用划线盘、百分表或其他工具，确定工件相对于刀具的正确位置和角度，此过程称为工件的找正。找正的方法很多，在大批量生产中，可用夹具直接定位找正；在小批量生产中，一般应用简单的定位元件，如方铁、V形铁、定位板等找正。

若在卧式镗床上不用定位元件时，有以下几种找正方法。

（1）按划线找正 粗加工时，工件可按划线工根据图样要求划出的纵、横基准线和镗削孔径等找正。如图8-17所示，在主轴锥孔刀杆上装上划针，然后移动工作台或主轴找正。

（2）按粗加工面找正 对于有一定精度要求的镗削工件，往往镗孔前，在工件的侧面或

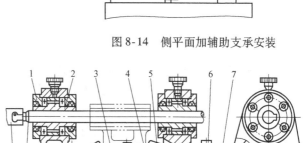

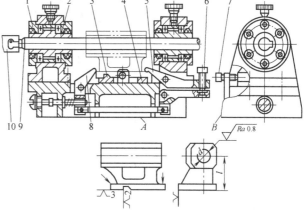

图 8-15 镗削车床尾座孔的镗模
1—支架 2—回转镗套 3、4—定位板 5、8—压板
6—夹紧螺钉 7—可调支承钉 9—镗刀杆 10—浮动接头

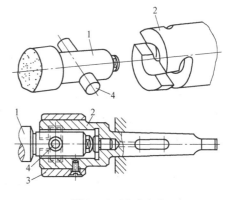

图 8-16 浮动夹头
1—镗杆 2—接头体 3—套筒 4—拨动销

普通机床的零件加工　第2版

底面的前端，先铣（或刨）出一个较长平面，作为镗削加工找正用的粗基准面，如图8-18
所示。

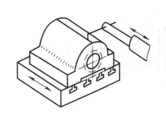

图8-17　按划线找正

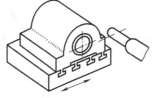

图8-18　按粗加工面找正

（3）按精加工面找正　精度要求高的工件，其基准面必须经过精加工，按精基准用百分表找正，其找正方法与按粗加工面找正方法相同，还可以用量块作侧面找正，如图8-19所示。

（4）按已加工的孔找正　对于已有加工孔，但无侧面或底面可作为工艺定位基准的工件，可用工件已有的孔进行找正，如图8-20所示。

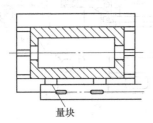

量块

图8-19　用量块作侧面找正

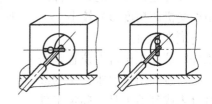

图8-20　按已加工的孔找正

8.4.2　镗刀的安装

1. 镗刀的安装角度 δ

镗刀的安装角度 δ 是指镗刀轴线与镗杆径向截面之间的夹角，如图8-5所示。

单刃镗刀的镗杆系统刚性强时（镗刀杆短而粗，镗孔直径大而长度短）可垂直安装，刚性差时应倾斜安装。镗刀倾斜安装后刀片的工作主、副偏角会相应地变化。

镗刀块与单刃镗刀的安装有所不同。由于镗刀块通常镗大直径的通孔，镗刀杆直径比较粗，浮动镗刀块又用作精加工，所以通常镗刀块与镗刀杆垂直安装。

2. 镗刀的安装高度

如图8-21所示，镗刀的安装高度是指镗刀尖对于所镗孔轴线的高出量 h，它的大小对镗削有直接的影响。

若镗刀的安装高度低于镗孔轴线，即安装高度为负（见图8-22c），由于工件材质不均匀和切削力的变化，可能造成镗刀"楔入"工件而破坏镗削表面；若镗刀安装得过高，则

194

使镗刀的实际前角过于减小从而影响切削加工。通常镗削中等直径孔时，镗刀的安装高度 h 可取孔直径的 1/20，而使切削时工作前角适当减小，工作后角适当增大（见图 8-22a），所以在刃磨镗刀时，要相应地增大前角 γ_{o}，减小后角 α_{o}。

3. 镗刀头的悬伸量

镗刀头的悬伸量是指镗刀头由镗杆支承面中伸出的长度 l，如图 8-21 所示。为了不降低系统的刚性，镗刀头的伸出长度 l 不宜太长，可参考

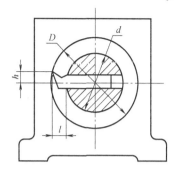

图 8-21　镗刀的安装高度和悬伸量

$$l = (D - d)/2 \approx (1 \sim 1.5)H$$

式中，l 是镗刀头的悬伸量（mm）；D 是工件镗孔直径（mm）；d 是镗杆直径（mm）；H 是镗刀截面高度（mm）。

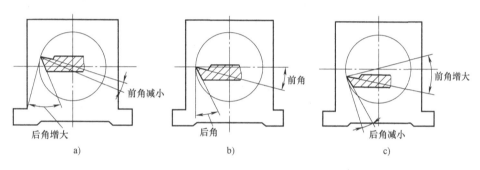

图 8-22　镗刀安装高度对前、后角的影响

a) $h > 0$　b) $h = 0$　c) $h < 0$

8.4.3　加工方法

在箱体上通常分为三种孔系，分别为平行孔系、同轴孔系和交义孔系，如图 8-23 所示，加工时要保证孔系的位置要求。

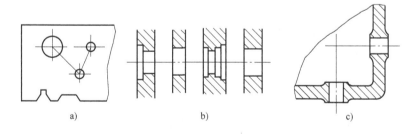

图 8-23　孔系的类型

a) 平行孔系　b) 同轴孔系　c) 交叉孔系

1. 平行孔系镗削方法

（1）找正法　找正法有划线找正法、量块心轴找正法（见图 8-24a、b）和样板找正法（见图 8-24c）。

（2）坐标法　在普通卧式镗床、坐标镗床或数控镗铣床等设备上，借助于测量装置调

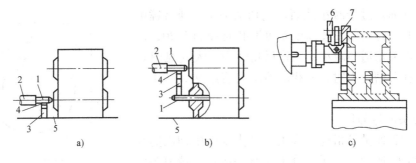

图 8-24　找正法

a)、b) 量块心轴找正法　c) 样板找正法

1—心轴　2—镗床主轴　3—量块　4—塞尺　5—工作台　6—千分表　7—样板

整机床主轴在工件间的水平和垂直方向的相对位置，来保证孔心距精度的一种镗孔方法称为坐标法。图 8-25 所示为在普通镗床上用百分表 1 和量块 2 来调整主轴垂直和水平位置示意图，百分表分别安装在镗床头架和横向工作台上。这种装置调整费时，效率低。坐标法用得最多的是经济刻度尺与光学读数头测量装置，读数精度高的是光栅数字显示装置和感应同步器测量装置。

（3）镗模法　利用镗模夹具加工孔系的方法称为镗模法。如图 8-26 所示，镗孔时，工件装夹在镗模上，镗杆被支承在镗模的导套里，镗刀通过模板上的孔将工件上相应的孔加工出来。在批量生产中广泛采用这种方法加工孔系。

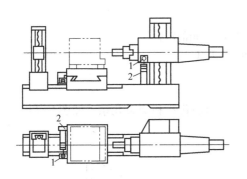

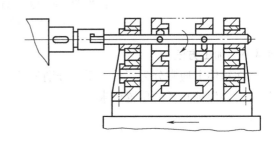

图 8-25　坐标法镗削平行孔系

1—百分表　2—量块

图 8-26　镗模法镗削平行孔系

（4）金刚镗　金刚镗也称为高速细镗，一般在专用镗床上，采用金刚石作镗刀，在高速、小背吃刀量下进行镗孔，能获得高的精度和表面质量。对于铸铁和钢铁，金刚镗通常作为研磨和滚压前的准备工序；对于有色金属件的精密孔，金刚镗通常作为最终加工工序，如图 8-27 所示。

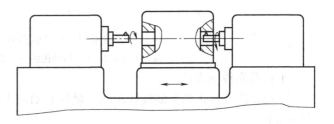

图 8-27　金刚镗削

2. 同轴孔系镗削方法

（1）转动工作台方法（见图8-28a）　这种方法适用于在回转工作台装置精度高的卧式铣镗床上加工中小型工件。

（2）工件调头重新装夹方法（见图8 28b）　这种方法利用工件基准面或工艺基准面找正，使平面与镗杆的轴线平行。镗削一孔后，工件回转180°重新校准平面与镗杆的轴线平行，这样可保证同轴孔系中心线的平行度。

（3）利用已加工孔作支承导向　利用已加工孔作支承导向如图8-28c所示。

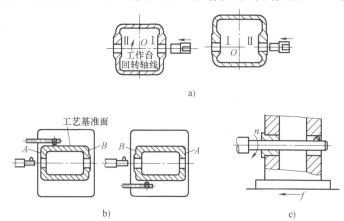

图 8-28　调头镗削同轴孔系

a）转动工作台方法　b）工件调头重新装夹方法　c）利用已加工孔作支承导向

3. 垂直孔系镗削方法

（1）弯板与回转工作台结合方法（见图8-29a）　这种方法适用于较小工件，在回转工作台上装夹一块弯板，将工件的基准面夹压在弯板上，同样利用回转工作台保证垂直精度。工件不仅有垂直孔，而且还有平行孔，可先加工Ⅳ、Ⅲ、Ⅱ孔，转90°后再加工Ⅰ孔，也可以先加工Ⅰ孔转90°后再加工Ⅳ、Ⅲ、Ⅱ孔。

（2）回转法（见图8-29b）　利用回转工作台定位精度，镗削垂直孔系，首先将工件安装在回转工作台上，按侧面或基面找正，待加工孔中心线与镗杆轴线同轴，镗好Ⅰ孔后，将回转工作台逆时针回转90°，再镗削Ⅱ孔。这种方法是依靠镗床工作台回转精度来保证孔系的垂直度。

（3）心轴校正法（见图8-29c）　利用已加工好的Ⅰ孔，按Ⅰ孔选配检验心轴插入Ⅰ孔，镗杆上安装百分表校对心轴两端，待两端等值后，加工Ⅱ孔。另一种方法，镗出Ⅰ孔后，在一次装刀下镗出基准面A，然后转动回转工作台按A面找正，使之与镗杆轴线平行，再镗出Ⅱ孔。这种方法比光依靠镗床工作台回转精度保证孔系的垂直度更加可靠。

4. 镗削内沟槽方法

（1）利用斜楔式径向内沟槽镗刀杆及镗刀头镗内沟槽（见图8-30）　利用专用工具，完成刀具径向切入及切出内槽，专用工具锥柄与镗床主轴锥孔连接，转动手轮和螺杆，在螺母中旋转并移动。凹形斜楔向前或向后平移，内槽镗刀在斜楔作用下从刀体孔中伸出或在拉簧作用下内缩，完成切槽和回刀动作。一般镗刀的切削刃宽≤5mm，当要求槽宽>5mm时，可通过镗床工作台移动完成切削槽宽。

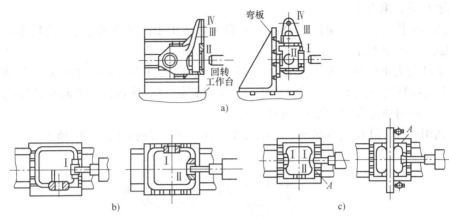

图 8-29　镗削垂直孔系

a) 弯板与回转工作台结合　b) 回转法　c) 心轴校正法

（2）平旋盘镗内沟槽（见图 8-31）　这种方法适用于内孔孔径较大的内槽加工。镗内槽时镗刀固定在平旋盘径向刀架的刀杆上，刀架带动刀杆径向进给镗削出内槽。这种方法刚性较好。

（3）用铣头镗内沟槽（见图 8-32）　这种方法适用于大型工件上较大孔径上加工不通孔的内槽，镗床主轴通过传动轴使一对锥齿轮上的键，带动铣头上主轴转动，完成镗内槽工作，槽深由主轴箱升降来控制。

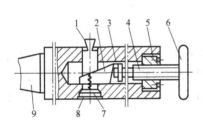

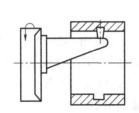

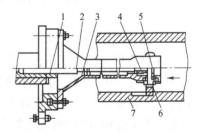

图 8-30　专用工具

1—内槽镗刀　2—凹形斜楔
3—轴用挡圈　4—螺杆
5—倒顺牙螺母　6—手轮
7—拉簧　8—拉簧连接座　9—锥柄

图 8-31　平旋盘镗内沟槽

图 8-32　用铣头镗内沟槽

1—主轴　2—传动轴　3—本体
4—90°锥齿轮副　5—铣刀主轴
6—立铣刀　7—工件

8.4.4　镗削加工实例

图 8-33 所示为箱体零件图及三维效果图。

零件材料为 HT200，毛坯为铸件，并经时效处理。箱体毛坯已铸出 $\phi76mm$、$\phi81mm$ 的孔。

1. 刀具选择

（1）刀具的类型、材料和角度

1）刀具的类型、材料。刀具的类型有单刃镗刀、半精镗刀、浮动镗刀及 45°端面粗、精镗刀头，A 型双支承浮动镗刀杆一根，A 型双支承镗刀杆一根，平旋盘刀座；刀头材料为

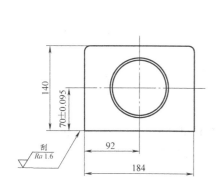

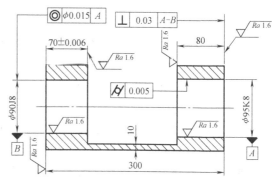

图 8-33 箱体零件图及三维效果图

YG6、YG8 类硬质合金。

2）刀具的角度

① 粗镗 ϕ95K8 孔、粗镗 ϕ90J8 孔。单刃镗刀切削角度：主偏角 $\kappa_r = 75° \sim 90°$，副偏角 $\kappa_r' = 4°$，前角 $\gamma_o = 10°$，后角 $\alpha_o = 6°$，刃倾角 $\lambda_s = 2°$，刀尖过渡刃倾斜角 $\kappa_{st} = 45°$，过渡刃宽度 $b_\varepsilon = 2mm$，负倒棱 5°，宽 0.5mm。

② 半精镗 ϕ95K8 孔、半精镗 ϕ90J8 孔。半精镗刀切削角度选择同上。

③ 精镗 ϕ95K8 孔、精镗 ϕ90J8 孔。浮动镗刀切削角度：前角 $\gamma_o = 12°$，主偏角 $\kappa_r = 1°30' \sim 2°30'$，修光刃长 6mm，刀宽 0.20mm。

④ 粗镗 ϕ95mm 孔前端面，精镗 ϕ95mm 孔前端面；粗镗 ϕ90mm 孔前端面，精镗 ϕ90mm 孔前端面；粗镗 ϕ90mm 孔后端面，精镗 ϕ90mm 孔后端面；粗镗 ϕ95mm 孔后端面，精镗 ϕ95mm 孔后端面。镗刀切削角度：主偏角 $\kappa_r = 45°$，后角 $\alpha_o = 2°$。

（2）刀具的刃磨 单刃镗刀是镗削加工中使用最多的一种镗刀。它都是安装在镗杆的方孔内进行工作的。由于安装刀孔位置的关系，单刃镗刀的切削角度与刀具理论的切削角有变化。在实际加工中，其前角会减小，后角会增大，因此在刃磨时要做相应调整与补偿，应会刃磨单刃镗刀。

1）砂轮的选择。单刃镗刀的切削部分一般都由硬质合金材料制成，因此可以选用粒度为 F60 ~ F80，硬度为中硬的绿色碳化硅砂轮。

2）刃磨方法。单刃镗刀主要是通过刃磨前刀面、主后刀面、副后刀面及刀尖圆弧来达到其"七角、二刃、一尖"的形成。

（3）刀具装夹方法

1）粗镗 ϕ95K8 孔、粗镗 ϕ90J8 孔。在主轴孔中装入 A 型双支承镗刀杆（ϕ70mm × 400mm）及单刃镗刀。

2）半精镗 ϕ95K8 孔、半精镗 ϕ90J8 孔。在主轴孔中装入 A 型双支承镗刀杆（ϕ70mm × 400mm）及半精镗镗刀。

3）精镗 ϕ95K8 孔、精镗 ϕ90J8 孔。把精镗用的浮动镗刀杆装夹在机床主轴锥孔中。

粗镗 ϕ95mm 孔前端面；粗镗 ϕ90mm 孔前端面；粗镗 ϕ95mm 孔后端面。粗镗 ϕ90 孔后端面。将 45°悬臂式镗刀杆装夹在平旋盘装刀座中，将粗镗用的镗刀头装夹在平旋盘装刀座中，纵向移动工作台，使切削刃与工件端面边缘接触。

4）精镗 ϕ95mm 孔前端面，精镗 ϕ90mm 孔前端面；精镗 ϕ95mm 孔后端面，精镗 ϕ90mm 孔后端面。将精镗用的镗刀头装夹在镗刀杆中，纵向移动工作台。

2. 工件在机床上的装夹方法

（1）工件的第一次装夹与找正

1）基准面的确定。由于该工件的底面既是安装面，又是加工孔的测量基准面，所以选择底面作为安装基准面，使三基准面重合。底面作安装基准可使夹持稳定，变形小，将工件底面放在工作台面上，工件应伸出工作台 5～6mm，这样有利于加工顺利进行。

2）找正。如图 8-34 所示，将工件定位在机床工作台上，工件放置好后，纵向找正：把带划针的镗刀杆装夹在机床主轴锥孔中找正工件的顶端，移动工作台和主轴箱，使划针与工件上纵向划线的一端轻轻接触，使划针沿着工件上的划线移动到与另一端的划线重合。横向找正：纵向移动工作台和主轴箱，划针与工件上横向划线的一端轻轻接触，横向移动工作台，使划针沿着工件上的划线移动到与另一端的划线重合。找正

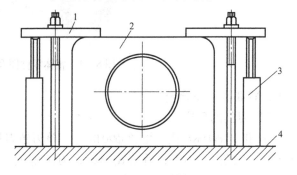

图 8-34　工件装夹

1—压板　2—工件　3—垫铁　4—工作台

后，利用工件上面的两套压紧装置将工件夹紧，同时要锁紧回转工作台。

（2）工件的第二次装夹与找正　ϕ90mm、ϕ95mm 孔后端面应按工件已加工好的孔进行找正。将工件旋转 180°后，定位在工作台上，工件应伸出工作台 5～6mm，将一根轴向紧固式镗刀杆装夹在机床主轴孔中，把杠杆百分表装夹在镗刀杆装刀孔中，纵向或横向移动工作台，使百分表触头伸入工件孔内，使量表触头与工件孔表面接触，压表紧度约为 0.50mm，记住此时表针示值，并作为原始示值。观察百分表测头在孔内水平和垂直方向上 4 个点的接触情况，若百分表在孔内 4 个点的示值相同，且均等于原始值时，机床主轴轴线与工件基准孔轴线重合。找正工件后，利用工件上面的两套压紧装置将工件夹紧，同时要锁紧回转工作台。夹紧工件后，必须复测找正精度。

3. 机床的调整和切削用量的选择

（1）机床的调整

1）ϕ95K8 孔位的找正。ϕ95K8、ϕ90J8 孔中心与安装底面的距离为（70 ± 0.095）mm。这时主轴轴线距离镗床工作台面应为（70 ± 0.095）mm，把组合好的尺寸为 27.5mm 的一组量块，安放在主轴圆柱面下面进行测量，有轻微摩擦感即可，将主轴旋转 180°后进行验证性测量，这样可找正 ϕ95K8 孔垂直方向中心线的坐标，锁紧主轴箱，如图 8-35 所示。

该孔的横向坐标，可使用中心顶尖配合钢直尺进行找正，将顶尖的锥柄插入主轴锥孔中，移动工作台和主轴，当顶尖快接近工件时，把钢直尺放在孔的直径最大处，测量工件的宽度尺寸，使顶尖的尖头对准钢直尺所显示的该尺寸

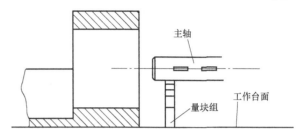

图 8-35 找正示意图

的中部，这时已对准工件 ϕ95K8 孔的横向中心线。找正后锁紧上滑座。

2）镗削前，先必须用百分表对镗床尾座进行校正，使尾座支承套轴线与机床主轴回转中心重合，校正符合精度要求，然后再使用长镗杆对同轴孔进行镗削。

（2）切削用量的选择

1）粗镗 ϕ95K8 孔、粗镗 ϕ90J8 孔：$v_c = 40 \sim 80$m/min（即 280 ~ 550r/min），$f = 0.3 \sim 1.0$mm/r，$a_p = 4 \sim 5$mm。

2）半精镗 ϕ95K8 孔、半精镗 ϕ90J8 孔：$v_c = 60 \sim 100$m/min，$f = 0.2 \sim 0.5$mm/r，$a_p = 1.4$mm。

3）精镗 ϕ95K8 孔、精镗 ϕ90J8 孔：$v_c = 50 \sim 80$m/min，$f = 0.15$mm/r，$a_p = 0.25$mm。

4）粗镗 ϕ95mm 孔前端面、粗镗 ϕ90mm 孔前端面：$v_c = 40 \sim 80$m/min，$f = 0.3 \sim 1.0$mm/r，$a_p = 2$mm。

5）精镗 ϕ95mm 孔前端面、精镗 ϕ90mm 孔前端面：$v_c = 15 \sim 30$m/min，$f = 0.15 \sim 0.5$mm/r，$a_p = 0.5$mm。

6）粗镗 ϕ95mm 孔后端面、粗镗 ϕ90mm 孔后端面：$v_c = 40 \sim 80$m/min，$f = 0.3 \sim 1.0$mm/r，$a_p = 4$mm。

7）精镗 ϕ95mm 孔后端面、精镗 ϕ90mm 孔后端面：$v_c = 15 \sim 30$m/min，$f = 0.15 \sim 0.5$mm/r，$a_p = 0.5 \sim 1.5$mm。

4. 工艺过程

由零件图的主要技术要求可知，该箱体上有 ϕ95K8、ϕ90J8 两个圆柱孔和孔的端面需要镗削，镗削端面时选择的镗刀杆尽可能短而粗。孔端面加工一般安排在孔加工后一个工步，孔端面加工采用平旋盘进给法，按粗镗、精镗分数次进给。该箱体为同轴孔系，同轴孔系的主要技术要求除了保证孔自身的尺寸精度和形状精度外，还必须保证孔系的同轴度要求。采用长镗杆与尾座联合镗削同轴孔系。

1）机床维护。揩净镗床工作台、导轨面、主轴等，按规定油质、部位加注定量润滑油。

2）机床检查。机床起动前，应检查镗床各操纵手柄的位置及其可靠性和灵活性。

3）机床试操作。试操作包括验证变速系统的可靠性，以及主轴箱、工作台的进给运动和快速进给等应无误。最后，起动机床主轴做低速短时间运转，使机床内部达到温度平衡。

4）工件准备。清扫箱体各面后，倒钝工件锐角并去毛刺，检查毛坯尺寸。

5）工件第一次装夹与找正。

6）机床调整。

7）粗镗 ϕ95K8 孔。检具为内卡钳，粗镗可分为 2～3 次，粗镗后的工步工序尺寸为 ϕ93mm。

8）粗镗 ϕ90J8 孔。检具为内卡钳，粗镗可分为 2～3 次，粗镗后的工步工序尺寸为 ϕ86mm。

9）半精镗 ϕ95K8 孔。检具采用内卡钳和外径千分尺联合测量。

10）半精镗 ϕ90J8 孔。检具采用内卡钳和外径千分尺联合测量。

11）精镗 ϕ95K8 孔至图样要求 ϕ95 $^{+0.016}_{-0.038}$mm。检具采用内卡钳和外径千分尺联合测量。

12）精镗 ϕ90J8 孔至图样要求 ϕ90 $^{+0.034}_{-0.020}$mm。检具采用内卡钳和外径千分尺联合测量。

13）粗镗 ϕ95mm 孔前端面，留精镗余量为 2mm。ϕ95K8 孔处此工序尺寸为孔长 88mm。

14）精镗 ϕ95mm 孔前端面。ϕ95K8 孔处此工序尺寸为孔长 86mm。

15）粗镗 ϕ90mm 孔前端面，留精镗余量为 2mm。ϕ90J8 孔处此工序尺寸为孔长 78mm。

16）精镗 ϕ90mm 孔前端面。ϕ90J8 孔处此工序尺寸为孔长 76mm。

17）工件第二次装夹与找正。

18）粗镗 ϕ90mm 孔后端面，留精镗余量为 2mm。ϕ90J8 孔处此工序尺寸为孔长 72mm。

19）精镗 ϕ90mm 孔后端面至图样要求，分 2 次镗削。ϕ90J8 孔处此工序尺寸为孔长（70 ±0.06）mm，并保证箱体总长 300mm。

20）粗镗 ϕ95mm 孔后端面，留精镗余量为 2mm。ϕ95K8 孔处此工序尺寸为孔长 82mm。

21）精镗 ϕ95mm 孔后端面至图样要求，分 2 次镗削。ϕ95K8 孔处此工序尺寸为孔长 80mm。

镗削完毕，自检尺寸，合格后卸下工件。

练习与思考

8-1　什么是镗削加工？其加工特点和工艺范围是什么？

8-2　卧式镗床由哪几部分组成？有哪些主运动？

8-3　概述 TP619 型卧式铣镗床的成形运动及辅助运动以及这些运动的作用。

8-4　镗削加工和车削加工有何异同之处？

8-5　在精密镗床上，为什么镗杆轴颈精度比轴孔精度低？

8-6　单刃镗刀安装时，设置安装角的目的是什么？一般为多大？

8-7　何谓镗刀的安装高度及悬伸量？它们对镗削有什么影响？

8-8　微调镗刀如何调整？怎样控制镗孔尺寸？

8-9　简述镗刀的种类。浮动镗刀的工作原理及用途是什么？它和固定镗刀相比有何特点？

8-10　如何选择镗刀的几何参数？

8-11 简述工件在镗床上的装夹方法。

8-12 如何进行垂直孔的镗削加工?

8-13 怎样镗削阶梯孔? 应注意哪些工艺问题?

8-14 同轴孔系如何镗削? 怎样保证孔的同轴度?

8-15 试述箱体零件镗削加工工艺过程。

模块 5 表面精加工

单元 9 磨 削 加 工

9.1 磨削工作内容

9.1.1 磨削加工范围

磨削加工是以砂轮的高速旋转作为主运动，与工件低速旋转和直线移动（或磨头的移动）作为进给运动相配合，切去工件上多余金属层的一种切削加工。磨削是机械制造中最常用的加工方法之一。

磨削加工的应用范围广泛，如图 9-1 所示，可以加工内外圆柱面、内外圆锥面、平面、成形面和组合面等。磨削可加工用其他切削方法难以加工的高硬、超硬材料，如淬硬钢、高强度合金、硬质合金和陶瓷等材料。磨削还可以用于荒加工（磨削钢坯、割浇冒口等）、粗加工、精加工和超精加工。

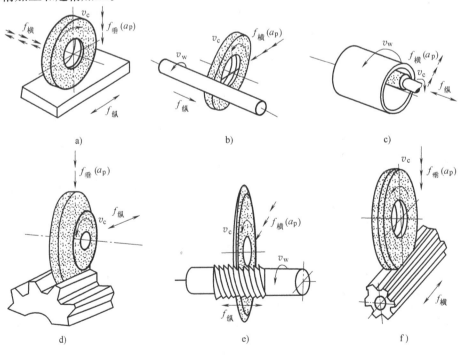

图 9-1 磨削加工范围

a) 磨平面 b) 磨外圆 c) 磨内圆 d) 磨齿轮齿形 e) 磨螺纹 f) 磨花键

9.1.2 磨削加工的特点及其精度

磨削使用的砂轮是一种特殊工具，每颗磨粒相当于一个刀齿，整块砂轮就相当于一把刀齿极多的铣刀。磨削时，凸出的且具有尖锐棱角的磨粒从工件表面切下细微的切屑；磨钝或不太凸出的磨粒只能在工件表面上划出细小的沟纹；比较凹下的磨粒则与工件表面产生滑动摩擦，后两种磨粒在磨削时产生细尘。因此，磨削加工和一般切削加工不同，除具有切削作用外，还具有刻划和磨光作用。

（1）砂轮切削刃不规则　切削刃的形状、大小和分布均处于不规则的随机状态，通常切削时有很大的负前角和小后角。

（2）磨削加工余量小、加工精度高　除了高速强力磨削能加工毛坯外，磨削工件之前必须先进行粗加工和半精加工。磨削加工精度为 IT7 ~ IT5，表面粗糙度可达 $Ra0.8 \sim 0.2\mu m$。采用高精度磨削方法，表面粗糙度可达 $Ra0.1 \sim 0.006\mu m$。

（3）磨削速度高、温度高　一般磨削速度为 35m/s 左右，高速磨削时可达 60m/s。目前，磨削速度已发展到 120m/s。但磨削过程中，砂轮对工件有强烈的挤压和摩擦作用，产生大量的切削热，在磨削区域瞬时温度可达 1000℃ 左右。在生产实践中，为降低磨削时切削温度，必须加注大量的切削液，减小背吃刀量，适当减小砂轮转速及提高工件转速。

（4）适应性强　就工件材料而言，不论软硬材料均能磨削；就工件表面而言，很多表面质量要求较高的均能加工；此外，还能对各种复杂的刀具进行刃磨。

（5）砂轮具有自锐性　在磨削过程中，砂轮的磨粒逐渐变钝，作用在磨粒上的切削抗力就会增大，致使磨钝的磨粒破碎并脱落，露出锋利刃口继续切削，这就是砂轮的自锐性。它能使砂轮保持良好的切削性能。

9.2 磨床

9.2.1 磨床分类

用磨具（砂轮、砂带或油石等）作为工具对工件表面进行切削加工的机床，统称为磨床。磨床是金属切削机床中的一种。除了某些形状特别复杂的表面外，机器零件的各种表面大多能用磨床加工。磨床有许多种类，根据用途和采用的工艺方法不同，大致可分为以下几类：

（1）外圆磨床　外圆磨床包括万能外圆磨床、外圆磨床、无心外圆磨床等，主要用于磨削回转外表面。

（2）内圆磨床　内圆磨床包括内圆磨床、无心内圆磨床、行星式内圆磨床等，主要用于磨削回转内表面。

（3）平面磨床　平面磨床包括卧轴矩台平面磨床、立轴矩台平面磨床、卧轴圆台平面磨床、立轴圆台平面磨床等，用于磨削各种平面。

（4）工具磨床　工具磨床包括工具曲线磨床、钻头沟槽磨床、丝锥沟槽磨床等，用于磨削各种工具。

（5）刀具刃磨磨床　刀具刃磨磨床包括万能工具磨床、车刀刃磨床、钻头刃磨床、滚刀刃磨床、拉刀刃磨床等，用于刃磨各种切削刀具。

（6）专门化磨床　专门化磨床包括花键轴磨床、曲柄磨床、凸轮轴磨床、活塞环磨床等，用于磨削某一零件上的一个表面。

（7）其他磨床　其他磨床有研磨机、珩磨机、抛光机、砂轮机等。

其中，在生产中应用得最多的是外圆磨床、内圆磨床、平面磨床、无心磨床和万能工具磨床等。其他如齿轮磨床、螺纹磨床、凸轮轴磨床等，由于用途比较专一，使用不广泛。

9.2.2　M1432B 型万能外圆磨床

1. 万能外圆磨床的加工范围及精度

M1432B 型万能外圆磨床是普通精度级万能外圆磨床，主要用于磨削 IT6～IT7 级精度的圆柱形、圆锥形的外圆和内孔，还可磨削阶梯轴的轴肩、端平面等。磨削表面粗糙度为 $Ra1.25～0.05\mu m$，但其生产效率低，适用于单件小批生产。

2. 万能外圆磨床的外形、运动及技术规格

（1）万能外圆磨床的外形　M1432B 型万能外圆磨床如图 9-2 所示，其主要组成部分如下：

1）床身 1。它是磨床的基础支承件，支承着砂轮架、工作台、头架、尾座垫板及横向导轨等部件，使它们在工作时保持准确的相对位置，床身内部作为液压系统的油池，并装有液压传动部件。

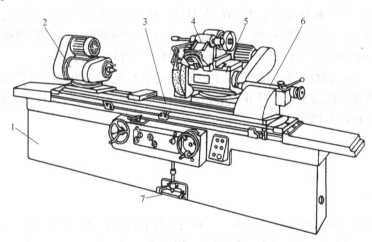

图 9-2　M1432B 型万能外圆磨床

1—床身　2—头架　3—工作台　4—内磨装置　5—砂轮架　6—尾座　7—脚踏操纵板

2）头架 2。它用于装夹和支持工件，并带动工件转动。头架可绕其垂直轴线转动一定角度，以便磨削锥度较大的圆锥面。

3）工作台 3。它由上、下两工作台组成。上工作台可绕下工作台的心轴在水平面内调整至一定角度位置，以便磨削锥度较小的长圆锥面，头架和尾座安装在工作台台面上并随工作台一起运动；下工作台的底面上固定着液压缸筒和齿条，故工作台可由液压传动或手轮摇动沿床身导轨往复纵向运动。

4）尾座 6。它和头架的前顶尖一起，用于支承工件。尾座可调整位置，以适应装夹不同长度工件的需要。脚踏操纵板 7 控制尾座顶尖的伸缩，脚踩时尾座顶尖缩进，脚松时顶尖伸出。

5）砂轮架 5。它用于支承并传动高速旋转的砂轮主轴，砂轮架装在床身后部的横向导轨上，当需要磨削短圆锥面时，砂轮架可绕其垂直轴线转动一定的角度。在砂轮架上的内磨

装置 4 用于支承磨内孔的砂轮主轴，内磨装置主轴由单独的内圆砂轮电动机驱动。

横向导轨及横向进给机构的功用是通过转动横向进给手轮，带动砂轮实现周期的或连续的横向进给运动以及调整砂轮位置。为了便于装卸工件和进行测量，砂轮架还可作定距离的横向快速进退运动。

（2）万能外圆磨床的运动　M1432B 型万能外圆磨床的几种典型加工方法如图 9-3 所示。

1）图 9-3a 所示为磨外圆柱面，所需运动有砂轮旋转运动（主运动 n_t）、工件的圆周进给运动 n_w 和工件纵向往复运动（进给运动 f_a），此外还有砂轮的横向间歇切入运动 f_r。

2）图 9-3b 所示为磨长圆锥面，所需运动和磨外圆时一样，所不同的只是上工作台相对于下工作台调整一定的角度 α，磨削出来的表面即是锥面。

3）图 9-3c 所示为磨短圆锥面，将砂轮调整一定的角度，工件不作往复运动，由砂轮作连续的横向切入进给运动。此法仅适合磨短圆锥面。

4）图 9-3d 所示为磨内圆锥面，磨内孔时，将工件夹持在卡盘上，由头架在水平面内是否调整有一定的角度，而确定磨出圆柱孔或锥孔。

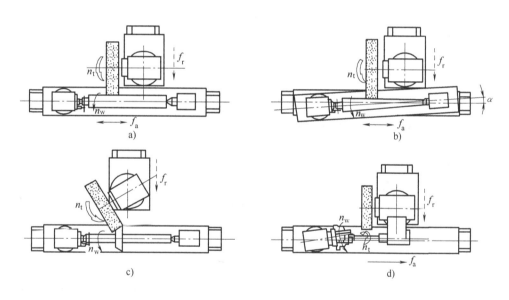

图 9-3　M1432B 型万能外圆磨床的几种典型加工方法
a）磨外圆柱面　b）磨长圆锥面　c）磨短圆锥面　d）磨内圆锥面

3．M1432B 型万能外圆磨床的机械传动系统

M1432B 型万能外圆磨床的机械传动系统如图 9-4 所示，工作台的纵向往复运动、砂轮架的快速进退和自动周期进给以及尾座套筒的缩回均采用液压传动，其余则采用机械传动。

（1）主运动的传动

1）外圆磨削砂轮的传动。砂轮架电动机 M_1 经 V 带轮 9、10 直接带动砂轮主轴旋转。

2）内圆磨具的传动。内圆磨具电动机 M_2 经高速平带轮 7、8 直接带动内圆磨具主轴旋转。只有当内圆磨具支架翻转到工作位置，才能接通由电气联锁机构切断电路，起动电动机。此时，砂轮架快速进退手柄在原位置自锁。

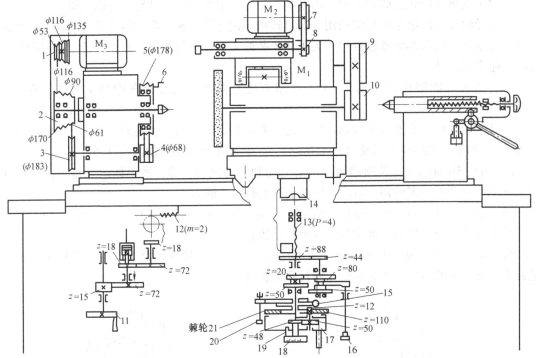

图 9-4　M1432B 型万能外圆磨床的机械传动系统

1、2、3、4、5、7、8、9、10—带轮　6—拨杆　11—纵向进给手轮　12—齿条　13—传动丝杠
14—半螺母　15—横向进给手轮　16、20—捏手　17—液压缸　18—刻度盘　19—旋钮　21—棘轮

（2）进给运动的传动

1）头架主轴的传动。使工件获得所需的圆周进给量，头架主轴由双速电动机 M_3 经三级带轮 1、2 和单级 V 带轮 3、4、5 传动。工件由拨杆 6 带动。把传动带放至不同的直径上和变换电动机的转速，可获得六种转速。工件转速可按下式计算，即

$$n_w = ni\,\frac{61}{183} \times \frac{68}{178}$$

式中，n_w 是工件转速（r/min）；n 是电动机 M_3 的转速，$n = 740\text{r/min}$ 或 $n = 1450\text{r/min}$；i 是三级塔形 V 带轮的传动比 $\dfrac{53}{170}$，$\dfrac{116}{116}$，$\dfrac{135}{90}$。

2）工作台的纵向进给传动。工作台既可由液压传动，也可手动。手动是为了磨削轴肩或调整工作台的位置。纵向进给手轮 11 经齿轮副 $\dfrac{15}{72}$ 与 $\dfrac{18}{72}$ 和齿轮 $z = 18$ 及齿条 12 使工作台移动，实现手动纵向进给，传动关系式为

$$1 \times \frac{15}{72} \times \frac{18}{72} \times 18 \times 2\pi \ \text{mm} = 5.9\text{mm} \approx 6\text{mm}$$

当液压驱动工作台纵向运动时，为了避免工作台带动纵向进给手轮 11 转动而碰伤操作者，液压传动的自动进给阀与纵向进给手轮 11 实行联锁。当轴Ⅵ上的小液压缸与液压系统相通，驱动工作台纵向往复运动时，压力油推动轴Ⅵ上的双联齿轮移动，使齿轮 $z = 18$ 与右

侧的 $z = 72$ 脱开，此时工作台的纵向运动由液压缸驱动，纵向进给手轮 11 不起驱动作用。

3）砂轮架的横向进给传动。砂轮架的横向进给传动使砂轮获得所需的背吃刀量，有细进给、粗进给和自动周期进给三种。

① 细进给时，转动横向进给手轮 15，经齿轮副 $\frac{20}{80}$ 和 $\frac{44}{88}$ 及传动丝杠 13 使半螺母 14 带着砂轮架作进给传动，手轮转一周传动关系式为 $1 \times \frac{20}{80} \times \frac{44}{88} \times 4\mathrm{mm} = 0.5\mathrm{mm}$，由于手轮刻度盘分 200 格，则每格进给量为 $0.0025\mathrm{mm}$。

② 粗进给时，先将捏手 16 推进，转动横向进给手轮 15 经齿轮副 $\frac{50}{50}$ 和 $\frac{44}{88}$ 及传动丝杠 13，使半螺母 14 带着砂轮架作横向移动，其传动关系式为 $1 \times \frac{50}{50} \times \frac{44}{88} \times 4\mathrm{mm} = 2\mathrm{mm}$，由于手轮刻度盘分 200 格，则手轮每格进给量为 $0.01\mathrm{mm}$。

③ 自动周期进给有三种方式：第一种是双进给，每当工作台换向一次，自动周期进给一次；第二种是左进给，每当工作台在左端换向时，自动周期进给一次；第三种是右进给，每当工作台在右端换向时，自动周期进给一次。

自动周期进给是通过棘爪液压缸 17 带动棘轮 21（$z = 200$），使手轮传动，并经齿轮副 $\frac{20}{80}$（或 $\frac{50}{50}$）和 $\frac{44}{88}$ 及丝杠螺母使砂轮架实现横向自动进给。

在细档每撑棘轮一牙，进给量为 $a_\mathrm{p} = \frac{1}{200} \times \frac{20}{80} \times \frac{44}{88} \times 4\mathrm{mm} = 0.0025\mathrm{mm}$。

在粗档每撑棘轮一牙，进给量为 $a_\mathrm{p} = \frac{1}{200} \times \frac{50}{50} \times \frac{44}{88} \times 4\mathrm{mm} = 0.01\mathrm{mm}$。

周期进给量由捏手 16 调节。细档的调整范围是 $0.0025\mathrm{mm}$、$0.005\mathrm{mm}$、$0.0075\mathrm{mm}$；粗档的调整范围是 $0.01\mathrm{mm}$、$0.02\mathrm{mm}$、$0.03\mathrm{mm}$、$0.04\mathrm{mm}$。

在磨削一批工件时，为了节省辅助时间，减少重复测量工件的次数，通常先试磨一个工件，当磨削达到所要求的尺寸后，调整刻度盘 18 上挡块的位置，使它在横向进给磨削至所需直径时，正好与固定在床身前罩上的定位爪相碰。当要磨削后续工件时，只需转动横向进给手轮 15，当挡铁碰到定位爪时，加工后便达到所需尺寸。

当砂轮磨损或修正后，为了保证工件直径不受其影响，必须调整刻度盘 18 上垫铁的位置。调整的方法为：拔出旋钮 19，使它与横向进给手轮 15 上的销子脱开，然后旋转旋钮 19，使旋钮上的齿轮 z_{48} 带动行星齿轮 z_{50}、z_{12} 旋转，z_{12} 与刻度盘 18 上的内齿轮 z_{110} 相啮合，使刻度盘反转，反转格数应根据砂轮的磨损量来确定。调整完毕后，将旋钮 19 推入，横向进给手轮 15 上的销子插入其后端面的销孔中，使刻度盘 18 和横向进给手轮 15 连成一个整体。旋钮后端面上沿圆周均布有 21 个销孔，当旋钮转过一个孔距时，砂轮架附加横向位移量 Δf_r 为

粗进给时，$\Delta f_\mathrm{r} = \frac{1}{21} \times \frac{48}{50} \times \frac{12}{110} \times 2\mathrm{mm} = 0.01\mathrm{mm}$。

细进给时，$\Delta f_\mathrm{r} = \frac{1}{21} \times \frac{48}{50} \times \frac{12}{110} \times 0.5\mathrm{mm} = 0.0025\mathrm{mm}$。

9.3 砂轮

9.3.1 砂轮的结构

砂轮是磨削加工中最常用的旋转式磨具。它是由结合剂将磨料颗粒粘结而成的多孔体。

砂轮的制造比较复杂，由磨料加结合剂经压制与焙烧而制成。以陶瓷结合剂砂轮为例，将磨料、结合剂以适当的比例混料成形后，再经过干燥、烧结、整形、静平衡、硬度测定，及最高工作线速度测量等程序而制成。在高温烧结过程中，结合剂与磨粒表面相互浸溶形成多孔网状玻璃组织，磨粒依靠结合剂粘结在一起，在磨削时起直接的切削作用，把一层极薄的金属层从工件上切下来，如图9-5所示。组成砂轮的三要素有磨粒、结合剂和气孔。

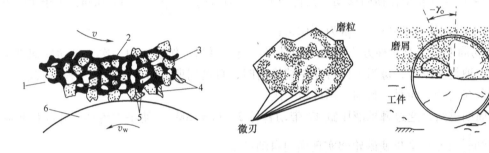

图9-5　砂轮的结构
1—砂轮　2—结合剂　3—磨粒　4—磨屑　5—气孔　6—工件

砂轮中的磨粒有许多小刃口，每个刃口相当于一把小刀子，称为切削刃。在磨削过程中受磨削力和磨削热的影响，切削刃是不断变化的，开始时锋利，后来因磨损而变钝。钝化了的磨粒继续进行磨削，作用于磨粒上的力就不断增加，有时当磨粒所受压力尚未超过结合剂的粘结力，但足以使磨粒崩碎，则磨粒就部分崩碎而形成新的锋利的棱角；有时磨粒所受的压力超过结合剂的粘结力，此时该磨粒则自行脱落，露出了新的锋利的磨粒。钝化了的磨粒崩碎或自行脱落，又出现锋利的磨粒，使其保持了原来的切削性能。砂轮的这种特性称为"自锐性"。

9.3.2 砂轮的组成要素

1. 磨料

磨料分为天然磨料和人造磨料两大类。一般天然磨料含杂质多，质地不均匀。天然金刚石虽好，但价格昂贵，故目前主要使用人造磨料。常用磨料特性和适用范围见表9-1。

表9-1　常用磨料特性和适用范围

系列	名称	代号	特　性	适用范围
氧化物系：主要成分为氧化铝	棕刚玉	A	呈棕褐色；硬度高，韧性大，价格便宜	碳钢、合金钢、可锻铸铁等
	白刚玉	WA	呈白色；比A硬度高、脆性大、价格高、自锐性强、磨损大，不适合粗磨	精磨淬火钢、高碳钢、高速钢及薄壁零件，刃磨及研磨刀具

（续）

系列	名称	代号	特 性	适 用 范 围
碳化物系：主要成分为碳化硅	黑碳化硅	C	呈黑色，有光泽；可磨抗拉强度低、脆性高的金属；硬度比 WA 高，性脆而锋利，导热性和抗导电性好	脆性材料，如铸铁、铝及非金属材料
	绿碳化硅	GC	呈绿色，半透明晶体，纯度高；硬度和脆性比 C 高，耐磨性好	磨硬质合金、光学玻璃、宝石、玉石、陶瓷以及珩磨发动机缸套
高硬磨料	人造金刚石	D	呈无色透明或淡黄色、黄绿色、黑色，硬度高	磨削硬质合金、宝石等高硬度材料
	立方氮化硼	CBN	呈黑色或淡白色，硬度仅次于 D，耐磨性好，发热小	磨削或研磨高硬度、高韧性的难加工材料，如不锈钢、高碳钢等

总的来说，刚玉类磨料适用于磨削各种钢料，如不锈钢、高强度钢、退火的可锻铸铁、硬青铜等；碳化硅类磨料适合磨削铸铁、青铜、软铜、铝、硬质合金等；超硬类磨料适合磨削高速钢、硬质合金、宝石等。

2. 粒度

粒度是指磨料颗粒的大小。粒度号共有 41 个。粒度有如下两种测定方法：

（1）机械筛分法　对于颗粒尺寸大于 $50\mu m$ 的磨粒，用筛选法来区分的较大的颗粒（制砂轮用），以每英寸（$1in = 25.4mm$）筛网长度上筛孔的数目表示。F46 粒度表示磨粒刚好能通过 46 格/in 的筛网。

（2）显微镜分析法　对于用显微镜测量来区分的微细磨粒（称微粉，供研磨用），以其最大尺寸（单位为 μm）前加 W 来表示。

普通磨料粒度的选择原则是：

1）加工精度要求高时，选用较细粒度。因粒度细，同时参加切削的磨粒数多，工件表面上残留的切痕较小，表面质量就较高。

2）当磨具和工件接触面积较大，或磨削深度较大时，应选用粗粒度磨具。因为粗粒度磨具和工件间的摩擦小，发热也较小。

3）粗磨时粒度应比精磨时粗，可提高生产效率。

4）切断和磨沟工序，应选用粗粒度、组织疏松、硬度较高的砂轮。

5）磨削软金属或韧性金属时，砂轮表面易被切屑堵塞，所以应选用粗粒度的砂轮。磨削硬度高的材料，应选较细粒度。

6）成形磨削时，为了较好地保持砂轮形状，宜选用较细粒度。

7）高速磨削时，为了提高磨削效率，粒度要比普通磨削时偏细 1 ~ 2 个粒度号。因粒度细，单位工作面积上的磨粒增多，每颗磨粒受力相应减小，不易钝化。

常用砂轮粒度号及其适用范围见表 9-2。

3. 结合剂

结合剂的性能决定了砂轮的强度、耐冲击性、耐腐蚀性和耐热性。此外，它对磨削温度、磨削表面质量也有一定的影响。

表 9-2　常用砂轮粒度号及其适用范围

类别		粒　度　号	适 用 范 围
磨粒	粗粒	F8、F10、F12、F14、F16、F20、F22、F24	荒磨
	中粒	F30、F36、F40、F46	一般磨削，加工表面粗糙度可达 $Ra0.8\mu m$
	细粒	F54、F60、F70、F80、F90、F100	半精磨、精磨和成形磨削，加工表面粗糙度可达 $Ra0.8 \sim 0.1\mu m$
	微粒	F120、F150、F180、F220、F240	精磨、精密磨、超精磨、成形磨、刀具刃磨、珩磨
微粉		W60、W50、W40、W28、W20、W14、W10、W7 W5、W3.5、W2.5、W1.5、W1.0、W0.5	精磨、精密磨、超精磨、珩磨、螺纹磨、超精密磨、镜面磨、精研、加工表面粗糙度可达 $Ra0.05 \sim 0.1\mu m$

常用结合剂的种类、代号、性能与适用范围见表 9-3。

4. 硬度

砂轮的硬度是指磨具表面上的磨粒在切削力的作用下，从结合剂中脱落的难易程度。磨粒易脱落，则磨具的硬度低；反之，则硬度高。应注意，不要把砂轮的硬度与磨粒自身的硬度混同起来。

表 9-3　常用结合剂的种类、代号、性能与适用范围

结合剂	代号	性　　能	适 用 范 围
陶瓷	V	耐热，耐蚀，气孔率大，易保持廓形，弹性差	适用于各类磨削加工
树脂	B	强度较 V 高，弹性好，耐热性差	适用于高速磨削、切断、开槽等
橡胶	R	强度较 B 高，更富有弹性，气孔率小，耐热性差	适用于切断、开槽及制作无心磨的导轮
青铜	Q	强度最高，导电性好，磨耗少，自锐性差	适用于金刚石砂轮

砂轮的硬度对磨削生产率和磨削表面质量都有很大的影响。如果砂轮太硬，磨粒磨钝后仍不能脱落，磨削效率很低，工作表面很粗糙并可能烧伤；如果砂轮太软，磨粒还未磨钝已从砂轮上脱落，砂轮损耗大，形状不易保持，影响工件质量。砂轮的硬度合适，磨粒磨钝后因磨削力增大而自行脱落，使新的锋利的磨粒露出，砂轮具有自锐性，则磨削效率高，工件表面质量好，砂轮的损耗也小。

影响磨具硬度的主要因素是结合剂的数量，结合剂的数量多，磨具的硬度就高；另外，在磨具制造过程中，成形密度、烧成温度和时间都会影响磨具硬度。磨具硬度分级见表9-4，分为 7 大级。

表 9-4　磨具硬度分级（GB/T 2484—2006）

代号	A	B	C	D	E	F	G	H	J	K	L	M	N	P	Q	R	S	T	Y
等级	超软						软			中软		中		中硬			硬		超硬
小级	超软（大级、小级）						1	2	3	1	2	1	2	1	2	3	1	2	超硬
选择	磨未淬硬钢选用 L ~ N，磨淬火合金钢选用 H ~ K，高表面质量磨削时选用 K ~ L，刃磨硬质合金刀具选用 H ~ L																		

砂轮硬度选择的最基本原则为：保证磨具在磨削过程中有适当的自锐性，避免磨具过大的磨损，保证磨削时不产生过高的磨削温度。

当工件硬度较高时，磨具的硬度应较低；一般粗磨时选较硬的砂轮；成形磨削时，为保持砂轮形状，应选较硬的砂轮；磨削不连续表面时，因受冲击作用，磨粒易脱落，可选较硬的砂轮。当工件导热性差、易烧伤时（如高速钢刀具、轴承、薄壁零件等），应选较软砂轮。当砂轮与工件接触面积大时，应选软一些的砂轮，例如用砂轮端面磨平面应比外圆磨砂轮软些。

5. 组织

组织表示砂轮中磨料、结合剂和气孔间的体积比例，用磨粒在砂轮中占有的体积百分率（即磨粒率）表示。砂轮共 15 个号，见表 9-5。组织号从小到大，磨料率由大到小，气孔率由小到大。砂轮组织号大，组织松，砂轮不易被磨屑堵塞，切削液和空气能带入磨削区域，可降低磨削区域的温度，减少工件因发热而引起的变形和烧伤，也可以提高磨削效率，但组织号大，不易保持砂轮的轮廓形状，会降低成形磨削的精度，磨出的表面也较粗糙。现在还研制出更大气孔的砂轮，以便于磨削大面积或薄壁零件，以及软而韧（如银钨合金）或硬而脆（如硬质合金）等材料。

表 9-5 砂轮的组织号

组织号	0	1	2	3	4	5	6	7	8	9	10	11	12	13	14
磨粒率（%）	62	60	58	56	54	52	50	48	46	44	42	40	38	36	34
疏松程度	紧密				中等			疏松					大气孔		
适用范围	重负荷、成形、精密磨削，间断自由磨削或加工硬脆材料				外圆、内圆、无心磨及工具磨淬火钢工件及刀具刃磨等			粗磨及磨削韧性大、硬度低的工件，适合磨削薄壁、细长工件，砂轮与工件接触面大的情况，以及平面磨削等					有色金属及塑料橡胶等非金属以及热敏性大的合金		

9.3.3 砂轮的形状、尺寸和标志

为了适应在不同类型的磨床上磨削各种形状和尺寸工件的需要，砂轮有许多种形状和尺寸。常用砂轮的形状、代号及主要用途见表 9-6。

表 9-6 常用砂轮的形状、代号及主要用途

代号	名称	断面形状	形状尺寸标记	主要用途
1	平形砂轮		1 型-圆周型面-$D \times T \times H$	磨外圆、内孔、平面及刃磨刀具
2	筒形砂轮		2 型-$D \times T$-W	端磨平面
4	双斜边砂轮		4 型-$D \times T \times H$	磨齿轮及螺纹

（续）

代号	名称	断面形状	形状尺寸标记	主要用途
6	杯形砂轮	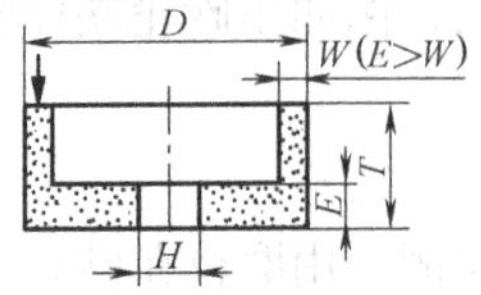	6 型-$D \times T \times H$-$W \times E$	端磨平面，刃磨刀具后刀面
11	碗形砂轮	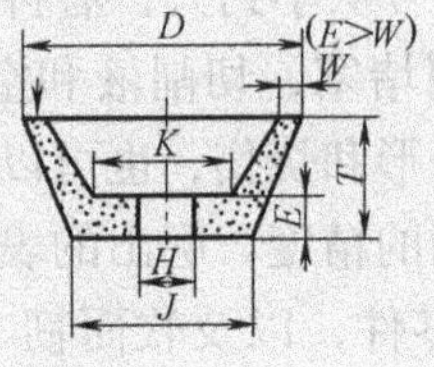	11 型-$D/J \times T \times H$-$W \times E$	端磨平面，刃磨刀具后刀面
12a	碟形砂轮	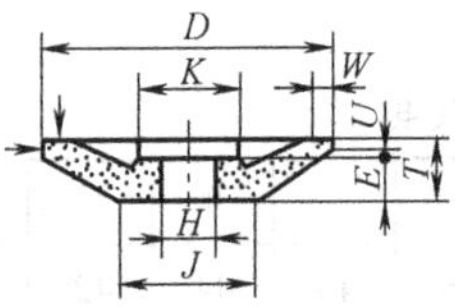	12a 型-$D/J \times T \times H$	刃磨刀具前刀面
41	平形切割砂轮	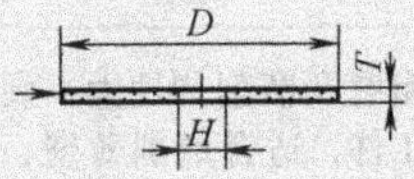	41 型-$D \times T \times H$	切断及磨槽

砂轮的标志印在砂轮端面上。其顺序是：形状、尺寸、磨料、粒度号、硬度、组织号、结合剂、最高线速度。例如 1-300×50×75-A/F60L5V-35m/s，其中各代号含义：

1 表示形状代号（1 代表平形砂轮）；300 表示外径 D；50 表示厚度 T；75 表示孔径 H；A 表示磨料（棕刚玉）；F60 表示粒度号；L 表示硬度（中软 2）；5 表示组织号（中等）；V 表示结合剂（陶瓷）；35m/s 表示最高工作速度。

9.3.4 砂轮的平衡

砂轮的不平衡是由于砂轮重心与回转轴线不重合而引起的，不平衡的砂轮高速旋转时，将产生迫使砂轮偏离轴心的离心力，引起机床的振动，使被加工工件表面产生多角形振痕或者烧伤，严重的甚至会造成砂轮碎裂。一般直径大于 125mm 的砂轮都需要进行平衡。

砂轮的平衡方法通常有三种，即静平衡、动平衡和自动平衡。动平衡要用动平衡仪进行，自动平衡要用砂轮自动平衡装置进行，这里只介绍砂轮静平衡。静平衡的指标是使砂轮在水平导轨上的任何位置都能保持静止状态。

1. 静平衡的工具

砂轮的静平衡由人工利用静平衡工具进行，为一般工厂所常用。

（1）静平衡架 图 9-6 所示的静平衡架为圆轴式，由支架 1 和两根直径相同并且互相平行的光滑轴 2 组成，两轴是静平衡的导轨，使用时必使其处于水平位置，并在同一水平面上。

（2）平衡心轴 图 9-7 所示为平衡心轴，平衡心轴两端的轴颈 1 与轴颈 5 的实际尺寸差值应不大于 0.01mm。使用时，将砂轮安装在砂轮法兰盘上，再将法兰盘套在心轴上，与心轴锥度紧密配合后旋紧螺母 2，然后将平衡心轴放到平衡架的光滑轴上进行平衡。

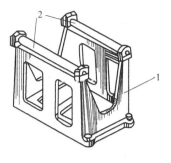

图 9-6　静平衡架

1—支架　2—光滑轴

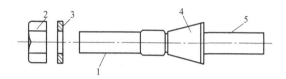

图 9-7　平衡心轴

1、5—轴颈（实际尺寸一致）　2—螺母　3—垫圈　4—锥体

（3）平衡块　平衡块安装在砂轮法兰盘环形槽内，使重量不平衡的砂轮达到平衡。锥形平衡块（见图 9-8a）用于小尺寸砂轮，螺钉 1 可把平衡块 2 固定在法兰盘 3 的燕尾形槽内；扇形平衡块（见图 9-8b）用于尺寸较大砂轮的平衡，螺钉 1 被拧紧后，其端部迫使钢珠 4 向外胀开，平衡块 2 被固定在法兰盘 3 的环形槽内。

2. 静平衡的方法

砂轮静平衡方法有重心平衡法和三点平衡法等。对于直径在 250mm 以上的砂轮采用三点平衡法，下面介绍砂轮静态平衡的三点平衡法原理。

三点平衡法是快速静平衡砂轮的有效方法。其原理如图 9-9 所示，点 O 为砂轮的假设中心，因为其重心不在中心点 O 上，设砂轮重心在点 F 上，OF 在垂直中心线 AB 上。当点 C 上加平衡块 m_C 时，此时砂轮不平衡的重心必处于 CF 之间的点 H 上，且离点 O 距离为 b。再在 OB 的两侧点 E 和点 D 上分别加上平衡块 m_E 和 m_D，这样就可把砂轮看成是有三个平衡块分别在 H、E、D 三点上，只要三个平衡块的质心能于中心点 O 重合，砂轮就达到平衡。由此可保持点 H 不变，即 m_C 不动，而移动 m_E 和 m_D，使 m_E 和 m_D 的合成质心落在 AB 线的点 G 上，设 $OG = c$，砂轮质量为 M，若 $(M + m_C) b = (m_E + m_D) c$，砂轮即达到平衡。这就是所谓的"三点平衡法"原理，把平衡砂轮的问题归结为移动平衡块 m_E 和 m_D，使 m_E 和 m_D 的合成质心位于点 G 上，经过这样的平衡，砂轮可在任何方向都保持其静态的平衡。

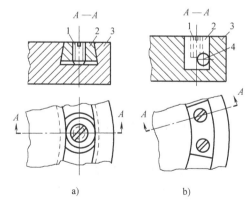

图 9-8　平衡块

a）锥形平衡块　b）扇形平衡块

1—螺钉　2—平衡块　3—法兰盘　4—钢珠

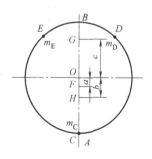

图 9-9　砂轮三点平衡法原理

9.3.5 砂轮的修整

砂轮寿命通常用秒（s）来表示。砂轮的磨损限度可以根据工件表面出现振痕、烧伤、表面粗糙度值变大、加工精度下降等现象来确定。砂轮磨损的主要判断数据是砂轮的径向磨损量。

减少磨削力，降低磨粒磨削点温度和砂轮接触区的温度都可以提高砂轮寿命；同时，工件直径的增大、工件速度的减小、轴向和径向进给量的减小也均可提高砂轮寿命。

钝化了的砂轮，失去了切削性能，必须适时进行修整，砂轮修整的目的是清除已经磨损的砂轮表层，恢复砂轮的切削性能及正确的几何形状，以减小工件的表面粗糙度值和提高砂轮寿命。

修整砂轮常用的工具有大颗粒金刚石笔（见图9-10a）、多粒细碎金刚石笔（见图9-10b）和金刚石滚轮（见图9-10c）。多粒细碎金刚石笔修整效率较高，金刚石滚轮修整效率更高，适用于修整成形砂轮。

大颗粒金刚石笔修整砂轮时，每次修整深度为 $2 \sim 20 \mu m$，轴向进给速度为 $20 \sim 60 mm/min$，一般砂轮单边总修整量为 $0.1 \sim 0.2 mm$。

金刚石笔车削修整法应用最广泛，修整时当磨粒碰到金刚钻坚硬的尖角，就会破碎或整个脱落，在砂轮表面产生新的微刃。如图9-11所示，用金刚石笔修整砂轮外圆，与车削外圆相似，砂轮旋转，金刚石笔切入一定深度后作纵向进给。

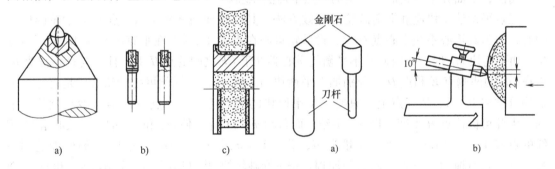

图9-10 修整砂轮用的工具　　　　　　图9-11 用金刚石笔修整砂轮外圆
a）大颗粒金刚石笔　b）多粒细碎金刚石笔　c）金刚石滚轮　　　　a）金刚石笔外形　b）修整砂轮示意图

9.4 磨削基本原理

9.4.1 磨削过程

磨削过程是由分布在砂轮表面上的大量磨粒以很高的速度旋转对工件表面进行加工的过程，每一个磨粒就似一把小切削刃。

单个磨粒的磨削过程如图9-12所示，切入工件时的作用分为三个阶段：

（1）滑擦阶段（见图9-12a）　磨粒在工件表面上发生摩擦、挤压，使工件发生弹性变形。此时磨粒没起切削作用，称为滑擦阶段。

（2）刻划阶段（见图9-12b）　磨粒在工件表面上刻划出沟纹，这个阶段称为刻划阶段。

（3）切削阶段（见图9-12c）　磨粒前方金属沿剪切面滑移而成切屑，此阶段称为切削

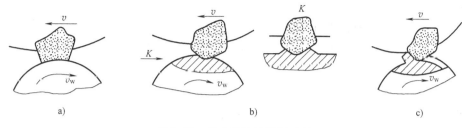

图 9-12　单个磨粒的磨削过程

阶段。

由此可见，一个磨粒的磨削过程使磨削表面经历了滑擦、刻划（隆起）和切削三个阶段。形成的磨屑常见形态有带状、节状、蝌蚪状和灰烬等。

9.4.2　磨削运动及磨削用量

磨削时，一般有四个运动，如图 9-13 所示。

（1）主运动　砂轮的旋转运动称为主运动。主运动速度 v_C（m/s）是砂轮外圆的线速度，即

$$v_C = \pi d_0 n_0 / 1000$$

式中，d_0 是砂轮直径（mm）；n_0 是砂轮转速（r/s）。

普通磨削时，主运动速度 v_C 为 30~35m/s；当 $v_C > 45$m/s 时，称为高速磨削。

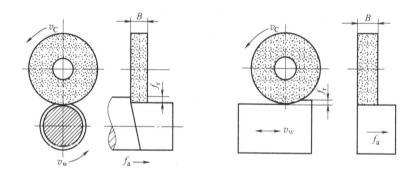

图 9-13　磨削时的运动示意图

（2）进给运动　进给运动有以下三种：

1）径向进给运动。径向进给运动是砂轮切入工件的运动。径向进给量 f_r 指工作台每双（单）行程内工件相对于砂轮径向移动的距离，单位为 mm/双行程。当砂轮做连续进给时，单位为 mm/s。一般情况下，f_r（或 a_p）= 0.005~0.02mm/双行程。

2）轴向进给运动。轴向进给运动即工件相对于砂轮的轴向运动。轴向进给量是指工件每转一圈或工作台每双行程内工件相对于砂轮的轴向移动距离，单位为 mm/r 或 mm/双行程。一般情况下，f_a（或 f）=（0.2~0.8）B，B 为砂轮宽度，单位为 mm。

3）工件的圆周（或直线）进给运动。工件速度 v_w 是指工件圆周进给运动的线速度，或工件台（连同工件一起）直线进给的运动速度，单位为 m/s。

9.4.3　磨削阶段

磨削时，由于背向力 F_p 很大，引起工艺系统的弹性变形，使实际磨削深度与磨床刻度盘上所显示的数值有差别。所以普通磨削的实际磨削过程分为三个阶段，如图 9-14 所示，

图中虚线为刻度盘所示的磨削深度。

（1）初磨阶段 当砂轮刚开始接触工件时，由于工艺系统的弹性变形，实际磨削深度比磨床刻度盘显示的径向进给量小。工艺系统刚性越差，初磨阶段越长。

（2）稳定阶段 在稳定阶段，当工艺系统的弹性变形到达一定程度后，继续径向进给时，实际磨削深度基本上等于径向进给量。

（3）清磨阶段 在磨去主要加工余量后，可以减少径向进给量或完全不进给再磨一段时间。这时，由于工艺系统的弹性变形逐渐恢复，实际磨削深度大于径向进给量。随着工件被一层层磨去，实际磨削深度趋近于零，磨削火花逐渐消失。清磨阶段主要是为了提高磨削精度和表面质量。

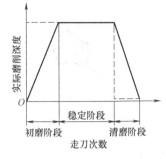

图 9-14 磨削阶段

掌握这三个阶段的规律后，再开始磨削时，可采用较大的径向进给量以提高生产率；最后阶段应采用无径向进给磨削以提高工件表面质量。

9.4.4 磨削热

1. 磨削热的产生

磨削时，砂轮对工件表面的剧烈摩擦，使磨削局部区域的瞬时温度高达 1000℃ 以上，大部分传入工件。磨削热主要包括以下两方面：

1）磨削和粘结剂与工件之间因摩擦而产生的热量。

2）磨屑和工件表面层金属材料受磨粒挤压而剧烈变形时，金属分子之间产生相对移动产生内摩擦而发出的热量。

2. 磨削热对加工的影响

（1）造成工件表面烧伤 在瞬时高温作用下工件表层可能被烧伤。

（2）工件表面产生残余应力和裂纹 磨削区的温度升高到一定程度，将使金属表层产生金相组织变化（简称相变），并产生应力。当局部应力超过工件材料的强度极限时，工件表面就会产生裂纹。

（3）影响工件的加工精度 磨削热会使工件产生热膨胀变形，影响工件的形状精度和尺寸精度。

3. 减小磨削热的措施

1）根据工件的材质，合理选用砂轮要素，使磨削性能达到最佳。

2）采取良好的冷却措施，如选用合适的切削液或高压冷却，均可使冷却条件得到改善。

3）合理选用磨削用量。当砂轮圆周速度提高时，单个磨粒的磨屑厚度减小，但砂轮与工件表面间的摩擦次数增加，磨削热也相应增加，工件表面容易烧伤。

9.5 磨削加工方法

9.5.1 外圆磨削

外圆磨削是磨工最基本的工作内容之一，在普通外圆磨床上和万能外圆磨床上不仅能磨削轴、套筒等圆柱面，还能磨削圆锥面、端面（台阶部分）、球面和特殊形状的外表面等。

1. 工件的装夹

用两顶尖、卡盘或心轴装夹工件。

2. 外圆磨削方法

为了保证外圆表面的磨削质量和提高生产率，当零件的结构、刚性、生产批量以及加工精度要求不同的情况下，不应采用单一的磨削方法，而应当在熟悉外圆表面各种磨削方法工艺特点的基础上，进行合理选择。

（1）纵磨法（纵向磨削法） 纵磨法如图 9-15 所示，磨削时砂轮旋转、工件反向转动（圆周进给）并和工作台一起做直线往复运动（纵向进给）。当每一纵向行程或往复行程终了时，砂轮按要求的背吃刀量做一次横向进给。每次的进给量很小，磨削余量要在多次的往复行程中磨去。

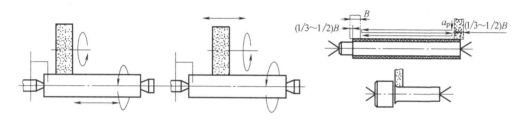

图 9-15　纵向磨削法

纵磨法的万能性好，可以用同一砂轮磨削长度不同的各种工件，而且加工质量高，故应用广泛。由于切削力小，此法适合磨削刚性较差的细长工件。由于磨削效率较低，故在单件、小批量生产及精磨时，一般都采用这种方法。

（2）横磨法（切入磨削法） 横磨法如图 9-16 所示，磨削时无纵向进给运动，砂轮以缓慢的速度连续地（或断续地）向工件做横向进给运动，直到磨去全部加工余量为止。横磨法生产效率高，适用于成批生产。由于受到砂轮宽度的限制，此法适用于磨削长度较短的外圆表面，以及两端都有台阶的轴颈。此外，可根据成形工件的几何形状，将砂轮外形修整成成形表面，直接磨出成形表面；在专门的宽砂轮磨床上，砂轮宽度达 200 ~ 300mm，则可以磨削较长的外圆表面。一般来说，横磨法比纵磨法的加工精度低、表面粗糙度值大，有时为了补救上述不足，在终磨时用手动进给，使工件做短距离的纵向往复运动。

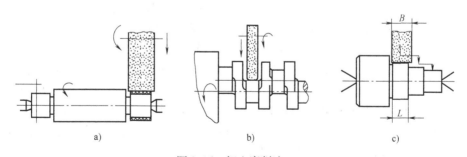

图 9-16　切入磨削法

a）磨削外圆　b）磨削轴颈　c）磨削台阶

（3）综合磨削法（阶段磨法） 综合磨削法如图 9-17 所示，这种磨削方法是横磨法与纵磨法的综合应用。也就是先用横磨法将工件分段进行粗磨，相邻两段间有 5 ~ 15mm 搭接

（见图 9-17a），磨削后工件还留有 0.01 ~ 0.03mm 的余量，然后用纵磨法磨去（见图9-17b）。综合磨削法既有横磨法生产效率高的优点，又可保证较高的加工精度和较小的表面粗糙度值。它适用于磨削余量大而刚性较好的工件。当加工表面长度约为砂轮宽度的 2 ~ 3 倍、而一边或两边又有台阶时，最适宜采用这种磨削方法。

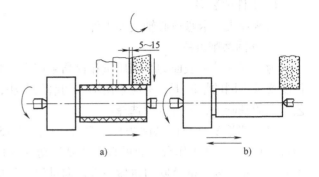

图 9-17　综合磨削法

（4）深磨法　采用较大的背吃刀量、较小的纵向进给量（每转 $(0.08 ~ 0.15)B$），在一次纵向行程内磨去工件全部磨削余量的方法称为深磨法。为了改善砂轮端面尖角处的受力状态及使砂轮磨损均匀，砂轮的形状及其修整是一项不可忽视的重要工作。

1）砂轮可修整成前锥形（见图 9-18a），半锥角 $\alpha = 1.5° ~ 5°$，背吃刀量 $a_p = 0.3mm$。

2）砂轮可修整成阶梯形（见图 9-18b、c），这样可以使台阶砂轮前边的一个或几个台阶起主要的切削作用（粗磨）；最后一个台阶较宽些，修整成修光部分（精磨）。这样既能保证获得高生产率，又能有较小的表面粗糙度值。

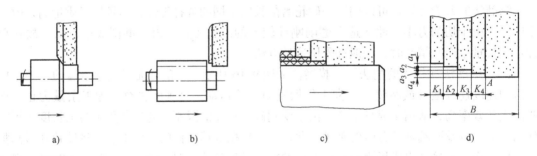

图 9-18　深磨法及砂轮的形状
a）前锥形砂轮　b）双台阶砂轮　c）多台阶砂轮　d）五台阶砂轮

　　阶梯形砂轮的台阶数及台阶的深度，出工件长度和磨削余量来确定。当工件长度 $L < 80 ~ 100mm$、磨削余量为 0.3 ~ 0.4mm 时，采用双台阶砂轮，砂轮台阶尺寸为台阶深度 $a = 0.05mm$；台阶宽度 $K = (0.3 ~ 0.4)B$（B 为砂轮宽度）。当工件长度 $L > 100 ~ 150mm$、磨削余量大于 0.5mm 时，则采用五台阶砂轮（见图 9-18d），砂轮台阶尺寸为台阶深度 $a = 0.5mm$，即 a_1、a_2 可取得大一些，a_3、a_4 应取得小一些。前四个台阶宽度 $K_1 = K_2 = K_3 = K_4 = 0.15B$。深磨时，砂轮工作负荷比较均匀，使用寿命长，磨削生产率高，一次行程能磨去全部磨削余量。粗、精磨削在一次行程中完成，其适用于大批量生产。但砂轮的修整较为复杂，磨床应具有良好的刚度和较大的功率。

　　（5）斜向切入磨削法　斜向切入磨削法是在端面外圆磨床上采用的一种磨削方法。磨削时，砂轮主轴轴线相对于头架、尾座顶尖中心连线倾斜一定的角度，砂轮架沿斜向进给（见图 9-19a），且砂轮安装在主轴右端，以免砂轮架和尾座、工件相碰。

　　这种方法以切入磨削法同时磨削工件的外圆及台阶端面，通常按半自动循环进行工作，由定程装置或自动测量仪控制工件尺寸，生产率较高，且台阶端面由砂轮锥面进行磨削（见图 9-19b），砂轮和工件接触面积较小，能保证较高的加工质量。这种方法适用于大批量生产带有台阶的轴类和盘类工件。

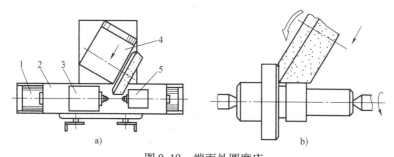

图 9-19　端面外圆磨床

1—床身　2—工作台　3—头架　4—砂轮架　5—尾座

3. 外圆锥面磨削方法

外圆锥面磨削方法通常有三种。

（1）转动工作台法　此法适用于磨削工件比较长、锥度比较小的外圆锥面。

（2）转动头架法　此法适用于磨削长度较短、锥度较大的圆锥面。

（3）转动砂轮架法　此法适用于磨削锥度较大而又较长的工件，由于工作台不能纵向移动，不易提高工件的精度，因此很少采用。

9.5.2　内圆磨削

内圆磨削是在内圆磨床上磨削各种圆柱孔（包括通孔、不通孔、阶梯孔和断续表面的孔等）和圆锥孔。内圆磨床的主要类型有普通内圆磨床、无心内圆磨床、行星式内圆磨床和坐标磨床等。

1. 工件装夹

可采用自定心卡盘、单动卡盘装夹工件，当工件较长且直径较大时，可用卡盘和中心架一起装夹。

2. 内圆磨削方法

（1）在普通内圆磨床上磨削　普通内圆磨床是生产中应用最广泛的一种内圆磨床，其磨削方法如图 9-20 所示。磨削时，根据工件形状和尺寸的不同，可采用纵磨法（见图 9-20a）或横磨法（见图 9-20b）磨削内孔。某些普通内圆磨床上装备有专门的端磨装置，采用这种端磨装置，可在工件一次装夹中完成内孔和端面的磨削，如图 9-20c、d 所示。这样既容易保证孔和端面的垂直度精度，又可提高生产效率。

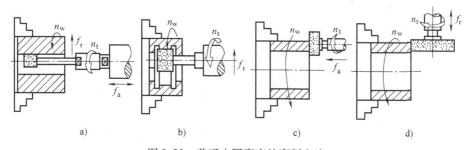

图 9-20　普通内圆磨床的磨削方法

在采用纵磨法磨通孔时，先根据工件孔径和长度选择砂轮直径和接长轴。接长轴的刚度要好，长度略大于孔的长度（见图9-21a）；若接长轴太长（见图9-21b）容易引起振动，影响磨削质量。工作台的行程长度 L 调整时应根据工件长度 L' 和砂轮在孔端越出长度 L_1 计算（见图9-21c），长度 L_1 一般取砂轮宽度的 1/3 ~ 1/2。如果 L_1 太小，孔端磨削时间短，则两端孔口磨去的金属就较少，从而使内孔产生中间大、两端小的现象（见图9-21d）；如果 L_1 太大，则接长轴的弹性变形消失，使内孔两端磨成喇叭口。

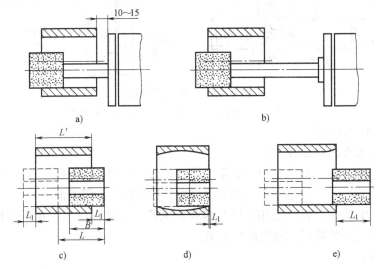

图9-21　纵磨法磨通孔

采用纵磨法磨不通孔时，要经常排出孔中的磨屑；在磨台阶孔时，若在一次装夹中磨几个孔，要细心调整挡铁的位置，以防止砂轮撞到孔的内端面；当内端面与孔有垂直度要求时，可选用直径较小的杯形砂轮，以保证砂轮在工件内端面单方向接触，否则影响内端面的垂直度；砂轮退出内孔表面时，先要将砂轮从横向退出，再从纵向退出，以免工件产生螺旋痕迹。

（2）在无心内圆磨床上磨削　无心内圆磨床的工作原理如图9-22所示。磨削时，工件4支承在滚轮1和导轮3上，压紧轮2使工件紧靠导轮，由导轮带动工件旋转，实现圆周进给运动（n_w）。砂轮除了完成主运动 n_t 外，还做纵向进给运动（f_a）和周期横向进给运动（f_r）。加工结束时，压紧轮沿箭头 A 的方向摇开，以便装卸工件。磨削锥孔时，可将滚轮1、导轮3和工件4一起偏转一定角度。这种磨床主要适用于大批大量生产中，加工那些外圆表面已经精加工且又不宜用卡盘装夹的薄壁状工件以及内、外圆同轴度要求较高的工件，如轴承环之类的零件。

（3）在行星式内圆磨床上磨削　行星式内圆磨床的工作原理如图9-23所示。磨削时，工件固定不转，砂轮除了绕自身轴线高速旋转实现主运动 n_t 外。同时还要绕被磨削孔的轴线以缓慢的速度做公转，实现圆周进给运动（n_w）。此外，砂轮还作周期性的横向进给运动（f_r）及纵向进给运动（f_a）（纵向进给也可由工件的移动来实现）。由于砂轮所需运动种类较多，致使砂轮架的结构复杂，刚度较差。

目前，这类机床只用来磨削大型工件或因工件形状不对称而不适于旋转的工件，例如磨削高速大型柴油机中大连杆上的孔。

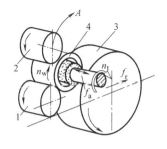

图9-22 无心内圆磨床的工作原理
1—滚轮 2—压紧轮 3—导轮 4—工件

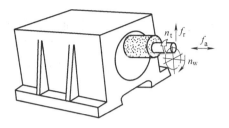

图9-23 行星式内圆磨床的工作原理

3. 内圆锥面磨削方法

内圆锥面磨削方法与外圆锥面磨削方法一样,有转动头架法和转动工作台法。一般锥角较大的锥孔都采用转动头架法(见图9-24),锥角较小的锥孔($\alpha \leqslant 18°$)常采用转动工作台法(见图9-25)。

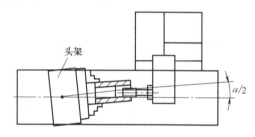

图9-24 转动头架法

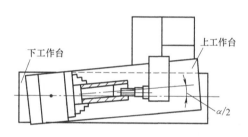

图9-25 转动工作台法

对于左右对称的高精度内圆锥工件,可用图9-26所示的方法磨削。先把外端内圆锥磨削正确,不变动头架的角度,将内圆砂轮摇向对面,不需重新装夹工件,就可磨削里面的内圆锥,可以使两锥获得相同的锥度和很高的同轴度。

9.5.3 平面磨削

1. 工件的装夹

(1)电磁吸盘 常用平面磨床的工作台上有电磁吸盘,用以装夹钢和铸铁等磁性材料的工件,利用电磁力将工件吸牢。

电磁吸盘是根据电的磁效应原理制成的,如图9-27所示,在由硅钢片叠成的铁心上绕以线圈,当电

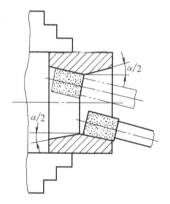

图9-26 磨削左右对称内圆锥的方法

流通过线圈时,铁心即被磁化,形成带磁性的电磁铁,这时若把铁块引向铁心,铁块将立即被铁心吸住。在钢制吸盘体1的中部突起的心体5上绕线圈2,钢制盖板3被绝磁层4隔成一些小块,当线圈2通直流电时,心体5就被磁化,磁力线由心体经过工作台盖板、工件,再经工作台板、吸盘体、心体而闭合(图中虚线),工件被吸住。绝磁层4由铜、铝或巴氏合金等非磁性材料制成,它的作用是使绝大部分磁力线都能通过工件回到吸盘体,而不至于

通过盖板回去。

电磁吸盘装夹工件时，小而薄的工件应放在绝磁层中间（见图9-28b），避免放成图9-28a所示的位置，并在其左右放置挡板以防止工件松动；对于狭高工件的装夹，应在周围放上面积较大的挡板，挡板高度要略低于工件高度，防止工件翻到，如图9-29所示。

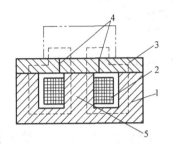

图9-27　电磁吸盘工作原理
1—钢制吸盘体　2—线圈　3—钢制盖板
4—绝磁层　5—心体

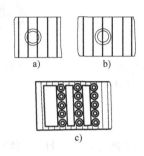

图9-28　小工件装夹

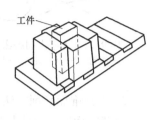

图9-29　狭高工件的装夹

（2）精密台虎钳或专用夹具　对于铜、铝等非磁性材料，可以采用这种方法装夹。

2. 磨削方式

常见的平面磨削方式的类型有四种，图9-30所示为平面磨削方式，并反映了机床的布局形式。平面磨床主要有以下几种类型：砂轮主轴水平布置而工作台是矩形的磨床称为卧轴矩台平面磨床（见图9-30a）；具有圆周进给的圆形工作台的磨床称为卧轴圆台平面磨床（见图9-30b）；依次划分还有立轴矩台平面磨床（见图9-30c）和立轴圆台平面磨床（见图9-30d）。目前应用最广的是卧轴矩台平面磨床和立轴圆台平面磨床。

图9-30a、b所示磨床属于圆周磨削，这时砂轮与工件的接触面积小，磨削力小，排屑及冷却条件好，工件受热变形小，且砂轮磨损均匀，所以加工精度高；但砂轮主轴呈悬臂状态，刚性差，不能采用较大的磨削用量，生产率较低。

图9-30c、d所示磨床属于端面磨削，砂轮与工件的接触面积大，同时参与磨削的磨粒多，且砂轮主轴受压力，所以刚性好，允许有较大的磨削用量，生产率高；但在磨削过程中，磨削力大，发热量大，冷却条件差，排屑不畅，造成工件的热变形大，且砂轮端面各点线速度不同，使砂轮磨损不均匀，所以加工精度不高。

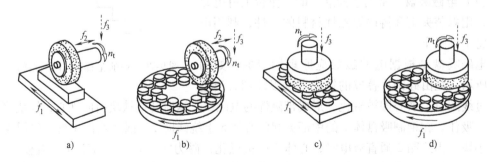

图9-30　平面磨削方式
a) 卧轴矩台平面磨床　b) 卧轴圆台平面磨床　c) 立轴矩台平面磨床　d) 立轴圆台平面磨床

9.5.4 无心外圆磨削

无心外圆磨床的工作原理如图 9-31 和图 9-32 所示。用这种磨床加工时，工件可不必用顶尖或卡盘定心装夹，而是直接被放在砂轮和导轮之间，由托板和导轮支承，以工件被磨削的外圆表面本身作为定位基准面。磨削时，砂轮 1 做高速旋转，导轮 3 则以较慢的速度旋转（砂轮 1 的转速远大于导轮 3 的转速），由于两者旋转方向相同，将使工件按反向旋转。如图 9-32 所示，砂轮回转是主运动。导轮是由摩擦系数较大的树脂或橡胶作结合剂的砂轮，靠摩擦力带动工件旋转，使工件做圆周进给运动。工件 4 以被磨削表面为基准，浮动地放在托板 2 上。工件的中心必须高于导轮与砂轮的中心连线，而且支承工件的托板需有一定的斜度，使工件经过多次转动后逐渐被磨圆。

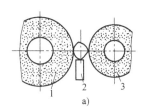 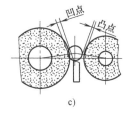 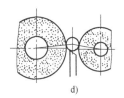

a)　　　　　　　　b)　　　　　　　　c)　　　　　　　　d)

图 9-31　工件成圆的原理
1—砂轮　2—托板　3—导轮

工件中心必须高于导轮与砂轮的中心连线的原因是：若处于同一高度，且托板为水平面支承（见图 9-31a），工件上有一凸点与导轮相接触时，凸点的对面就被磨成一个凹面，凹面的深度等于凸面的高度。当工件回转 180° 后，凹面与导轮接触，工件被砂轮推向导轮，凸点无法被磨去。虽然最后工件直径在各个方向都相等，但工件不是一个圆形，而是一个等直径的棱圆，如三角棱圆等（见图 9-31b）。若工件中心高于导轮与砂轮的中心连线，并使托板的顶端制成斜面（见图 9-31c、d），工件的凹凸点就不会在同一直径上，凸点不断磨平，凹点渐渐变浅，工件逐渐被磨圆。

无心外圆磨床有三种磨削方法：贯穿磨削法、切入磨削法、强迫贯穿磨削法。

（1）贯穿磨削法　贯穿磨削法如图 9-32a、b 所示，磨削时将工件从磨床前面放到导板上，推入磨削区。由于导轮在垂直平面内倾斜 α 角，导轮与工件接触处的线速度 $v_导$ 可分解为水平和垂直两个方向的分速度 $v_{导水平}$ 和 $v_{导垂直}$，前者使工件作纵向进给，后者控制工件的圆周进给运动。所以工件被推入磨削区后，既做旋转运动，同时又轴向向前移动，穿过磨削区，从磨床另一端出去就磨削完毕了。磨削时，工件一个接一个地通过磨削区，加工便连续进行。为了保证导轮和工件间为直线接触，导轮的形状应修整成回转双曲面形。这种磨削方法适用于不带台阶的圆柱形工件。

导轮的倾斜角增大时，工件纵向进给速度增大，生产率提高，而工件的表面粗糙度值变大，通常粗磨时取 $\alpha = 2°30' \sim 4°$，每次贯穿的背吃刀量取 $0.02 \sim 0.06$mm；精磨时 $\alpha = 1°30' \sim 2°30'$，背吃刀量取 $0.005 \sim 0.01$mm。

（2）切入磨削法　切入磨削法如图 9-32c 所示，磨削时先将工件放在托板和导轮上，然后由工件（连同导轮）或砂轮做横向进给。此时，导轮的中心线仅倾斜一个很微小的角度（约 30'），以便使导轮对工件产生一微小的轴向推力，将工件靠向挡销 5，保证工件有可靠的轴向定位。这种方法适用于磨削不能纵向通过的阶梯轴和锥形滚柱等成形回转表面的工

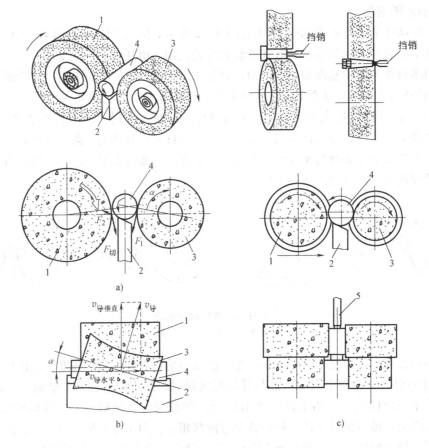

图 9-32 无心外圆磨床的工作原理
1—砂轮 2—托板 3—导轮 4—工件 5—挡销

件。

（3）强迫贯穿磨削法 强迫贯穿磨削法是指使用带有成形螺旋槽的导轮，其导轮的形面使磨削轮的工作素线与工件的素线相平行，并借助导轮螺旋线的作用，使工件强迫贯穿磨削的方法（见图 9-33）。此法具有很高的生产率。由于导轮形面制造和磨床调整很复杂，故强迫贯穿磨削法仅适用于大批量贯穿磨削成形表面的零件。

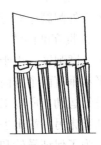

图 9-33 强迫贯穿磨削法

9.5.5 中等复杂零件的磨削

1. 磨削细长轴

细长轴通常是指长径比大于 10 的轴类零件。细长轴的刚性很差，在磨削力作用下容易变形，工件易产生弯曲变形，出现腰鼓形等形状误差、多角形振痕和径向圆跳动等，因此技术关键是减小径向磨削力和提高工件的支承刚度。磨削细长轴有如下的方法：

（1）用中心架支承磨削细长轴 在工件的支承部位先用切入法磨出一小段外圆，然后以此段外圆作为中心架的支承圆。此外，应留有适当的精密余量。调整时，可用百分表来控制支承块的移动量。

（2）不用中心架支承磨削细长轴　磨削时，将砂轮修磨成凹形，并采用特殊的小弹性后顶尖，以减小工件的变形。

2. 磨削薄壁零件

薄壁零件常因为夹紧力、磨削力、磨削热和内应力等因素的影响而产生变形。将粗磨、精磨分开进行，以减小切削力；用自定心卡盘装夹工件时，可以制造一只铸铁胀松套，使工件受的夹紧力均匀分布，从而减小工件的变形；尽可能提高砂轮的磨削性能，选择粒度较粗、硬度较软的砂轮。

3. 磨削薄片零件

薄片零件刚性差，磨削时很容易受热变形和受力变形，而产生翘曲现象。减小工件发热和变形的措施有：在工件和电磁吸盘之间放一层厚度为 0.5～3mm 的橡皮，当工件被吸紧时，由于橡皮垫片能够压缩，因而工件的弹性变形减小，磨出的工件比较平

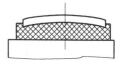

图 9-34　垫弹性垫片

直，如图 9-34 所示；也可在工件和平板的空隙处垫纸；应用专用夹具的压板从侧面宽度方向（刚性较大）夹紧；减小电磁吸盘的吸力。

9.5.6　磨削加工实例

以磨削图 9-35 所示台阶套为例，说明磨削加工工艺过程。

1. 工艺准备

（1）读分析图样　图 9-35 所示为台阶套零件图。

（2）磨削工艺　零件的端平面较大，在平面磨床上分粗、精磨至尺寸。因为有垂直度公差要求，所以在平面磨削工艺上，要控制两端平面的平行度误差在 0.01mm 内。采用先磨内圆，后以心轴装夹的方法来保证内、外圆的径向圆跳动公差。

内圆的磨削余量为 0.45～0.50mm；外圆的磨削余量为 0.05～0.55mm。

外圆磨削用量：$v_\mathrm{C} = 35\mathrm{m/s}$，$n_\mathrm{w} = 104 \sim 200\mathrm{r/min}$，$a_\mathrm{p} = 0.005 \sim 0.01\mathrm{mm}$，每转进给量为 $(0.4 \sim 0.8)B$。

内圆磨削用量：$v_\mathrm{C} = 30\mathrm{m/s}$，$n_\mathrm{w} = 100 \sim 150\mathrm{r/min}$，$a_\mathrm{p} = 0.005 \sim 0.01\mathrm{mm}$，每转进给量为 $(0.5 \sim 0.6)B$。

平面磨削用量：$v_\mathrm{C} = 30\mathrm{m/s}$，$a_\mathrm{p} = 0.005 \sim 0.015\mathrm{mm}$，$v_\mathrm{w} = 4 \sim 5\mathrm{m/min}$。

（3）工件的定位装夹　平面磨削采用磁性吸盘装夹；内圆磨削采用自定心卡盘装夹，用百分表找正端面；外圆磨削采用圆柱心轴装夹，圆柱心轴如图 9-36 所示，工件的定位基准为 $\phi 80^{+0.01}_{0}\mathrm{mm}$ 内圆及其台阶面，心轴的定

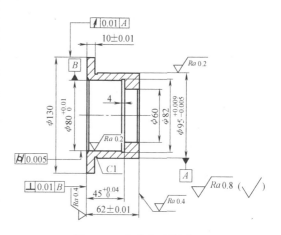

图 9-35　台阶套零件图

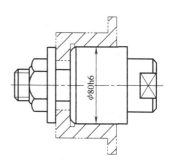

图 9-36　圆柱心轴

位直径尺寸为 $\phi80h6$。

（4）选择砂轮 选择外圆砂轮为 WAF80M6V；内圆砂轮为 WAF36L6V；平面砂轮为 WAF46J6V。

（5）选择设备 选择 M1432A 型万能外圆磨床、M2110 型内圆磨床、M7120A 型平面磨床。

2. 工件磨削步骤及注意事项

1）磨削端面。在 M7120A 型平面磨床上，磨削两端面至尺寸（62 ± 0.01）mm。在工艺上控制两端面的平行度误差在 0.01mm 内。

2）粗磨内圆 $\phi80^{+0.01}_{0}$mm，留精磨余量 0.05mm。工件在内圆磨床上用自定心卡盘装夹，用百分表找正工件轴向圆跳动量在 0.01mm 内。

3）磨削内台阶端面。用单面凹砂轮磨削内台阶面，深度尺寸至 $45^{+0.04}_{0}$mm。

4）精磨 $\phi80^{+0.01}_{0}$mm 内圆至尺寸，圆柱度误差小于 0.005mm。

5）工件用心轴装夹，粗、精磨外圆至尺寸 $\phi95^{+0.009}_{-0.006}$mm。磨削台阶面至尺寸（10 ± 0.01）mm。

3. 精度检验及误差分析

工件的径向圆跳动误差可将工件放在 V 形块上用百分表测量。影响径向圆跳动的因素是圆度误差。心轴的精度、心轴 $\phi80h6$ 外圆为中心孔的径向圆跳动公差直接影响加工精度。另外，心轴 $\phi80h6$ 外圆与 $\phi80^{+0.01}_{0}$mm 内圆的配合间隙也使工件的中心发生偏移，影响加工精度。因此，利用心轴的精度，可以满足加工要求。

9.5.7 砂带磨削

用高速运动的砂带作为磨削工具，磨削各种表面的方法称为砂带磨削，如图 9-37 所示。

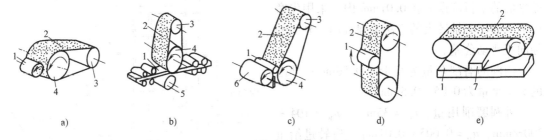

图 9-37 砂带磨削的几种形式

a）磨外圆 b）磨平面 c）无心磨 d）自由磨削 e）砂带成形磨

1—工件 2—砂带 3—张紧轮 4—接触轮 5—承载轮 6—导轮 7—成形导向板

砂带又称为软砂轮，其结构如图 9-38 所示，由基体、结合剂和磨粒组成。常用的基体是牛皮纸、布（斜纹布、尼龙纤维、涤纶纤维）和纸—布组合体。

砂带过去主要用于手工修整与抛光。自从 20 世纪 60 年代制成砂带磨床后，砂带磨削发展非常快。目前，工业发达国家的砂带磨削已占磨削加工量的一半左右。砂带磨削的优点是：生产率比砂轮磨削高 5~20 倍；生产范围广，可以磨削金属和非金属（木材、皮革、橡胶、大理石和陶瓷等）；加工质量好，由于磨粒丰富，散热好，磨粒的弹性退让可以避免工件变形和烧伤；砂带柔软，能够贴住复杂的成形表面进行磨削（如涡轮机叶片、火箭、导弹外壳等）；砂带磨床结构简单，操作安全，切除同体积的材料所需动力比砂轮磨床少得

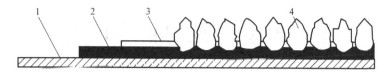

图 9-38　砂带的结构
1—基体　2—底胶　3—复胶　4—磨粒

多。砂带磨削的缺点是：砂带消耗较快，不过近年采用新材料，在一定程度上提高了砂带的寿命；不能加工小直径深孔、不通孔、柱坑孔、阶梯外圆和齿轮等；占用空间大；噪声高等。

练习与思考

9-1　简述磨削加工方法的类型。

9-2　磨削为什么能够达到较高的精度和较小的表面粗糙度值？试述磨削加工过程和其他金属切削过程相比有哪些特点。

9-3　以外圆磨削为例，画简图说明磨削应具有哪些运动。

9-4　M1432A 型万能外圆磨床可实现哪些运动？

9-5　以 M1432A 型万能外圆磨床为例，说明为保证加工质量（尺寸精度、形状精度和表面粗糙度），万能外圆磨床在传动和结构方面采取了哪些措施？（可与卧式车床进行比较）

9-6　采用定程磨削法磨削一批工件后，发现工件直径尺寸大了 0.04mm，应如何进行补偿调整？说明调整步骤。

9-7　什么是砂轮的自锐性？

9-8　砂轮的特性要素有哪些？砂轮的硬度是否就是磨料的硬度？如何选择砂轮硬度？砂轮磨损后，如何进行修整？

9-9　试述砂轮的静态平衡调整方法。

9-10　在万能外圆磨床上磨削内、外圆柱面时，工件有哪几种装夹方法？

9-11　在万能外圆磨床上磨削圆锥面有哪几种方法？各适合于何种情况？机床应如何调整？

9-12　试分析卧轴矩台平面磨床和立轴圆台平面磨床在磨削方法、加工质量、生产率等方面有何不同。

9-13　简述无心外圆磨削方法。

9-14　磨内孔时，工件有哪几种装夹方式？有哪几种磨削方式？

9-15　如何磨削斜面？已知工件的斜度为 1/50，试求工件的斜角。

9-16　已知用 10m/min 的工件线速度磨削 ϕ30mm 的光轴，试求工件的转速。如取 $f_a = 2mm/r$，则工作台的纵向速度是多少？

模块 6 其 他 加 工

单元 10 齿 轮 加 工

10.1 齿形加工原理

齿轮传动是应用最广泛的一种传动方式，齿轮制造应符合一定的精度规范，以保证其传递运动准确、工作平稳、齿面接触良好和齿侧间隙适当。国家标准对渐开线圆柱齿轮和齿轮副规定了 12 个精度等级，1 级精度最高，12 级精度最低。齿轮的各项公差分为三组，第 I 组主要控制齿轮在一转内回转角误差；第 II 组主要控制齿轮在一个齿距角范围内的转角误差；第 III 组主要控制齿轮齿向线的接触痕迹。影响这三组精度的因素很多，有些因素又是互相转换的。

10.1.1 常用的齿形加工方法及适用范围

齿轮传动以其传动比准确、传动力大、效率高、结构紧凑、可靠耐用等优点，在各种机械及仪表中得到了广泛的应用。随着技术的发展，对齿轮的传动精度和耐用程度等要求越来越高。如今，齿轮加工方法和齿轮加工机床已经成为机械制造业中重要的研究内容。

齿轮加工机床的种类很多。在各种齿轮加工机床上，齿轮的加工方式也不尽相同。但就其加工原理来说，可分为成形法和展成法两种（见表 10-1）。

表 10-1 常用的齿形加工方法及适用范围

齿形加工方法		刀具	机床	加工精度及适用范围
成形法	成形铣齿	模数铣刀	铣床	加工精度及生产率均较低，一般精度为 9 级以下
	拉齿	齿轮拉刀	拉床	精度和生产率均较高，但拉刀多为专用，制造困难，价格高，故只用于大量生产，宜于拉内齿轮
	成形磨齿	砂轮	成形砂轮磨齿机	适用于大批量生产及磨削内齿轮和齿数极少的齿轮
展成法	滚齿	齿轮滚刀	滚齿机	通常加工 6~10 级精度齿轮；生产率较高，通用性大；常用于加工直、斜圆柱齿轮和蜗轮
	插齿	插齿刀	插齿机	通常加工 7~9 级精度齿轮；生产率较高，通用性大；适于加工内外齿轮、多联齿轮、扇形齿轮、齿条等
	剃齿	剃齿刀	剃齿机	能加工 5~7 级精度齿轮，生产率较高；主要用于滚齿、插齿后、淬火前的齿形精加工
	冷挤齿轮	挤轮	挤齿机	无切屑加工，能加工 6~8 级精度齿轮，生产率比剃齿高，成本低，多用于淬火前的齿形精加工，已代替剃齿
	珩齿	珩磨轮	珩齿机或剃齿机	能加工 6~7 级精度齿轮，多用于经过剃齿和高频淬火后齿形的精加工，适用于批量生产
	磨齿	砂轮	磨齿机	能加工 3~7 级精度齿轮，生产率较低，加工成本较高，多用于齿形淬硬后的精密加工，适用于单件小批生产

10.1.2 成形法

1. 成形法加工原理

成形法加工齿轮，要求所用刀具的切削刃形状与被切齿轮的齿槽形状相吻合，例如在铣床上用盘形齿轮铣刀（见图 10-1a）或指形齿轮铣刀（见图 10-1b）铣削齿轮，由于形成渐开线齿廓（母线）采用的是成形法，因此机床不需要提供运动。而形成齿线（导线）的方法是相切法，机床需提供两个成形运动：一个是铣刀的旋转运动 B_1；一个是铣刀沿齿坯的轴向移动 A_2。两个都是简单成形运动。

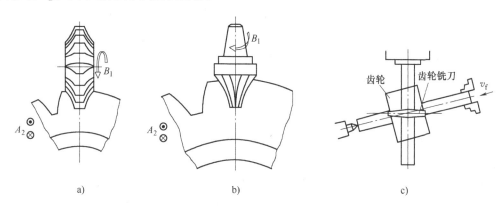

图 10-1 成形法加工齿轮

a）盘形齿轮铣刀铣削 b）指形齿轮铣刀铣削 c）斜齿圆柱齿轮铣削

盘形齿轮铣刀适用于加工中小模数（$m < 8\text{mm}$）的直齿、斜齿齿轮；指形齿轮铣刀适用于加工大模数（$m = 8 \sim 100\text{mm}$）的直齿、斜齿，特别是人字齿轮。铣削斜齿圆柱齿轮在万能铣床上进行（图 10-1c），铣削时工作台偏转一个齿轮的螺旋角 β，工件在随工作台进给的同时，由分度头带动作附加转动形成螺旋运动。

使用成形刀具加工齿轮时，将工件装夹在铣床分度头上，铣床工作台带动工件做直线进给运动。每次只能加工一个齿槽，然后通过分度的方式，让齿坯依照齿数 z 严格地转过一个角度 $360°/z$，再加工下一个齿槽。这种加工方法的优点是机床简单，可以使用通用机床稍加调整进行加工；缺点是对于同一模数和压力角的齿轮，只要齿数不同，齿廓形状就不相同，需采用不同的成形刀具，这是不经济的。在实际生产中，为了减少成形刀具的数量，每一种模数通常只配有 8 把刀具，每种铣刀用于加工一定齿数范围的一组齿轮，因此加工出来的齿形是近似的，存在不同程度的齿形误差，加工精度较低。另外，加工时的分度误差还会造成轮齿的圆周分布不均匀。因此，成形法加工齿轮效率低、精度低，只适于单件小批量生产。表 10-2 为 8 把一套的盘形齿轮铣刀刀号及加工齿数范围。

表 10-2 8 把一套的盘形齿轮铣刀刀号及加工齿数范围

刀号	1	2	3	4	5	6	7	8
加工齿数范围	12 ~ 13	14 ~ 16	17 ~ 20	21 ~ 25	26 ~ 34	35 ~ 54	55 ~ 134	135 以上

每种刀号的齿轮铣刀刀齿形状均按加工齿数范围中最少齿数的齿形设计，所以在加工该范围其他齿数的齿轮时，会有一定的齿形误差。

用多齿廓成形刀具加工齿轮时，在一个工作循环中即可加工出全部齿槽。例如，用齿轮拉刀或齿轮推刀加工内齿轮和外齿轮。采用这种成形刀具，可得到较高的加工精度和生产率，但要求刀具具有较高的制造精度且刀具结构复杂。此外，每套刀具只能加工一种模数和齿数的齿轮，且机床也必须是特殊结构的，因而加工成本较高，适用于大批量生产。

小批或单件生产斜齿圆柱齿轮时，常用加工直齿圆柱齿轮的标准铣刀来加工。为了减少误差，选择标准铣刀时，铣刀的模数和齿形角应和被加工斜齿轮的法向模数和法向齿形角相同，而刀号则按齿轮的法向当量齿数 z_d 来选择，按 $z_d = z/\cos^3\beta$ 计算。

成形法加工齿轮由于刀具的近似误差和机床在分齿过程中的转角误差影响，加工精度一般较低，为 IT9 ~ IT12 级，表面粗糙度为 $Ra6.3 ~ 3.2\mu m$，生产率不高，一般用于单件小批量生产，或用于重型机器制造中大型齿轮的加工。

2. 成形法加工齿轮的刀具

（1）盘形齿轮铣刀　盘形齿轮铣刀是一种铲齿成形铣刀，其外形和结构如图 10-2 所示。盘形齿轮铣刀前角为零时，其刃口形状就是被加工齿轮的渐开线齿形。当被加工齿轮的模数和压力角都相同、只有齿数不同时，其渐开线形状显然不同，出于经济性的考虑，不可能对每一种齿数的齿轮对应设计一把铣刀，而是将齿数接近的几个齿轮用相同的一把铣刀进行加工。加工压力角为20°的直齿渐开线圆柱齿轮

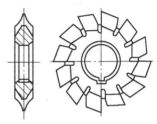

图 10-2　盘形齿轮铣刀

用的盘形齿轮铣刀已标准化，当模数为 0.3 ~ 8mm 时，每种模数的铣刀由 8 把组成一套，见表 10-2；当模数为 9 ~ 16mm 时，每种模数的铣刀由 15 把组成一套。

（2）指形齿轮铣刀　指形齿轮铣刀如图 10-1b 所示，它实质上是一种成形立铣刀，有铲齿和尖齿结构，主要用于加工 $m = 8 ~ 100mm$ 的大模数直齿、斜齿以及无空刀槽的人字齿齿轮等。指形齿轮铣刀工作时相当于一个悬臂梁，几乎整个刃长都参加切削，因此切削力大，刀齿负荷重，宜采用小进给量切削。指形齿轮铣刀还没有标准化，需根据需要进行专门设计和制造。

3. 成形法加工齿轮的特点

成形法加工的特点是：用刀具的切削刃形状来保证齿形的准确性，用分度的方法来保证轮齿圆周分布的均匀性。单件小批生产时，通常在万能铣床、牛头刨床等通用设备上加工。在大批大量生产时，常采用按成形法设计的专用设备，如拉齿机、推齿机等。

10.1.3　展成法

展成法加工齿轮是利用一对齿轮的啮合原理进行的，即把齿轮啮合副（齿条—齿轮或齿轮—齿轮）中的一个开出切削刃，做成刀具，另一个则为工件，并强制刀具和工件作严格的啮合，在齿坯（工件）上留下刀具刃形的包络线，生成齿轮的渐开线齿廓。

展成法加工齿轮的优点是所用刀具切削刃的形状相当于齿条或齿轮的齿廓，只要刀具与被加工齿轮的模数和压力角相同，一把刀具可以加工同一模数不同齿数的齿轮。而且，生产率和加工精度都比较高。在齿轮加工中，展成法应用最广泛，如插齿机、滚齿机、剃齿机等都采用这种加工方法，如图 10-3 所示。

下面介绍各种展成法加工齿轮的方法。

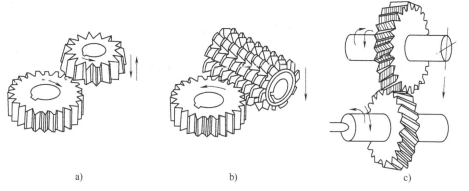

图 10-3　展成法加工原理
a）插齿加工　b）滚齿加工　c）剃齿加工

10.2　滚齿加工

10.2.1　滚齿加工原理

　　滚齿加工是根据展成法原理来加工齿轮轮齿的，是由一对轴线交错的斜齿轮啮合传动演变而来，如图 10-4 所示。用齿轮滚刀加工齿轮的过程，相当于一对斜齿轮啮合滚动的过程，如图 10-4a 所示；将其中一个齿轮的齿数减少到几个或一个，使其螺旋角增大（即导程很小），此时齿轮已演变成蜗杆，如图 10-4b 所示；沿蜗杆轴线方向开槽并铲背后，则成为齿轮滚刀，如图 10-4c 所示。因此，齿轮滚刀实质上就是一个螺旋角很大、导程角很小、齿数很少、齿很长、绕了很多圈的斜齿圆柱齿轮。在它的圆柱面上均匀地开有容屑槽，经过铲背、淬火以及对各个刀齿的前、后面进行刃磨，即形成一把切削刃分布在蜗杆螺旋表面上的齿轮滚刀。

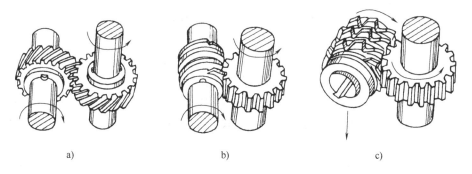

图 10-4　滚刀的形成

　　图 10-5a 所示的滚切过程中，滚刀按给定的切削速度旋转时，它在空间便形成一个以等速移动着的假想齿条（见图 10-5b），在这个假想齿条与被切齿轮做一定速比的啮合运动过程中，在齿坯上就滚切出齿轮的渐开线齿形。分布在螺旋线上的滚刀各切削刃相继切去齿槽中一薄层金属，每个齿槽在滚刀旋转过程中由若干个刀齿依次切出，渐开线齿廓则在滚刀与

齿坯的对滚过程中由切削刃一系列瞬间位置包络而成，如图 10-5c 所示。滚刀的旋转运动 B_1 和工件的旋转运动 B_2 组合而成的复合成形运动，即为展成运动，当齿条移过一个齿距时，工件必须相应地转过一个齿，这个严格的相对运动关系，是由刀具和工件之间的内联系传动链决定的。当滚刀与工件连续不断地旋转时，便在工件整个圆周上依次切出所有齿槽，形成齿轮的渐开线齿廓。

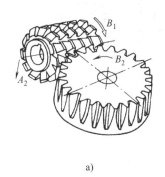
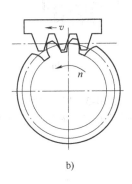
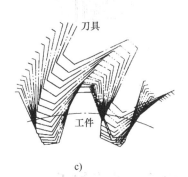

a)　　　　　　　　　　　b)　　　　　　　　　　c)

图 10-5　展成法形成渐开线齿形

为了得到所需的渐开线齿廓和齿轮齿数，滚切齿形时滚刀和工件之间必须保证严格的运动关系为：当滚刀转过 1 转时，工件必须相应转过 k/z 转（k 为滚刀头数，z 为工件齿数），以保证两者的对滚关系。

10.2.2　滚齿机床

常见的中型通用滚齿机有立柱移动式和工作台移动式两种。Y3150E 型滚齿机属于后者，该滚齿机能够加工直齿和斜齿圆柱齿轮。此外，使用蜗轮滚刀还可以用手动径向进给的方式来滚切蜗轮。

1. Y3150E 型滚齿机的组成

Y3150E 型滚齿机的外形如图 10-6 所示，立柱 2 固定在床身 1 上，刀架溜板 3 带动滚刀架 5 可以沿立柱导轨做垂直方向进给运动或快速移动。滚刀安装在刀杆 4 上，由滚刀架的主轴带动做旋转主运动。滚刀架可绕自己的水平轴线转动，以调整滚刀的安装角度。工件装夹在工作台 9 的心轴 7 上或者直接装夹在工作台上，随同工作台一起做旋转运动。工作台和后立柱 8 装在同一溜板上，可沿床身水平导轨移动，以调整工件的径向位置或做手动径向进给运动。后立柱上的支架 6 可通过轴套或顶尖支承工件心轴的上端，这样可以提高滚切工作的平稳性。

2. Y3150E 型滚齿机的传动链

（1）加工直齿圆柱齿轮的运动和传动原理　加工直齿圆柱齿轮的成形运动包括：形成渐开线齿廓（母线）的运动和形成直线形齿线（导线）的运动。前者依靠滚刀的旋转运动 B_{11} 和工件的旋转运动 B_{12} 组成的复合成形运动（即展成运动）实现；后者依靠滚刀沿工件轴向的直线进给运动 A_2 来实现。因此，滚切直齿圆柱齿轮实际上只需要两个独立的成形运动：一个复合成形运动（$B_{11}+B_{12}$）和一个简单成形运动 A_2。习惯上往往根据各运动的作用，称工件的旋转运动为展成运动，称滚刀的旋转运动为主运动，称滚刀沿工件轴线方向的

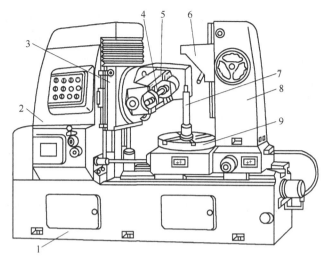

图 10-6 Y3150E 型滚齿机的外形

1—床身 2—立柱 3—刀架溜板 4—刀杆

5—滚刀架 6—支架 7—心轴 8—后立柱 9—工作台

运动为轴向进给运动，并据此来命名这些运动的传动链。

图 10-7 所示为滚切直齿圆柱齿轮的传动原理，它具有以下三条传动链。

1）主运动传动链。电动机（M）—1—2—u_v—3—4—滚刀（B_{11}），是一条将动力源（电动机）与滚刀相联系的传动链，滚刀和动力源之间没有严格的相对运动要求，是一条外联系传动链。由于滚刀的材料、直径及工件的材料、硬度、加工精度等诸多因素的不同，需要对滚刀的转速 B_{11} 随时调整，换置机构 u_v 所起的就是这个作用，即根据工艺条件所确定的滚刀转速来调整传动比。滚刀转速

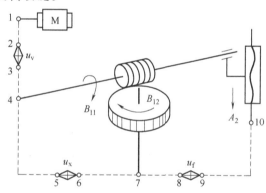

图 10-7 滚切直齿圆柱齿轮的传动原理

B_{11} 的大小，并不影响渐开线齿廓的形状，只影响渐开线齿廓的形成快慢。

2）展成运动传动链。滚刀（B_{11}）—4—5—u_x—6—7—工作台（B_{12}），是一条联系滚刀主轴与工作台之间的内联系传动链，由它决定齿轮齿廓的渐开线形状。其中，换置机构为 u_x，用于适应工件齿数和滚刀头数的变化。根据蜗轮蜗杆的啮合原理，工作台（相当于蜗轮）的展成运动方向取决于滚刀（相当于蜗杆）的旋向。采用右旋滚刀加工时，工件按逆时针方向（俯视）转动；采用左旋滚刀加工时，工件按顺时针方向转动，即"右逆左顺"。故在这个传动链中，还有工作台变向结构。

3）轴向进给运动传动链。工作台（B_{12}）—7—8—u_f—9—10—刀架（A_2），为了切出工件的全齿长，在滚刀旋动的同时，滚刀架还要带动滚刀沿工件轴线方向移动。这个运动是维持切削得以连续进行的运动，是进给运动。传动链中换置机构 u_f 用于调整轴向进给量的大小和进给方向，以适应不同表面粗糙度的要求。轴向进给运动的快慢，并不影响直线形齿

线的轨迹（靠刀架导轨保证），只影响形成齿线的快慢及被加工齿面的表面粗糙度。因此，滚刀的轴向进给运动是一个简单成形运动，传动链属于外联系传动链。这里用工作台作为间接动力源的原因是，轴向进给量通常以工件转一转时刀架的位移量来表示，且刀架的运动速度较低，这种方式还能简化机床结构。

（2）加工斜齿圆柱齿轮的运动和传动原理　斜齿圆柱齿轮与直齿圆柱齿轮的不同之处在于，斜齿圆柱齿轮的齿线为螺旋线，直齿圆柱齿轮的齿线为直线。对于斜齿轮来说，垂直于齿轮轴线的任一截面上的齿廓形状都是渐开线，这和滚切直齿圆柱齿轮形成母线的方法是一致的，都需要主运动和工件的展成运动。只不过滚切斜齿轮时，轴向进给运动是螺旋运动，是一个复合运动。这个运动可分解为两部分，即滚刀架的轴向直线运动 A_2 和工作台的旋转运动 B_{22}。工作台要同时完成 B_{12} 和 B_{22} 这两种旋转运动，通常称 B_{22} 为附加运动，如图 10-8 所示。

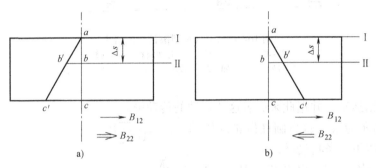

图 10-8　滚切斜齿圆柱齿轮时的导线成形原理
a）滚切右旋斜齿轮与直齿圆柱齿轮的比较
b）滚切左旋斜齿轮与直齿圆柱齿轮的比较

图 10-8a 中 ac 是直齿圆柱齿轮的齿线；ac' 是斜齿圆柱齿轮轮齿的齿线。滚切时使用右旋滚刀，滚刀安置在图中工件的前面（图中没有表示出来）由上而下做轴向进给运动。当滚刀在位置Ⅰ时，切削点正好在点 a。当滚刀下降 Δs 距离后（到达位置Ⅱ），被加工齿轮上的点 b 正对着滚刀的切削点，以上为滚切直齿轮的情况。如果滚切的是斜齿轮，则需要切削的是工件上的点 b'，而不是点 b。因此，则要求滚刀在直线下移 Δs 的过程中，工件的转速应比滚切直齿轮时要快一些，这就是说把工件上要切削的点 b' 转到图中滚刀对着的点 b 位置上，由滚刀完成滚切。

在图 10-8b 中，由于斜齿轮的旋向（左旋）与图 10-8a 的相反，在滚切加工时，工件的转速应比滚切直齿轮时要慢一些。工件附加运动 B_{22} 的旋转方向，取决于滚刀架的轴向运动方向和被加工齿轮的旋向。当滚刀架自上而下做轴向运动，若加工右旋斜齿轮时，附加运动按逆时针方向（俯视）转动；若加工左旋斜齿轮时，附加运动按顺时针方向转动。

滚切斜齿圆柱齿轮的传动原理如图 10-9 所示，其中，主运动、展成运动以及轴向进给运动传动链与加工直齿圆柱齿轮时相同，只是在刀架与工作台之间增加了一条附加运动传动链：滚刀架（滚刀移动 A_{21}）—12—13—u_y—14—15（合成）—6—7—u_x—8—9—工作台（工件附加转动 B_{22}），以保证刀架沿工作台轴线方向移动一个螺旋线导程时，工件附加转过 +1 或者 -1 转，形成螺旋线齿线。显然，这是一条内联系传动链。传动链中的换置机构 u_y，用于适应不同的工件螺旋线导程，传动链中设有换向机构以适应不同的螺旋方向。由于滚切斜齿圆柱齿轮时，工作台的旋转运动既要与滚刀旋转运动配合，组成形成渐开线齿廓的展成运动，又要与滚刀刀架轴向进给运动配合，组成形成螺旋线齿长的附加运动，所以加工时工作台实际的旋转运动是上述两个运动的合成。为使工作台能同时接受来自两条传动链的运动而不发生矛盾，在传动链中配置了一个运动合成机构。

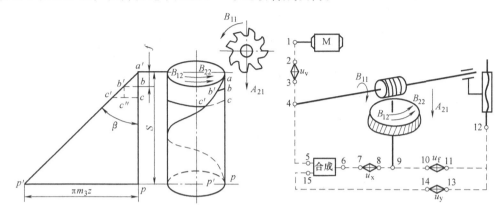

图 10-9 滚切斜齿圆柱齿轮的传动原理

10.2.3 滚齿刀具

1. 齿轮滚刀

（1）滚刀基本蜗杆 齿轮滚刀是一种展成法加工齿轮的刀具，它相当于一个螺旋角很大的斜齿圆柱齿轮，其齿数（或称头数），很少（通常是一头或二头），轮齿很长，可以绕轴几圈，实际上就是一个蜗杆，如图 10-10 所示。为了形成切削刃和前后刀面，需在这个蜗杆沿其长度方向开出若干个容屑槽。由此，把蜗杆螺纹分割成很多较短的刀齿，并产生了前刀面 2 和切削刃 3。通过铲齿的方法铲出顶刃后刀面 5 及侧刃后刀面 4，形成后角。但是，滚刀的左、右侧切削刃必须保证落在螺旋面 1 上，这个螺旋面所构成的蜗杆称为齿轮滚刀的基本蜗杆。根据基本蜗杆螺旋面的旋向，滚刀可分为右旋滚刀和左旋滚刀。基本蜗杆可分为渐开线蜗杆、阿基米德蜗杆和法向直廓蜗杆。

1）渐开线蜗杆。渐开线蜗杆的螺旋面是渐开线。渐开线蜗杆滚刀理论上可以加工出完全正确的渐开线齿轮，但由于其制造困难，生产中很少使用。

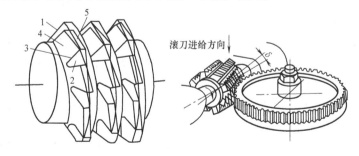

图 10-10 滚刀的基本蜗杆
1—蜗杆螺旋面 2—前刀面 3—切削刃
4—侧刃后刀面 5—顶刃后刀面

2）阿基米德蜗杆。阿基米德蜗杆的螺纹齿侧表面是阿基米德螺旋面。它与渐开线蜗杆非常近似，只是它的轴向截面内的齿形是直线。这种蜗杆滚刀便于制造、刃磨、测量，应用广泛。

3）法向直廓蜗杆。在齿形某一法向剖面中具有直线齿形。法向直廓蜗杆制造工艺较为简便。与阿基米德滚刀比较，法向直廓蜗杆的理论误差略大，加工精度较低，生产中采用不多，一般只用于制造大模数、多头滚刀或粗加工滚刀。

渐开线蜗杆的齿面是渐开线，根据形成原理，渐开线螺旋面的发生母线是在与基圆柱相切的平面中的一条斜线，这条斜线与端面的夹角就是此螺旋面的基圆导程角 λ_b，用此原理可车削渐开线蜗杆，如图10-11所示，车削时车刀的前刀面切于直径为 d_b 的基圆柱，车蜗杆右齿面时车刀低于蜗杆轴线，车左齿面时车刀高于蜗杆轴线，车刀取前角 $\gamma_f = 0°$，齿形角为 λ_b。

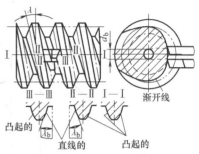

图10-11 渐开线蜗杆齿面的形成

（2）滚刀基本结构　滚刀基本结构分为整体式和镶齿式两种。目前，中小模数滚刀都做成整体式结构；大模数滚刀，为了节约材料和便于热处理，一般做成镶齿式结构。滚刀可分为夹持部分和切削部分。

滚刀安装在滚齿机的心轴上，以内孔定位，两端面夹紧，键槽传递转矩。两端部的轴台用于检验径向圆跳动，所以滚刀制造时应保证两轴台与基本蜗杆同轴，两端面与滚刀轴线相垂直。滚刀的切削部分由许多刀齿组成，刀齿两侧的后刀面为铲齿加工得到的螺旋面，其导程与基本蜗杆的导程不同，两侧后刀面均缩在基本蜗杆螺旋面内，而切削刃在基本蜗杆表面之上。

滚刀的前刀面在滚刀的端剖面中的截线是直线。若此直线通过滚刀轴线，则刀齿的顶刃前角为0°，这种滚刀称为零前角滚刀；当顶刃前角大于0°时，称为正前角滚刀。

（3）滚刀的主要结构参数

1）滚刀的外径 d_{a0} 与导程角 ω。滚刀外径是一个很重要的结构尺寸，它直接影响着其他结构参数和对齿轮的加工精度。外径 d_{a0} 越大，分度圆直径 d_0 也越大，分度圆导程角 ω 越小。这是因为 $\sin\omega = m_n z_0 / d_0$，当分度圆直径 d_0 增大而滚刀头数减小时，会使导程角减小，从而使因近似造型而引起的齿形误差减小。因此，精加工齿轮滚刀都用单头，并适当增大滚刀外径，以提高了滚刀精度。

增大滚刀外径可增大内孔直径，提高滚刀刀杆的刚度，从而增大轴向进给量。外径增大还可以增多圆周齿数，减小齿面包络误差，减小刀齿负荷，提高加工精度；但外径过大也会增大切入、切出长度，降低加工生产率，增加刀具材料的浪费。

标准齿轮滚刀分为两大系列：一为大外径系列（Ⅰ型）；一为小外径系列（Ⅱ型）。前者用于高精度滚刀，后者用于普通精度滚刀。

2）滚刀的长度。滚刀的长度是有齿部分长度与两端轴台长度之和。滚刀有齿部分的长度，比加工时的啮合长度要长1~2个齿距。这样既能完整地包络齿轮的齿廓，又能减轻滚刀两端边缘刀齿的负荷，同时还可使滚刀使用磨损后，沿轴向移动一个齿距继续使用，从而提高了滚刀的使用寿命。

3）滚刀的头数。滚刀的头数对加工精度和生产率都有重要影响。采用多头滚刀时，由于参与切削的齿数增加，生产效率比单头滚刀高。但由于多头滚刀导程角大，设计制造误差增加，加之多头滚刀各螺纹之间存在分度误差，所以多头滚刀的加工精度较低，一般适用于粗加工。

4）滚刀的精度。根据国家标准的规定，滚刀按精密程度分为 AA 级、A 级、B 级和 C 级四个等级，分别可以加工的齿轮精度为 IT6 ~ 7、IT7 ~ 8、IT8 ~ 9 和 IT10 ~ 12。

5）滚刀的使用

① 正确选用滚刀。选择标准齿轮滚刀时，其模数与齿形角应与被加工齿轮的模数和齿形角相等，按齿轮要求的精度等级选取相应的精度级。凡使用精度较低的滚刀能满足加工要求时，应尽量不用高精度的滚刀，以免造成浪费。

② 滚刀安装角及调整。滚齿时，为了切出准确的直线或螺旋线齿形，应使滚刀和工件处于准确的"啮合"位置，即滚刀在切削点的螺旋线方向应与被加工齿轮齿槽方向一致，为此需将滚刀轴线与工件端面安装成一定的角度，即为安装角，用 δ 表示。在滚齿机上加工直齿圆柱齿轮时，滚刀的轴线是倾斜的，安装角 δ 等于滚刀的导程角 ω（对立式滚齿机而言），即 $\delta = \pm \omega$，滚刀扳动方向则取决于滚刀的螺旋线方向。加工螺旋角为 β 的斜齿圆柱齿轮时，滚刀的安装角 $\delta = \beta \pm \omega$，当 β 与 ω 异向时，取"＋"号；同向时，取"－"号，滚刀的扳动方向取决于工件的螺旋方向，如图 10-12 所示。

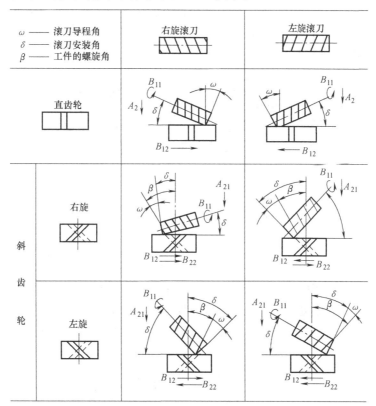

图 10-12　滚刀的安装角及扳动方向

加工斜齿齿轮时，应尽量选用与工件螺旋方向相同的滚刀，这样可使滚刀的安装角减小，有利于提高机床运动平稳性与加工精度。

③ 适时窜位。在滚齿时，各刀齿负荷不均、磨损不均，为了使刀齿磨损均匀，提高刀具寿命，应在滚刀切削了一定数量的齿轮后，沿轴线将刀具移动一定距离。通常窜刀的方法采用手动，如可以用调整滚刀刀杆上垫圈的厚度的方法来实现滚刀的轴向窜位。

④ 及时刃磨。当发现滚刀加工的齿轮齿面的表面粗糙度大于 $Ra3.2\mu m$，或有光斑和加工时不正常的声音，或者后刀面的磨损量在粗切时超过 $0.8mm$、精车时超过 $0.2\sim0.5mm$，就应重磨滚刀。重磨时，应使切削刃仍处于基本蜗杆螺旋面上，保持原有精度。

2. 蜗轮滚刀

蜗轮滚刀加工蜗轮的过程是模拟蜗杆与蜗轮啮合的过程，如图 10-13 所示，蜗轮滚刀相当于原蜗杆，只是上面制作出切削刃，这些切削刃都在原蜗杆的螺旋面上。蜗轮滚刀的外形很像齿轮滚刀，但设计原理各不相同，蜗轮滚刀的基本蜗杆的类型和基本参数都必须与原蜗杆相同，加工每一规格的蜗轮需用专用的滚刀。

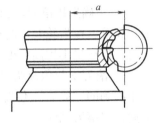

图 10-13　蜗轮的滚切

用滚刀加工蜗轮可采用径向进给或切向进给，如图 10-14 所示。用径向进给方式加工蜗轮时，滚刀每转一转，蜗轮转动的齿数等于滚刀的头数，形成展成运动；滚刀在转动的同时，沿着蜗轮半径方向进给，达到规定的中心距后停止进给，而展成运动继续直到包络好蜗轮齿形。用切向进给方式加工蜗轮时，首先将滚刀和蜗轮的中心距调整到等于原蜗杆与蜗轮的中心距；滚刀和蜗轮除做展成运动外，滚刀还沿本身的轴线方向进给切入蜗轮，因此滚刀每转一转，蜗轮除需转过与滚刀头数相等的齿数外，由于滚刀有切向运动，蜗轮还需要有附加的转动。

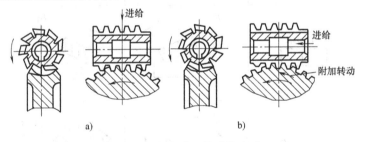

图 10-14　蜗轮滚刀的进给方式
a) 径向进给　b) 切向进给

10.2.4　滚齿加工方法

1. 选择切削用量

切削用量的选择主要依据所切齿轮材料、加工精度和表面粗糙度的要求，还应考虑合理的滚刀寿命、工艺系统刚度及滚齿机功率等条件。切削用量可按以下步骤来确定。

（1）滚刀寿命选择　滚刀在两次刃磨之间的滚切时间称为滚刀寿命，可按表 10-3 确定滚刀寿命。

表 10-3　滚刀寿命推荐值

模数/mm	≤4	5~6	7~8	10~12	≥16
滚刀寿命/min	240	360	480	720	960

（2）确定背吃刀量　一般来说，加工模数 $m<4mm$ 的齿轮，1 次走刀切至全齿深；当

$m > 4$ mm 或工艺系统刚性不足时，应分 2 次走刀（第 1 次背吃刀量为 $1.4m$，第 2 次切至全深）；当 $m > 7$ mm 时，应分 3 次走刀［第 1 次背吃刀量为 $(1.4 \sim 1.6)m$，第 2 次留余量 $0.5 \sim 1$ mm，第 3 次切至全深］。若滚齿后接着有剃齿或磨齿的工序，一般滚齿 1 次。

（3）确定垂向进给量 f　垂向进给量 f 受机床—工件—滚刀的工艺系统刚度的限制，精加工时还取决于表面粗糙度的要求。垂向进给量 f 为 $0.5 \sim 5$ mm/r，具体可查工艺手册。

（4）确定滚齿的切削速度　根据上述确定的进给量和滚刀寿命数值，再综合考虑被加工齿轮的模数、材料和其他加工条件，通过查表的方式确定切削速度。

2. 计算切削功率和切削力

按照垂向进给量和齿轮模数，通过查表确定滚齿的切削功率 P_m。计算出机床电动机功率 $P_E = P_m / \eta_m$（η_m 为滚齿机效率，$\eta_m = 0.4 \sim 0.5$），P_E 不应超过机床主电动机的实际功率。

查表确定平均滚切力矩，除以滚刀半径可得滚刀齿顶圆上的圆周力。

3. 选用切削液

滚切碳素钢齿轮时需用复合切削液或极压切削液，切削液流量一般为 $8 \sim 10$ L/min。滚切铸铁可不用切削液。

4. 选择各套交换齿轮

按公式分别计算滚刀速度交换齿轮、分齿交换齿轮、轴向进给交换齿轮的齿数并选择，对于斜齿齿轮还要计算选择附加运动交换齿轮。

5. 安装滚刀

（1）校正刀杆　滚刀安装前，先要校正刀杆的径向圆跳动和轴向窜动；滚刀装上刀轴后还需校正两边轴台的径向圆跳动，使其尽可能同步，保证滚刀对刀杆的倾斜度最小。

（2）对中心　使滚刀与齿坯的中心对准，否则会使滚切出来的齿形不对称，产生歪斜，实际生产中，常用的滚刀对中方法有试切法和利用对刀架对中两种。

（3）按滚刀导程角扳转刀架　滚切齿轮时，滚刀与齿坯两轴线间的相互位置相当于两交错轴斜齿轮相啮合时轴线间的相互位置，滚刀的安装角必须使滚刀的螺旋线方向准确地与被加工齿轮的轮齿方向一致。图 10-12 所示为滚刀与被加工齿轮间安装角度的关系。刀架的旋转角度可从刀架刻度盘及副尺上读出。滚刀安装角 δ 的精度在加工 7、8、9 级齿轮时，允差分别为 $5'$、$10'$、$15'$。

6. 安装齿坯

齿坯的装夹精度、装夹歪斜度除影响齿轮的径向误差外，还影响齿向误差，因此在装夹齿坯时应给予高度重视。在滚齿机上加工齿轮时，工件的定位有两种方式：

1）以工件的内孔和端面为定位基准装夹，工件的内孔套在专用的心轴上，端面靠紧支承元件，然后用螺母压紧，如图 10-15a 所示。这种装夹方式生产效率高，但要求齿坯精度高、专用心轴制作精度高、成本高，故适合大量生产。心轴安装时，要按图 10-15b 所示部位检查 A、B、C 三点的跳动量，点 A、B 之间的距离为 150mm。

2）以外圆和端面定位，用千分表找正，如图 10-16 所示，若采用这种方法，加工每个工件都需找正，故适用于单件小批生产。

7. 滚切圆柱齿轮

加工时注意：滚切时，如果用一次进给完成切削工作，其操作方法与一般方法相同，若用两次或多次进给完成切削工作，则每一行程结束，需要退刀。在滚切斜齿圆柱齿轮时，退刀时不能将离合器 M_3 脱开，否则将会打乱差动系统，使第一刀与第二螺旋线不重合，造成废品。操作时，先使工件离开滚刀，然后用快速行程使刀架上升或下降到开始切削位置，再重新调整需要的深度。

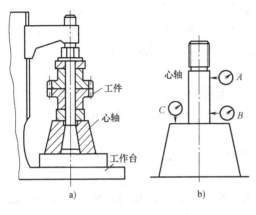

图10-15　心轴安装图
a）工件装夹　b）心轴找正

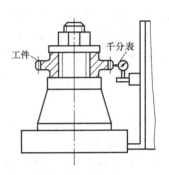

图10-16　外圆找正装夹

10.3　插齿加工

10.3.1　插齿加工原理

插齿加工相当于把一对相互啮合的直齿圆柱齿轮中一个齿轮的轮齿磨制成具有前、后角的切削刃，以这一齿轮作为插齿刀进行加工，如图10-17a所示，在插齿刀与相啮合的齿坯之间强制保持一对齿轮啮合的传动比关系的同时，插齿刀做往复运动，就能包络出合格的渐开线齿廓。从齿廓成形的原理来讲，插齿也属于展成法。

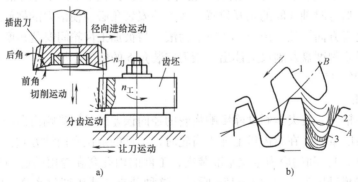

图10-17　插齿
1—动线　2、3—包络线

齿形的包络过程如图10-17b所示。假定被切齿轮的圆 A 不转动，而插齿刀的圆 B 上固接着动线1绕 A 圆做纯滚动，同时 B 圆做上、下往复运动，此时 B 圆上固有的齿形就与 A 圆上相啮合侧占据一系列顺序位置，包络出 A 圆上的全部渐开线齿形。

插齿加工可加工直齿和斜齿圆柱齿轮，特别适合加工在滚齿机上不能加工的多联齿轮和内齿轮。插齿加工时插齿刀和工件之间的运动如下：

（1）主运动　插齿刀的上下往复运动实现切削运动，以每分钟往复次数表示。插齿刀向下为工作行程，向上为空行程；常用的插齿机一般采用插齿刀每转 1 转，往复运动1200～1500 次，为提高生产率，高速插齿机可采用插齿刀每转 1 转，往复运动 2500 次，效率比常用插齿机提高了 2～4 倍。

（2）分齿运动　即展成运动，使插齿刀和工件之间保持一对圆柱齿轮的啮合关系，由插齿机床的传动链提供强制性啮合运动，即插齿刀转过一个齿时，工件也转过一个齿，满足 $i = n_刀/n_工 = z_工/z_刀$（$n_刀$、$n_工$ 为插齿刀和工件的转速，$z_工$、$z_刀$ 为插齿刀与工件的齿数）。

（3）圆周进给运动　插齿刀自身每一往复行程在分度圆上所转过的弧长为圆周进给量，单位是 mm/双行程。因此，插齿啮合过程也是圆周进给过程。插齿刀旋转速度的快慢决定了工件旋转速度的快慢，也直接关系到插齿刀的切削负荷，以及被加工齿轮的表面质量、生产率和插齿刀寿命等。适度提高圆周进给量可提高插齿效率。

（4）径向切入运动　开始切削时，若插齿刀立即径向切入工件至全齿深，将会因切削负荷过大而损坏工件，因此，插齿刀应逐渐向工件做径向切入至全齿深。插齿刀靠凸轮等机构实现径向进给，切至全齿深时，径向进给停止，然后在无进给下切出全齿圈。径向进给量为插齿刀每次往复行程径向切入距离，单位是 mm/双行程。

（5）让刀运动　插齿刀向上运动（空行程）时，为了避免擦伤工件齿面和减少刀具磨损，工作台应带着工件让开一小段距离（一般为 0.5mm），而在插齿刀向下开始工作行程之前，又迅速恢复原位。这种工作台让开和恢复原位的运动称为让刀运动。

10.3.2　插齿加工的特点

1）插齿加工的齿形精度比滚齿高。由于插齿刀在设计时没有滚刀的近似齿形误差，在制造时可通过高精度磨齿机获得精确的渐开线齿形。

2）齿面的表面粗糙度值小。这主要是由于插齿过程中参与包络的切削刃数量远比滚齿时多。

3）运动精度低于滚齿。由于插齿时，插齿刀上各个刀齿顺次切削工件的各个齿槽，所以刀具制造时产生的齿距累积误差将直接传递给被加工齿轮，从而影响被加工齿轮的运动精度。

4）齿向偏差比滚齿大。因为插齿的齿向偏差取决于插齿机主轴回转轴线与工作台回转轴线的平行度误差。由于插齿刀往复运动频繁，主轴与套筒容易磨损，所以齿向偏差常比滚齿加工时要大。

5）插齿的效率比滚齿低。原因是插齿刀的切削速度受往复运动惯性限制而难以提高，目前插齿刀每分钟往复行程次数一般只有几百次。此外，插齿有空行程损失。

6）插齿能加工滚齿无法加工的工件，如内齿轮、多联齿轮、齿条和扇形齿轮等。

提高插齿生产率的方法有高速插齿、提高圆周进给量和提高插齿刀寿命等。

10.3.3　插齿刀

插齿刀是利用展成原理加工齿轮的一种刀具，形状很像一个圆柱齿轮，其模数、齿形角与被加工齿轮对应相等，只是插齿刀有前角、后角和切削刃。加工直齿齿轮使用直齿插齿刀，加工斜齿和人字齿要使用斜齿插齿刀。

常用的直齿插齿刀已标准化，按照 GB/T 6081—2001 规定，直齿插齿刀有盘形直齿插齿刀、碗形直齿插齿刀和锥柄直齿插齿刀，见表10-4。

表10-4　插齿刀主要类型、规格与应用范围

序号	类　型	简　图	应用范围	规　格		d_1/mm 或莫氏锥度
				d_0/mm	m/mm	
1	盘形直齿插齿刀		加工普通直齿外齿轮和大直径内齿轮	63	0.3~1	31.743
				75	1~4	
				100	1~6	
				125	4~8	
				160	6~10	88.90
				200	8~12	101.60
2	碗形直齿插齿刀		加工塔形和双联直齿轮	50	1~3.5	20
				75	1~4	31.743
				100	1~6	
				125	4~8	
3	锥柄直齿插齿刀		加工直齿内齿轮	25	0.3~1	Morse No. 2
				25	1~2.75	
				38	1~3.75	Morse No. 3

　　除此之外，还可以根据实际生产需要设计专用的插齿刀。如为了提高生产率所采用的复合插齿刀，即在一把插齿刀上做有粗切齿和精切齿，这两种刀齿的齿数都等于被切齿轮的齿数，插齿刀转一转，就可完成齿形的粗加工和精加工。

10.4　齿轮精加工

10.4.1　剃齿

　　剃齿常用于未淬火圆柱齿轮的精加工，生产效率很高，是软齿面精加工最常见的加工方法，可精加工淬火前的6~8级精度的直齿圆柱齿轮和斜齿圆柱齿轮。

　　1. 剃齿原理

　　剃齿原理可用两个轴线相交90°的斜齿条的啮合来说明。如图10-18a所示，若齿条 A 以 v_A 的速度沿图示方向运动时，则齿条 B 被迫以 v_B 的速度沿着和齿条 A 成直角的方向运动。很显然，要使运动从一个方向转移到另一个方向，则齿条的齿侧面必然产生滑移速度 $v_滑$，如果齿条 A 的齿两侧面开出切削沟槽，并将两构件 A 与 B 之间施加压力，则构件 A 将以拉刀方式，从齿条 B 上切除微量金属。

　　剃齿安装如图10-18b所示。剃齿时，经过预加工的工件装夹在心轴上，顶在机床工作台上的两顶尖之间，可以自由转动。剃齿刀安装在机床的主轴上，在机床的带动下与工件作无侧隙的交错轴斜齿轮传动，带动工件旋转。

　　若将上述一对斜齿条转化为一对相互啮合的交错轴斜齿轮，则齿条两侧平面由于分布在

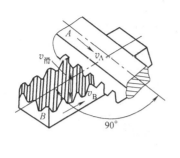
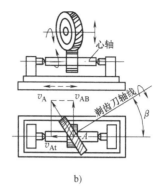

图 10-18　剃齿原理
a）斜齿条的啮合　b）剃齿安装

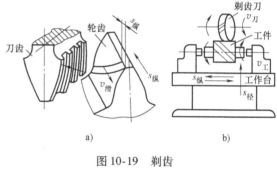

图 10-19　剃齿
a）剃齿刀　b）剃齿加工

圆柱体上，就变成渐开线螺旋面。在螺旋面两侧开一些沟槽作为切削刃，如图 10-19a 所示，这就是剃齿刀。当剃齿刀同滚齿或插齿加工后的齿轮以自由啮合的方式相啮合，组成如图 10-19b 所示的轴线即不平行也不相交的螺旋齿轮啮合关系，并使剃齿刀和被剃齿轮紧密啮合旋转，被剃齿轮做纵向往复移动，剃齿刀就会在齿轮侧面切除像细发状的微细切屑。剃齿的运动有：

1）主运动 $v_刀$——剃齿刀高速正反转带动工件相应的旋转 $v_工$。

2）工件沿轴向往复进给运动 $s_纵$——剃出全齿宽。

3）工件每一往复行程后的径向进给运动 $s_径$——剃出全齿深。

2. 剃齿刀

由于剃齿在原理上属于一对交错轴斜齿轮啮合传动过程，所以剃齿刀实质上是一个高精度的交错轴斜齿轮，沿齿面齿高方向上开有很多容屑槽形成切削刃，利用剃齿刀沿齿向开出的锯齿刀槽沿工件齿向切去一层很薄的金属，在工件的齿面方向因剃齿刀无刃槽，虽有相对滑动，但不起切削作用，如图 10-20 所示。

根据啮合原理，剃齿刀和被加工齿轮在齿长法向的速度分量相等。在齿长方向上，剃齿刀的速度是 v_{1t}，被加工齿轮的速度分量是 v_{2t}，二者的速度差为 Δv_t。这一速度差使剃齿刀与被加工齿轮沿齿长方向产生相对滑动。在背向力的作用下，依靠刀齿和工件齿面之间的相对滑动，从工件齿面上切除极薄的切屑（厚度可小至 $0.005 \sim 0.01mm$）。进行剃齿切削的必要条件是剃齿刀与齿轮的齿面之间有相对滑移。相对滑移的速度就是剃齿的切削速度。

剃齿刀通常用高速钢制造，可剃制齿面硬度低于 35HRC 的齿轮。剃齿加工在汽车、拖拉机及金属切削机床等行业中应用广泛。

10.4.2　冷挤齿轮

冷挤齿轮是一种无切屑光整加工新工艺，挤齿和剃齿一样，适用于淬火前的齿形精加工。

（1）冷挤原理　冷挤齿轮的工作原理如图 10-21 所示。将留有挤齿余量的齿轮置于两

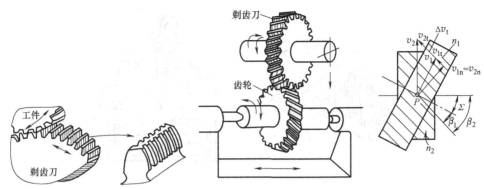

图 10-20　剃齿刀及工作原理

个高精度淬硬挤轮之间，挤轮和工件在一定压力下作无间隙对滚，挤轮作连续径向进给，齿廓表面层的金属产生塑性变形。挤齿就是通过表层变形来修正挤前齿轮的误差。由于挤轮宽度大于齿轮宽度，挤齿时不必要轴向进给。

挤齿时齿轮与挤轮轴线平行，因而挤多联齿轮不受限制。但对模数相同、螺旋角不等的斜齿轮，需要为螺旋角不同的齿轮配备相应的挤轮。没有剃齿时，一把刀具即可满足要求。

图 10-21　冷挤齿轮

（2）挤齿的应用　挤齿对余量有一定要求，冷挤余量主要用于填补表面凹缺部分；挤齿对齿圈径向圆跳动有较好的校正能力；挤齿对齿轮运动精度提高能力很小，对提高平稳性精度有利。图 10-22 所示为冷挤过程。如图 10-22a 所示，主动轮挤轮带动工件做逆时针方向转动，这时工件的左侧为主动侧，右侧为从动侧。由于啮合过程中的相对滑动，主动侧的金属由齿顶和齿根处向节圆处流动，造成节圆处金属堆积；反之，从动侧则由于金属向齿顶和齿根流动，造成节圆处中凹。综合影响就出现了如图 10-22b 所示的畸变现象。采取严格控制挤量、对挤轮修正等措施可以改变畸变现象。

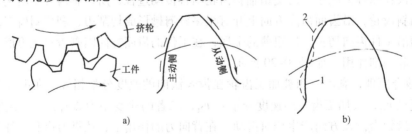

图 10-22　冷挤过程
a）冷挤过程及齿面金属流动示意图　b）冷挤时的齿形畸变
1—理论齿形　2—冷挤后的齿形畸变

10.4.3　珩齿

（1）珩齿原理　珩齿原理和剃齿原理是一样的，所不同的是珩齿使用的是珩磨轮，而剃齿是使用的是剃齿刀。珩磨轮在珩齿的过程中，相当于一个砂轮，珩齿的过程就是低速磨削、研磨与抛光的综合过程。

作为切削工具的珩磨轮是一个用磨料和环氧树脂等材料作结合剂浇铸或热压而成的、具有很高齿形精度的塑料齿轮，它不像剃齿刀有许多切削刃。在珩磨轮与工件啮合的过程中，依靠珩磨轮齿面密布的磨粒，以一定的压力和相对滑动速度对工件表面进行切削。珩磨原理如图 10-23 所示。珩磨方法如图 10-24 所示。

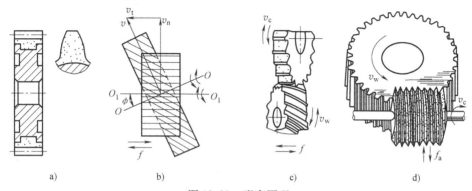

图 10-23　珩磨原理

a）珩磨轮结构　b）珩磨运动　c）螺旋齿轮珩磨　d）直齿轮珩磨

（2）珩齿特点　珩齿的特点在于，可以加工经过热处理后齿面淬硬了的齿轮；经珩齿后齿面表面粗糙度可达 $Ra0.32 \sim 0.63 \mu m$，而且齿面上不会产生烧伤和裂痕；珩齿的生产率要比磨齿高出数倍；珩齿机具有较高的切削速度、较小的进给量和较高的刚度，因此加工精度也比较高。

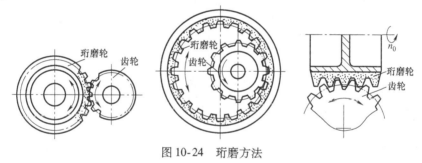

图 10-24　珩磨方法

珩齿余量一般不超过 0.025mm，切削速度为 1.5m/s 左右，工件的轴向进给量为 0.3mm/r。

珩齿修正误差的能力较差，珩前的齿槽预加工应尽可能采用滚齿，因为滚齿的运动精度高于插齿；珩齿生产率高，一般为磨齿和研齿的 10 ~ 20 倍，刀具寿命也很高，珩磨轮每修正一次，可加工齿轮 60 ~ 80 件；珩磨轮比剃齿刀形状简单；珩磨轮主要用来减小齿轮热处理后齿面的表面粗糙度值，一般可从 $Ra1.6 \mu m$ 减小到 $Ra0.4 \mu m$ 以下。珩齿一般用于大批大量生产 IT6 ~ IT8 级精度淬火齿轮的加工。

10.4.4　磨齿

磨齿加工适用于淬硬齿轮的精加工，是现有齿轮加工方法中加工精度最高的一种。其加工精度可达到 IT4 ~ IT6 级，表面粗糙度可达 $Ra0.2 \sim 0.8 \mu m$。磨齿对磨前齿轮误差或热处理变形具有较强的修整能力；缺点是生产率低，加工成本较高。齿轮的磨削方法通常分为成形法和展成法两大类。

1. 成形法磨齿

图 10-25a 所示是磨内啮合齿轮的加工情况，图 10-25b 所示是磨外啮合齿轮的加工情况。在用成形法来磨齿轮时，砂轮磨成齿槽的形状，砂轮高速旋转并沿工件轴线方向做往复运动。磨完一个齿槽后，分度一次再磨下一个齿槽。

2. 展成法磨齿

展成法磨齿采取强制啮合方式，不仅修正误差的能力强，而且可以加工表面硬度很高的齿轮。但磨齿加工效率较低，机床结构复杂，调整困难，加工成本高。展成法磨齿分为连续磨削和单齿分度磨削两大类。

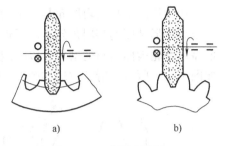

图 10-25 成形法磨齿
a) 磨内啮合齿轮 b) 磨外啮合齿轮

（1）连续磨削 磨齿机床是利用蜗杆形砂轮来磨削轮齿的，因此称为蜗杆砂轮型磨齿机床。如图 10-26a 所示，它的工作原理和加工过程与滚齿机类似，蜗杆砂轮相当于滚刀，加工时砂轮与工件做展成运动，磨出渐开线。磨削直齿圆柱齿轮的轴向齿线一般由工件沿其轴向做直线往复运动而形成。这种机床能连续磨削，在各类磨齿机床中的生产效率最高；其缺点是，砂轮修整成蜗杆较困难，且不易得到很高的精度。

（2）单齿分度磨削 这类磨齿机根据砂轮的形状又可分为碟形砂轮型、大平面砂轮型和锥形砂轮型三种，如图 10-26b、c、d 所示。它们的基本工作原理相同，都是利用齿条和齿轮的啮合原理来磨削轮齿的。把砂轮代替齿条的一个齿（见图 10-26d）、一个齿面（见图 10-26c）或者两个齿面（见图 10-26b），因此砂轮的磨削面是直线。加工时，被切齿轮在假想中的齿条上滚动，每往复滚动一次，完成一个或两个齿面的磨削，因此需要经过多次分度和加工，才能完成全部轮齿齿面的加工。磨削原理如图 10-27 所示。

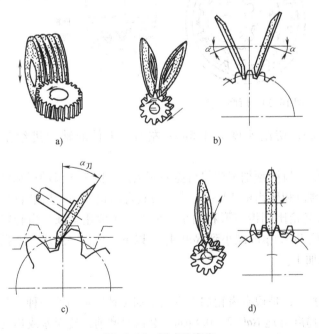

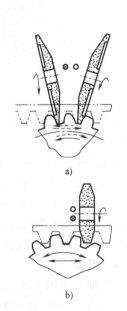

图 10-26 展成法磨齿

图 10-27 展成法磨齿原理
a) 双砂轮磨齿 b) 单砂轮磨齿

10.5　齿轮加工实例

图 10-28 所示为直齿圆杜齿轮，采用批量生产。

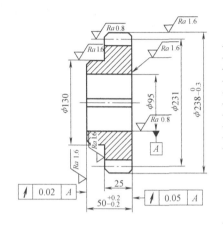

模数	m	4mm
齿数	z	50
压力角	α	20°
变位系数	x	0
精度等级		766kM
公法线长度变动公差	F_{w}	0.036mm
径向综合公差	F_{z}	0.08mm
齿向公差	F_{β}	0.009mm
公法线平均长度	$W=80.72^{0}_{-0.13}$mm	

技术要求

1. 材料：45 钢。
2. 热处理：G52。

图 10-28　直齿圆柱齿轮

1. 齿形加工工艺过程分析

齿轮的加工工艺过程应根据齿轮的结构形状、材料及热处理要求、精度要求、生产批量和生产条件确定。常用的齿形加工方案如下：

（1）8 级精度以下的齿轮　调质齿轮用滚齿或插齿就能满足要求。对于淬硬齿轮可采用滚（插）齿—齿端加工—齿面热处理—校正内孔的加工方案。

（2）6～7 级精度齿轮　对于淬硬齿面的齿轮可采用滚（插）齿—齿端加工—剃齿—表面淬火—校正基准—珩磨（蜗杆砂轮磨齿）的加工方案。这种方案加工精度稳定，生产率高，适用于批量生产。

（3）5 级以上精度齿轮　一般采用粗滚齿—精滚齿—表面淬火—找正基准—粗磨齿—精磨齿的加工方案。

该齿轮材料为 45 钢，精度等级为 7 级，齿廓的表面粗糙度为 $Ra0.8\mu m$，齿部热处理要求为 G52。因此对齿轮齿形的加工可以采用滚齿—齿端加工—剃齿—表面淬火—校正基准—珩磨（蜗杆砂轮磨齿）的加工方案。

2. 滚齿加工

（1）滚齿机及滚刀的选择　根据齿轮的尺寸、加工精度等级，可选用 Y3150E 型滚齿机，滚刀为 A 级精度，右旋单头，采用逆滚加工；滚刀杆扳动角度 $\delta = 2°19'$，应按顺时针方向扳动。

（2）刀具寿命、滚齿留剃余量的确定　刀具寿命按表 10-4 取 240min。查工艺手册选择滚齿留剃余量为 0.16mm。

（3）背吃刀量、垂向进给量的确定　由于该齿轮滚齿后需剃齿加工，因此背吃刀量采用一次走刀加工。查工艺手册选取垂向进给量 $f=0.5$mm/r。

（4）切削速度的确定　根据上述所取得的进给量和刀具寿命数值，再综合考虑被加工齿轮的模数、材料性质和其他加工条件，查工艺手册分别得切削速度及其修正系数。加工类型改变的修正系数为1.4，则切削速度 $v_c = 85\text{m/min} \times 1.4 = 119\text{m/min}$。

（5）切削功率的计算 查工艺手册，切削功率为0.6kW，则机床电动机功率 $P_E = P_m/\eta_m = 0.6\text{kW}/0.4 = 1.5\text{kW}$。Y3150E型滚齿机的主电动机功率为4kW，所以满足要求。

（6）滚齿切削液的选用 切削过程中，选用由矿物油和植物油合成的复合切削液，以提高滚刀寿命，降低齿面表面粗糙度值。切削液的流量为8~10L/min。

（7）分齿交换齿轮和进给交换齿轮的计算（参阅其他参考资料） 由式 $u_x = \dfrac{a}{b}\dfrac{c}{d} = \dfrac{f}{e}\dfrac{24k}{z_\text{工}}$ 可知，$21 < z = 50 < 142$，所以取 $e = f = 36$。

分齿交换齿轮：$ac/bd = 24k/z = 24 \times 1/50 = 48/100$，取 $a = 48$，$b = 100$。

进给交换齿轮：由式 $\dfrac{a_1}{b_1} = \dfrac{f}{0.46\pi u_{\text{ⅩⅦ-ⅩⅧ}}}$ 可知 $a_1/b_1 = 0.5/(1.45 \times 30/54) \approx 30/48$，取 $a_1 = 30$，$b_1 = 48$。

练习与思考

10-1 齿轮加工从原理上来说有哪几种方法？各有什么特点？

10-2 铣削模数 $m = 3\text{mm}$ 的直齿圆柱齿轮，齿数 $z_1 = 21$，$z_2 = 25$，应选用何种刀号的盘形齿轮铣刀？在相同的切削条件下，哪个齿轮的加工精度高？为什么？

10-3 要在万能铣床上铣一个螺旋角 $\beta = 30°$、齿数 $z = 18$、模数 $m_n = 3.5\text{mm}$ 的斜齿圆柱齿轮，应选用几号铣刀？

10-4 Y3150E型滚齿机有哪些运动传动链？各有什么作用？

10-5 在Y3150E型滚齿机上加工直齿圆柱齿轮和斜齿圆柱齿轮时，试分别说明各需要什么运动？

10-6 已知滚刀头数为 K，右旋，螺旋升角为 ω，被加工直齿齿轮的齿数为 z_1，滚刀的轴向进给量为 $f(\text{mm/r})$，试回答：

① 滚刀的轴线位置为什么要调整到与工件轴线的垂线成某一个角度？此角度应为多大？

② 当滚刀杆向进给距离为 $A(\text{mm})$ 时，工件和滚刀各转了多少转？

10-7 何谓齿轮滚刀的基本蜗杆？齿轮滚刀与基本蜗杆有何相同与不同之处？

10-8 下列条件中，在改变某一条件的情况下（其他条件不变），滚齿机上哪些传动链的换向机构应变向？

①由滚切右旋斜齿轮改为滚切左旋斜齿轮；②由逆铣滚齿改为顺铣滚齿；③由使用右旋滚刀改为使用左旋滚刀。

10-9 滚切一螺旋角为15°的左旋高精度斜齿轮，应选取何种旋向的滚刀？为什么？此时滚刀的轴线与齿坯轴线的交角如何确定？

10-10 为了滚切高精度齿轮，若其他条件相同，应选取下列情况的哪一种？为什么？

①单头滚刀或多头滚刀；②大直径滚刀或小直径滚刀；③标准长度滚刀或加长滚刀；④顺滚或逆滚。

10-11 试分析用插齿刀插削直齿圆柱齿轮时所需要的成形方法，并说明机床所需的运动。

10-12 插齿刀有哪些结构类型？

10-13 滚齿和插齿相比各有何特点？

10-14 简述提高插齿生产率的途径。

10-15　剃齿、挤齿、珩齿、磨齿各有何特点？适用于什么场合？

10-16　齿形加工方案怎样确定？

10-17　编制图 10-29 所示双联齿轮的机械加工工艺过程。生产类型：单件小批生产；齿轮材料：40Cr。

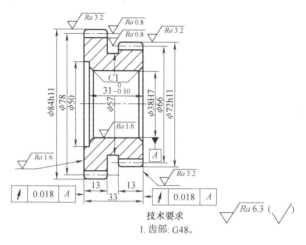

图 10-29　题 10-17 图

单元 11　螺纹加工、拉削加工、珩磨与研磨

11.1　螺纹加工

11.1.1　螺纹的车削加工

1. 用螺纹车刀车削内、外螺纹

在卧式车床和丝杠车床上用螺纹车刀车削螺纹时，螺纹的廓形由车刀的刀刃形状所决定，而螺距则是依靠调整机床的运动来保证的。这种方法具有刀具简单、适应性广、无需专用设备的优点，但生产率不高，主要用于单件小批生产。车削螺纹的方法详见单元4。

2. 用螺纹梳刀车削螺纹

在成批生产中，常采用各种螺纹梳刀车削螺纹。梳刀实质上是多齿螺纹车刀，一般有6～8个刀齿，分为切削和校准两部分，如图11-1所示。切削部分有切削锥，担负主要切削工作；校准部分廓形完整，起校准作用。由于有了切削锥，切削负荷均匀地分配在几个刀齿上，刀具磨损均匀，一般一次进给便能成形，生产率较高。但加工不同螺距、线数、牙型角的螺纹时，必须更换相应的梳刀，因此只适用于成批生产。

如图11-2所示，螺纹梳刀分为平体、棱体和圆体三种，其中用得最普遍的是圆体螺纹梳刀。

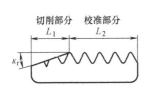

图 11-1　螺纹梳刀的刀齿

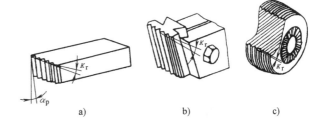

图 11-2　螺纹梳刀的形式
a) 平体螺纹梳刀　b) 棱体螺纹梳刀　c) 圆体螺纹梳刀

11.1.2　螺纹的铣削加工

螺纹的铣削加工多用于加工大直径的梯形螺纹和模数螺纹。与车削相比，这种加工方法精度较低、表面粗糙度值较大、生产率较高，常在大批大量生产中作为螺纹的粗加工或半精加工。

1. 盘形铣刀铣削螺纹

如图11-3所示，在普通万能铣床上用盘形螺纹铣刀铣削梯形螺纹。工件安装在分度头与尾座顶尖上，调整刀杆位置使其处于水平位置，并与工件轴线成螺纹升角 ϕ。铣刀高速旋转，工件在沿轴向移动一个导程的同时需旋转一周。这一运动关系通过工作台纵向进给丝杠与分度头之间的交换齿轮予以保证。若

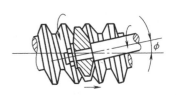

图 11-3　盘铣刀铣削螺纹

铣削多线螺纹，可利用分度头分线，依次铣削各条螺纹槽。

在专用螺纹铣床上铣削螺纹，其方法与上述类似，只是工件旋转一周时，由刀具沿工件轴向移动一个导程。其加工精度比用普通铣床铣削略高。

2. 旋风法铣削螺纹

旋风法铣削螺纹，常在改装的车床上进行。如图 11-4 所示，工件装夹在车床的卡盘或顶尖上，做低速转动（4～25r/min），安装有 1～4 个刀头的旋风刀盘安装在车床的横向滑板上，以 1000～1600r/min 的高速旋转（用专用电动机带动）。工件旋转一周时，刀盘纵向移动一个导程。刀盘轴线与工件轴线成螺纹升角 ϕ，两者旋转中心有一偏心距，使刀头只在 1/6～1/3 圆周上接触工件，每个刀头仅切去一小片金属，

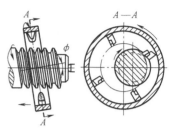

图 11-4　旋风法铣削螺纹

切削刃在工作时有充分的冷却机会。因此，这种加工方法一般均为一次进给完成加工，生产率较盘铣刀铣削高 3～8 倍；但铣头调整较麻烦，加工精度不太高，主要用于大批量生产螺杆或作为精密丝杠的粗加工。

11.1.3　攻螺纹和套螺纹

攻螺纹和套螺纹多是用手工操作加工螺纹的方法，如图 11-5 所示。攻螺纹是用丝锥加工内螺纹，套螺纹是用板牙加工外螺纹。亦可利用攻螺纹夹头在车床或钻床及专用机床上进行机动加工。对于小尺寸的内螺纹，攻螺纹几乎是唯一有效的方法。与套螺纹相比，攻螺纹应用更为普遍。

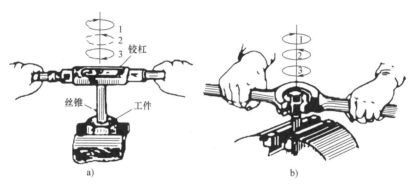

图 11-5　手工操作加工螺纹
a）攻螺纹　b）套螺纹

1. 攻螺纹

（1）攻螺纹工具　攻螺纹使用的工具是丝锥，常由高速钢、碳素工具钢或合金工具钢制成。其中，机用丝锥用高速钢制造，手用丝锥一般用 TA 或 9SiCr 制造，常用丝锥的类型如图 11-6 所示。丝锥的外形结构如图 11-7 所示，工作部分实际上是一个轴向开槽的外螺纹，分为切削部分和校准部分。

成组丝锥：为了减少切削力和延长使用寿命，将整个切削工作量分配给几支丝锥来担当。通常 M6～M24 的丝锥两支一组，小于 M6 及大于 M24 的丝锥三支一组，细牙螺纹的丝锥两支一组。使用成组丝锥时，顺序使用第一支（头攻）、第二支（二攻）和第三支（三攻），完成螺纹孔的加工。

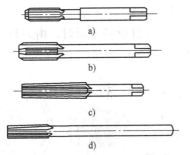

图 11-6　常用丝锥的类型

a）粗柄机用和手用丝锥　b）细柄机用和手用丝锥

c）短柄螺母丝锥　d）长柄螺母丝锥

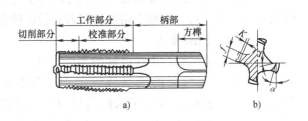

图 11-7　常用丝锥的结构

a）丝锥外形　b）丝锥切削部分和校准部分的角度

（2）攻螺纹辅具

1）手用丝锥铰杠。箱体等零件上的小螺孔，在单件小批生产时，多用手工攻螺纹。铰杠是手用攻螺纹时用来夹持丝锥的工具，有普通铰杠和丁字铰杠两大类，各类铰杠又可分为固定铰杠和活动铰杠两种。

2）机用丝锥夹头。它是指在车床上使用的攻螺纹夹头。将其安装在车床尾座套筒的锥孔中，主要用来对轴、盘套类零件轴线上的小螺孔进行攻螺纹。

成批生产或大批大量生产时，可用上述攻螺纹夹头在普通钻床上或专用组合机床上攻螺纹。钻床上使用攻螺纹夹头时，当丝锥负荷过重、或在不通孔中攻螺纹当攻到孔底时，虽然钻床主轴仍在转动，但夹头能使丝锥停止运动，可避免丝锥折断，起到安全保护作用。

（3）攻螺纹方法

1）底孔直径的确定。在攻螺纹时，尤其攻塑性较好的材料时，切削过程伴随着严重的挤压作用，应使攻螺纹底孔直径稍大于螺纹小径，否则会使金属凸起并挤向牙尖，造成攻螺纹后螺孔的小径小于原底孔的直径，螺纹牙顶与丝锥牙底之间没有足够的容屑空间，将丝锥箍住甚至折断。但底孔直径也不能过大，否则会使螺纹牙型高度不够，降低强度。

底孔直径大小可以用经验公式求得，也可直接查表。这里介绍经验公式法。

加工钢等塑性较大的材料，在扩张力中等的条件下，攻螺纹前，钻螺纹底孔用的钻头直径 $D_{钻} = D - P$，其中 D 为螺纹大径（mm）；P 为螺距（mm）。

加工铸铁等塑性较小的材料，在扩张力较小的条件下，$D_{钻} = D - (1.05 \sim 1.1)P$。

2）底孔深度的确定。攻不通孔的螺纹时，因丝锥不能攻到底，所以孔的深度要大于螺纹长度，其大小可按下式计算，即

$$钻孔深度 = 所需螺孔深度 + 0.7D$$

2. 套螺纹

（1）套螺纹工具　套螺纹常用的板牙有圆板牙和活动管子板牙。圆板牙有固定式和开缝式（可调）两种。图 11-8a 所示为常用的可调式圆板牙，它的基本结构是一个螺母，在端面上钻出几个排屑孔以形成前刀面和切削刃。由于圆板牙的前刀面是圆孔，因此前刀面为曲线型，前角数值是沿切削刃变化的，在内径处前角（γ_d）最大，外径处前角（γ_{do}）最小，如图 11-8b 所示。

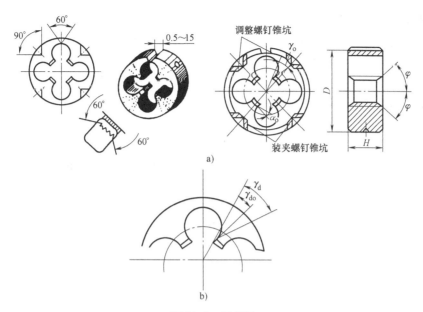

图 11-8　圆板牙

a) 圆板牙的结构　b) 圆板牙的前角变化

切削部分两端磨出 $\varphi = 60°$ 的切削锥，是板牙的切削部分，切削锥不是圆锥面，而是铲磨而成的阿基米德螺旋面；中间部分为校准齿，也是套螺纹时的导向部分。圆板牙的两端都可以切削，待一端磨损后可换另一端使用。板牙的廓形因属内表面，很难磨制，因此，板牙的加工精度一般较低。

板牙校准部分磨损会使套出的螺纹尺寸变大，为了延长板牙的使用寿命，在板牙的外圆上除了有 4 个紧固螺钉锥坑外，还开有 1 条 V 形槽，用来调节板牙尺寸。当板牙校准部分磨损时，可用锯片砂轮沿板牙 V 形槽切割出一条通槽，将铰杠上的两个螺钉顶入板牙上面的两个偏心锥坑内（偏心的目的是为了使紧固螺钉与锥坑单边接触），以缩小圆板牙尺寸；如果要增大圆板牙尺寸，则可在 V 形槽的开口处旋入螺钉。

（2）套螺纹辅具　装夹板牙的工具为板牙架，分为圆板牙架和管子板牙架，图11-9所示为圆板牙架。

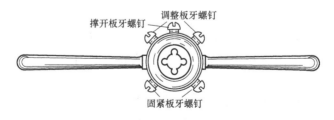

图 11-9　圆板牙架

（3）套螺纹方法　套螺纹前圆杆直径的确定：套螺纹前应检查圆杆直径，圆杆直径太大难以套入，圆杆直径太小套出的螺纹牙齿不完整，圆杆直径应略小于螺纹大径的基本尺寸 d。一般采用经验公式计算：圆杆直径 $d_{杆} = d - 0.13P$（d 为螺纹大径，P 为螺距）；也可以查表确定圆杆直径。

11.1.4 螺纹的滚压加工

螺纹滚压是一种无屑加工方法，它是利用压力加工方法使金属产生塑性变形而形成各种圆柱形或圆锥形螺纹。由于滚压后，工件材料纤维未被切断，所以成品的力学物理性能比切削加工的好。滚压加工生产率高，可节省金属材料，工具寿命高，因此适用于大批大量生产。螺纹滚压的方法有搓螺纹和滚螺纹两种。

1. 搓螺纹

如图 11-10 所示，搓螺纹时，工件放在固定搓螺纹板（静板）与活动搓螺纹板（动板）之间。两搓螺纹板的平面上均有斜槽，其截面形状与待搓螺纹的牙型相符。当活动搓螺纹板移动时，即在工件表面挤压出螺纹。

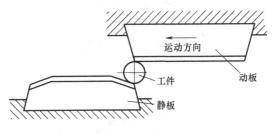

图 11-10　搓螺纹原理

搓螺纹的最大直径为 25mm，精度可达 5 级，表面粗糙度可达 $Ra0.8 \sim 1.6 \mu m$。

2. 滚螺纹

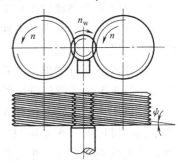

如图 11-11 所示，滚螺纹轮外圆周上具有与工件螺纹截面形状完全相同、但旋向相反的螺纹。滚螺纹时，工件放在两个滚螺纹轮之间。两滚螺纹轮同向等速旋转，带动工件旋转，同时一滚螺纹轮向另一滚螺纹轮作径向进给，从而逐渐挤压出螺纹。

滚螺纹的工件直径为 $0.3 \sim 120mm$，精度可达 3 级，表面粗糙度可达 $Ra0.2 \sim 0.8 \mu m$。滚螺纹生产率较搓螺纹低，可用来滚制螺钉、丝锥等。利用三个或两个滚轮，并使工件作轴向移动，可滚制丝杠。

图 11-11　滚螺纹原理

11.1.5 螺纹的磨削

精密螺纹，如螺纹量规、丝锥、精密丝杠及滚刀等，在车削或铣削之后，需在专用螺纹磨床上进行磨削。螺纹磨削有单线砂轮磨削和多线砂轮磨削两种，前者应用较为普遍。

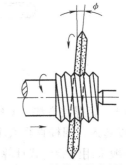

单线砂轮磨削螺纹如图 11-12 所示，砂轮轴线相对于工件轴线倾斜一个螺纹升角 ϕ。经修整后，砂轮在螺纹轴向截面上的形状与螺纹的牙槽相吻合。磨削时，工件装夹在螺纹磨床的前后顶尖之间，工件每转一周，同时沿轴向移动一个导程。砂轮高速旋转，并在每次磨削行程之前，做径向进给，经多次行程完成加工。对于螺距小于 1.5mm 的螺纹，可不经预加工，采用较大的背吃刀量和较小的工件进给速度，经一次或

图 11-12　单线砂轮磨削螺纹

两次行程直接磨出螺纹。

11.1.6　螺纹的测量

（1）单项测量　用游标卡尺测量大径，用钢直尺或螺距规测量螺距，用螺纹千分尺或三针测量中径。

（2）综合测量　使用螺纹塞规和环规分别检测内螺纹和外螺纹的精度。

11.2　拉削加工

11.2.1　拉削加工范围

拉削是一种高生产率的加工方法，是利用特制的拉刀在拉床上进行的。拉刀是一类加工内、外表面的多齿高效刀具，它依靠刀具尺寸或廓形变化切除加工余量，以达到要求的形状尺寸和表面粗糙度。

图 11-13 所示为拉削方式。拉削只有主运动，它是拉刀与工件的相对等速直线运动，拉削的进给运动依靠后一刀齿的齿升量（前后刀齿的高度差）来实现。拉刀先穿过固定工件上已有的预制孔，将工件的端面靠在拉床的球面垫圈上，并将拉刀左端柄部插入拉刀夹头，拉刀夹头将拉刀从工件孔中拉过，由拉刀上一圈圈不同尺寸的刀齿，分别逐层依次地从工件孔壁上切除很薄的金属层，而形成与拉刀最后的刀齿同形状的孔，使表面达到较高的精度和表面粗糙度要求。如图 11-14 所示，当刀具在切削时所承受的是压力而不是拉力时，这种刀具称为推刀。推刀容易弯曲折断，长度受到限制，不如拉刀用得广泛。图 11-15 所示为拉削外表面的方法。

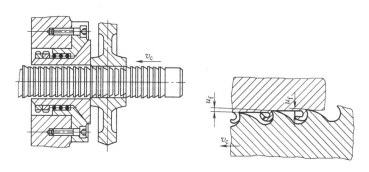

图 11-13　拉削方式

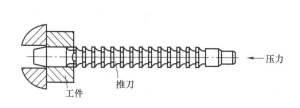

图 11-14　推刀

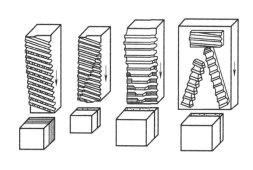

图 11-15　拉削外表面

拉削可以认为是刨削的进一步发展。拉削可以加工各种截面形状的内孔表面及一定形状的外表面，见表11-1。按加工表面特征不同，拉削可分为内拉削和外拉削。

表11-1　拉削加工范围

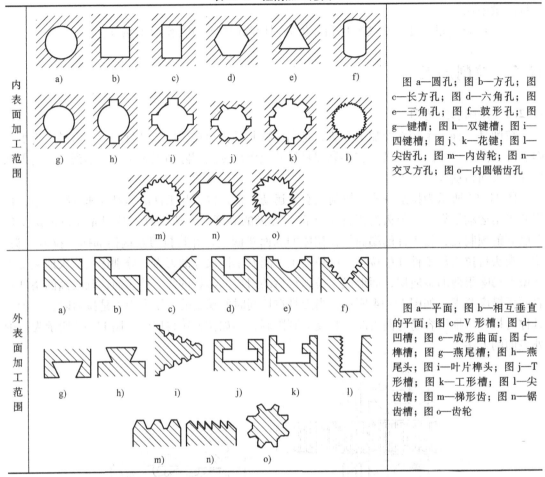

| 内表面加工范围 | 图a—圆孔；图b—方孔；图c—长方孔；图d—六角孔；图e—三角孔；图f—鼓形孔；图g—键槽；图h—双键槽；图i—四键槽；图j、k—花键；图l—尖齿孔；图m—内齿轮；图n—交叉方孔；图o—内圆锯齿孔 |
| 外表面加工范围 | 图a—平面；图b—相互垂直的平面；图c—V形槽；图d—凹槽；图e—成形曲面；图f—榫槽；图g—燕尾槽；图h—燕尾头；图i—叶片榫头；图j—T形槽；图k—工形槽；图l—尖齿槽；图m—梯形齿；图n—锯齿槽；图o—齿轮 |

内拉削用来加工各种截面形状的通孔和孔内通槽，如圆孔、方孔、多边形孔、内花键、键槽孔、内齿轮等。拉削前要有已加工孔，让拉刀能从中插入。拉削的孔径范围为8～125mm，孔深不超过孔径的5倍。特殊情况下，孔径范围可小到3mm，大到400mm。

外拉削用来加工非封闭性表面，如平面、成形面、沟槽、榫槽、叶片榫头和外齿轮等，特别适用于在大量生产中加工比较大的平面和复合型面，如汽车和拖拉机的气缸体、轴承座和连杆等。

拉削不能加工台阶孔和不通孔。由于拉床工作的特点，复杂形状零件的孔（如箱体上的孔）也不宜进行拉削。

11.2.2　拉削加工的特点

1）拉削过程只有主运动（拉刀运动），没有进给运动（由拉刀本身的齿升量完成），因此拉床结构简单，操作容易。由于工件形状主要取决于拉刀，对操作人员的技术水平和熟练程度要求较低。

2）拉刀是多刃刀具，一次行程即可同时完成粗、精加工，效率比刨削、插削及其他加工方法都要高得多。拉削加工时的切削速度一般并不高，但是由于拉刀是多齿刀具，同时参加工作的刀齿数较多，总的切削宽度大；并且拉刀的一次行程就能够完成粗加工、半精加工和精加工，基本工艺时间和辅助时间大大缩短，所以生产率较高。在大量或成批生产时，成本较低，特别是加工大批特殊形状的孔或外表面时，效率更加显著。

3）拉削可以获得较高的加工质量。拉刀为定尺寸刀具，具有校准齿进行校准、修光工作，拉床采用液压系统，传动平稳；拉削速度低（$v_c = 2 \sim 8 \mathrm{m/min}$），不会产生积屑瘤，因此拉削加工质量好，精度可达 IT8～IT7 级，表面粗糙度可达 $Ra1.6 \sim 0.4\mu m$。

4）拉刀使用寿命长。由于拉削时切削速度低、切削厚度小，在每次拉削过程中，每个刀齿只切削一次，工作时间短，拉刀磨损慢，刃磨一次，可以加工数以千计的工件，拉刀刀齿磨钝后，还可重磨几次。

5）拉削属于封闭式切削，容屑、排屑和散热均较困难。如果切屑堵塞容屑空间时，不仅会恶化加工表面质量，损坏刀齿，严重的还会造成拉刀断裂。因此，应重视对切屑的妥善处理。通常在切削刃上磨出分屑槽，并给出足够的齿间容屑空间及合理的容屑槽形状，以便切屑自由卷曲。

6）拉刀制造复杂，成本高。一把拉刀只适用于加工一种规格尺寸的型孔或槽，因此，拉削主要适用于大批大量生产和成批生产中。

11.2.3　拉床

按加工表面所处位置，拉床可分为内拉床和外拉床；按结构和布局形式，拉床又可分为立式拉床、卧式拉床、连续式（链条式）拉床等。拉床的主参数为机床的最大额定拉力。由于拉床所需拉力较大，速度变化范围也较大，所以大多数拉床采用容积调速液压系统传动，适用于大功率传动。

1. 卧式内拉床

卧式内拉床用于加工内表面，如图 11-16 所示。床身 1 内部在水平方向装有液压缸 2，由高压变量液压泵供给压力油驱动活塞，通过活塞杆带动拉刀沿水平方向移动，对工件进行加工。工件在加工时，以其端平面紧贴靠在支撑座 3 的平面上（或用夹具装夹）。拉刀尾部支架 5（也称护送夹头）及滚柱 4 用于支承拉刀。开始拉削前，拉刀尾部支架 5 及滚柱 4 向左移动，将拉刀穿过工件预制孔，并将拉刀左端柄部插入拉刀夹头。加工时，滚柱 4 下降不起作用。

拉床的主要参数是额定拉力，如 L6120 型卧式内拉床的额定拉力为 200kN。

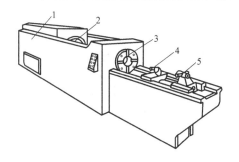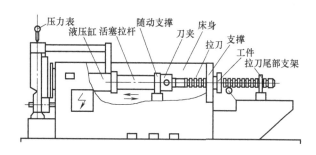

图 11-16　卧式内拉床
1—床身　2—液压缸　3—支撑座　4—滚柱　5—拉刀尾部支架

2. 立式拉床

立式拉床根据用途可分为立式内拉床（用拉刀或推刀加工工件的内表面）和立式外拉床（用外拉刀拉削工件的外表面）两类。

3. 连续式拉床

图 11-17 所示是连续式拉床的工作原理。链条上装有多个夹具6。工件在位置 A 被装夹在夹具中，经过固定在上方的拉刀3时进行拉削加工，此时夹具沿床身上的导轨2滑动。夹具6移动至 B 处即自动松开，工件落入成品收集箱5内。这种拉床由于连续进行加工，因而生产率高，常用于大批量生产中加工小型零件的外表面，如汽车、拖拉机连杆的连接及半圆凹面等。

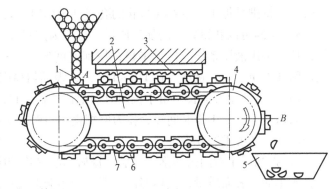

图 11-17　连续式拉床的工作原理
1—工件　2—导轨　3—拉刀　4—链轮
5—成品收集箱　6—夹具　7—链条

拉削时，拉刀作平稳的低速直线运动，拉刀承受的切削力很大。

11.2.4　拉刀

拉削质量和拉削精度主要依靠拉刀的结构和制造精度来保证。

1. 拉刀的种类

（1）按加工表面分类　按被加工表面的位置，拉刀可分为内拉刀和外拉刀，如图 11-18 所示。

（2）按结构分类　按拉刀结构，拉刀可分为整体拉刀、焊接拉刀、装配拉刀和镶齿拉刀。

（3）按使用方法分类　按拉刀的使用方法，拉刀可分为拉刀和推刀。推刀是在推力的作用下工作，主要用于校正与修光硬度低于 45HRC 且变形量小于 0.1mm 的孔。推刀与拉刀结构相似，它的齿数小，长度短。

2. 拉刀的组成

拉刀的种类很多，结构也各不相同，但其组成部分却基本相同。现以圆孔拉刀为例介绍拉刀的结构及其作用，如图 11-19 所示。

（1）前柄部　它是拉刀与机床的连接部分，用于夹持拉刀、传递动力，也称头部。

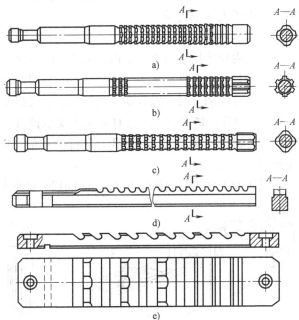

图 11-18　各种内拉刀和外拉刀
a）圆拉刀　b）花键拉刀　c）四方拉刀
d）键槽拉刀　e）平面拉刀

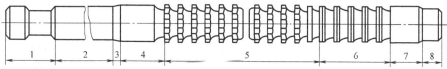

图 11-19　普通圆孔拉刀的组成

1—前柄部　2—颈部　3—过渡锥　4—前导部　5—切削部　6—校准部　7—后导部　8—后颈部

（2）颈部　它是前柄部和过渡锥之间的连接部分，此处可以做标记。

（3）过渡锥　它是颈部与前导部之间的锥度部分，起对准中心的作用，使拉刀易于进入工件孔。

（4）前导部　它用于引导拉刀的切削齿正确地进入工件孔，可防止刀具进入工件孔后发生歪斜。

（5）切削部　它担任切削工作，切除工件上全部的切削余量，由粗切齿、过渡齿和精切齿组成。

（6）校准部　它用于校正孔径、修光孔壁。

（7）后导部　它用于保证拉刀最后的正确位置，防止拉刀即将离开工件时，工件下垂而损坏已加工的表面。

（8）后颈部　如果拉刀太长，还可以在后导部后面加一个尾部，即后颈部，以便支承拉刀。后颈部可用作大型拉刀的后支承，防止拉刀下垂。

3. 拉刀的结构要素

（1）齿升量 α_f　它是指前后两相邻刀齿（或两组刀齿）的高度差（或半径差）。同廓式圆孔拉刀的齿升量是相邻两个刀齿半径之差。轮切式圆孔拉刀的齿升量是相邻两组刀齿半径之差。

（2）圆孔拉刀刀齿的直径　拉刀上第一个刀齿的直径等于预加工的公称直径，应使其没有齿升量，目的是防止在预加工孔径偏小时，不致因负荷太大而使第一刀齿过早磨损或损坏。从第二个刀齿开始，各刀齿的直径按齿升量依次递增。最后一个刀齿的直径应等于校准齿的直径。

对于拉刀的各结构参数（如齿升量、前角、后角、容屑槽、齿距等），应根据拉刀类型、切屑方式等来合理选择（可查阅刀具设计手册）。

11.2.5　拉削方式

拉削方式是指拉刀把加工余量从工件表面切下来的方式。它决定每个刀齿切下的切削层的截面形状，即所谓拉削图形。拉削方式选择得恰当与否，直接影响到刀齿负荷的分配、拉刀的长度、切削力的大小、拉刀的磨损和寿命，以及加工表面质量和生产率。

拉削时，从工件上切除加工余量的顺序和方式有分层拉削和分块拉削两大类。分层拉削包括同廓式和渐成式两种，分块拉削目前常用的有轮切式和综合轮切式。

1. 分层拉削法

（1）同廓式拉削法　按同廓式拉削法设计的拉刀，各刀齿的廓形与被加工表面的最终形状一致。它们一层层地切去加工余量，最后由拉刀的最后一个刀齿和校准齿切出工件的最终尺寸和表面，如图 11-20 所示。采用这种拉削方式能达到较小的表面粗糙度值。但由于每个刀齿的切削层宽而薄，单位拉削力大，且需要较多的刀齿才能把余量全部切除，拉刀较长，刀具成本高，生产率低，不适用于加工带硬皮的工件。

（2）渐成式拉削法　按渐成式拉削法设计的拉刀，各刀齿制成简单的直线或圆弧，它们一般与加工表面的最终形状不同，被加工表面的最终形状和尺寸是由各刀齿切出的表面连接而成的，如图11-21所示。这种拉刀制造成本比较低，但它不仅具有同廓式拉刀同样的缺点，而且加工出的工件表面质量较差。

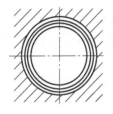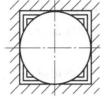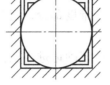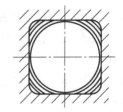

图11-20　同廓式拉削法　　　　　　　　　图11-21　渐成式拉削法

2. 分块式拉削法

（1）轮切式拉削法　拉刀的切削部分由若干齿组组成。每个齿组中有2～5个刀齿，它们的直径相同，共同切下加工余量中的一层金属，每个刀齿仅切除一层中的一部分。如图11-22a所示为三个刀齿列为一组的轮切式拉刀刀齿的结构与拉削图形。前两个刀齿1和2无齿升量，在切削刃上磨出交错分布的大圆弧分屑槽，切削刃也呈交错分布。最后一个刀齿3呈圆环形，不磨出大圆弧分屑槽，但为了避免第三个刀齿切小整圈金属，其直径应较同组其他刀齿直径略小。

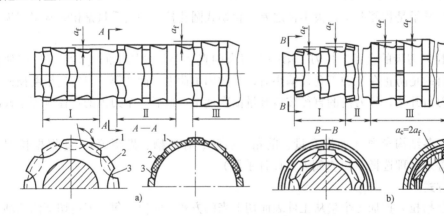

图11-22　分块式拉削法
a）轮切式　b）综合轮切式

轮切式拉削法与分层拉削法比较，它的优点是每一个刀齿上参加工作的切削刃的宽度较小，但切削厚度较分层拉削法要大得多。因此，虽然每层金属要有一组（2或3个）刀齿去切除，但由于切削厚度要比分层拉削方式大2～10倍，所以在同一拉削用量下，所需刀齿的总数减少了许多，拉刀长度大大缩短，不仅节省了贵重的刀具材料，生产率也大为提高。在刀齿上分屑槽的转角处，强度高、散热良好，故刀齿的磨损量也较小。

轮切式拉刀主要适用于加工尺寸大、余量多的内孔，并可以用来加工带有硬皮的铸件和锻件。但轮切式拉刀的结构较复杂，拉削后工件的表面粗糙度值较大。

（2）综合轮切式拉削法　综合轮切式拉刀集中了同廓式与轮切式的优点，粗切齿制成轮切式结构，精切式则采用同廓式结构，这样既缩短了拉刀长度，提高了生产率，又能获得较好的工件表面质量。图 11-22b 所示为综合轮切式拉刀刀齿的结构与拉削图形。拉刀上粗切齿Ⅰ与过渡齿Ⅱ采用轮切式刀齿结构，各齿均有较大的齿升量。过渡齿齿升量逐渐减小。精切齿Ⅲ采用同廓式刀齿的结构，其齿升量较小。校正齿Ⅳ无齿升量。

综合轮切式拉刀刀齿齿升量分布较合理，拉削较平稳，加工表面质量高；但综合轮切式拉刀的制造较困难。

11.2.6　拉削加工方法

1. 工件的定位

拉削时，工件可直接以其端面紧靠支撑座定位，也可采用球面垫圈定位，如图 11-23 所示。

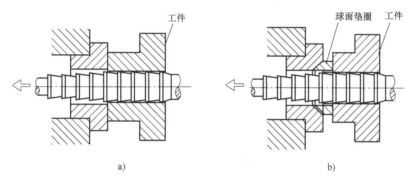

图 11-23　工件的定位
a）直接在支撑座上定位　b）采用球面垫圈定位

2. 拉削过程

拉削一次行程可切除被加工表面的全部余量，获得所要求的加工表面。

3. 拉削加工注意事项

1）拉削普通结构钢、铸铁及有色金属工件时，一般粗拉削速度为 3～7m/min，精拉削速度应小于 3m/min。

2）拉刀用完后应垂直悬挂，严防与其他金属物相碰。拉削中要经常注意拉床的压力表指针的变化情况，若发现表针直线上升，应立即停机检查。

11.3　珩磨

11.3.1　珩磨加工的范围

珩磨是利用带有磨条（油石）的珩磨头对孔进行精整、光整加工的方法，主要用于通孔、不通孔和深孔等的超精加工，在磨削或精镗后进行，是最后一道工序。珩磨适用于大批量生产，可以获得很高的尺寸精度和形状精度，珩磨孔的尺寸精度可以达到 IT6 级，圆度和圆柱度可达 0.003～0.005mm，表面粗糙度值通常为 $Ra0.63～0.04\mu m$，有时可达 $Ra0.02～0.01\mu m$ 的镜面表面。

珩磨的应用范围很广，可加工铸铁件、淬硬和不淬硬的钢件以及青铜等。由于珩磨加工的孔径为 $\phi 5 \sim \phi 500 mm$，也可加工 $L/D > 10$ 的深孔，因此广泛应用于加工发动机的气缸、液压装置的液压缸以及各种炮筒的孔。但珩磨不适于加工易堵塞油石的塑性较大的有色金属工件上的孔，也不能加工带键槽的孔、内花键等断续表面。

11.3.2　珩磨加工的原理

1. 珩磨头

珩磨孔的工具称为珩磨头，图 11-24 所示是一种最简单的珩磨头，将磨条 2（珩磨油石）用粘结剂粘结或用机械方法装夹在特制的珩磨头上，由珩磨机床主轴带动珩磨头做旋转和上下往复运动，通过调整进给胀锥 3 和顶销，使磨条 2 胀出或收缩以调整工作尺寸，并向孔壁施加一定的压力以做进给运动，实现珩磨加工。这种结构的磨头生产率低，操作麻烦，而且不易保证对孔壁压力的恒定。大批量生产中广泛采用自动调节压力的气动、液压珩磨头。

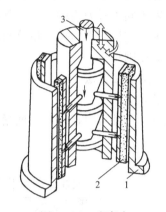

图 11-24　珩磨头
1—工件　2—磨条　3—进给胀锥

珩磨头与珩磨机主轴一般采用浮动连接，或采用刚性连接但配以浮动夹具，这样可以减少珩磨机主轴回转中心与被加工孔的同轴度误差对珩磨质量的影响。

2. 珩磨原理及特点

珩磨是低速大面积接触的磨削加工，与磨削原理基本相同。珩磨所用的磨具是由几根粒度很细的油石条组成的珩磨头。珩磨时，工件固定不动，珩磨头的油石有三种运动，旋转和往复直线运动是珩磨的主要运动，它们的组合使油石上的磨粒在孔的内表面上切除一层极薄的材料，切削轨迹是交叉而不重复的网纹，如图 11-25b 所示。径向加压运动是油石的进给运动，施加压力越大，进给量就越大。为使砂条磨粒的运动轨迹不重复，珩磨头回转运动的每分钟转数与珩磨头每分钟往复行程数应互成质数。

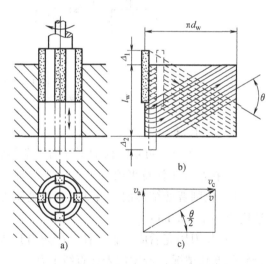

图 11-25　珩磨原理
a）成形运动　b）砂条磨削轨迹展开图　c）合成速度

为使油石能与孔表面均匀地接触，能切去小而均匀的加工余量，珩磨是以被加工孔本身定位，珩磨头相对工件有小量的浮动，珩磨头与机床主轴是浮动连接。因此，珩磨加工只能提高内孔的尺寸精度和表面粗糙度，不能修正孔的位置精度和孔的直线度，孔的位置精度和孔的直线度应在珩磨前的工序给予保证。珩磨的切削速度较低（一般在 100m/min 以下，仅为普通磨削的 1/30 ~ 1/100），要加注大量的切削液。

薄壁孔和刚性不足的工件或较硬的工件表面，用珩磨进行光整加工不需复杂的设备与工装，操作方便。

11.4　研磨

11.4.1　研磨加工的范围

研磨是利用研磨工具（以下简称研具）和工件的相对运动在研磨剂的作用下对工件进行切削加工的光整加工方法，是精密和超精密零件加工的主要方法之一。研磨的加工范围很广，零件的内、外圆表面，平面，圆锥面，斜面，螺纹面，齿轮的齿面以及其他特殊形状的表面均可以采用此种方法进行加工。

11.4.2　研磨加工的原理

研磨时，零件与研具没有强制的相对滑动或滚动，在它们之间加入研磨剂，研磨剂中游离的磨料对零件进行微切削。研磨剂的化学作用使工件表面生成易被磨削的氧化膜，加速研磨过程，零件的凸峰不断被磨平，凹面由于吸附了薄膜，产生了保护作用，因此不易被氧化且很难研掉。研磨加工是在机械、化学联合作用下，对工件表面进行的光整加工。

1. 物理作用

研磨时，预先将磨料压嵌在研具上进行嵌砂研磨，称为干研，如图 11-26 所示；若在研具或工件表面上涂敷研磨剂（研磨剂是磨料和辅料调和而成的混合物）进行敷砂研磨，称为湿研，如图 12-27 所示。磨料在研具表面构成了一种半固定或浮动的"多切削刃"的基体。当研具与工件作相对运动，对任意一方施加一定的压力时，介于两者之间的磨料借助研具的精确型面，即以其"多切削刃"对工件进行切削，从而使工件逐渐得到较高的几何形状、位置和尺寸精度以及表面质量。

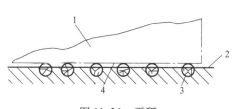
图 11-26　干研
1—工件　2—研具　3—磨料　4—硬脂

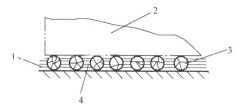
图 11-27　湿研
1—研具　2—工件　3—磨料　4—辅料

2. 化学作用

研磨剂中添加的质量分数为 2.5% 左右的氧化铬、硬脂等物质吸附在工件金属表面，在空气中能很快地生成氧化膜。这层氧化膜很容易被研磨掉，而新的金属表面又很快地生成新的氧化膜。

研磨中研具和工件之间起着相互对照、相互纠正、相互切削的作用，使尺寸精度和形状精度都能达到很高的程度。

练习与思考

11-1　螺纹加工方法有哪些？试分析各加工方法的特点和应用。

11-2　攻螺纹前，底孔直径是否等于螺纹内径？为什么？

11-3　用计算法确定下列螺纹攻螺纹前钻孔直径及深度：①在钢料上攻 M18 × 2、有效深度为 40mm 的螺纹；②在铸铁上攻 M12 × 1、有效深度为 30mm 的螺纹。

11-4　用计算法确定在钢件上套 M16 螺纹时，圆杆的直径为多大？

11-5　丝锥的结构由哪些部分组成？

11-6　拉床分为几类？拉床的主参数是指什么？试述拉床的工作运动。

11-7　拉削有哪些特点？拉削加工适用于什么场合？

11-8　拉削方式有几种？每种方式各具备什么优缺点及适用范围？

11-9　拉削时，常见的工件定位方式有哪几种？

11-10　试分析珩磨、研磨的原理和适用场合。

附　　录

附录 A　金属切削机床的类、组划分表

类别 \ 组别	0	1	2	3	4	5	6	7	8	9
车床 C	仪表小型车床	单轴自动、半自动车床	多轴自动、半自动车床	回轮、转塔车床	曲轴及凸轮轴车床	立式车床	落地及卧式车床	仿形及多刀车床	轮、轴、辊、锭及铲齿车床	其他车床
钻床 Z	—	坐标镗钻床	深孔钻床	摇臂钻床	台式钻床	立式钻床	卧式钻床	铣钻床	中心孔钻床	其他钻床
镗床 T	—	—	深孔镗床	—	坐标镗床	立式镗床	卧式铣镗床	精镗床	汽车、拖拉机修理用镗床	其他镗床
磨床 M	仪表磨床	外圆磨床	内圆磨床	砂轮机	坐标磨床	导轨磨床	刀具刃磨床	平面及端面磨床	曲轴、凸轮轴、花键轴及轧辊磨床	工具磨床
磨床 2M	—	超精机	内圆珩磨机	外圆及其他珩磨机	抛光机	砂带抛光及磨削机床	刀具刃磨及研磨机床	可转位刀片磨削机床	研磨机	其他磨床
磨床 3M	—	球轴承套圈沟磨床	滚子轴承套圈滚道磨床	轴承套圈超精机	—	叶片磨削机床	滚子加工机床	钢球加工机床	气门、活塞及活塞环磨削机床	汽车、拖拉机修磨机床
齿轮加工机床 Y	仪表齿轮加工机	—	锥齿轮加工机	滚齿及铣齿机	剃齿及珩齿机	插齿机	花键轴铣床	齿轮磨齿机	其他齿轮加工机	齿轮倒角及检查机
螺纹加工机床 S	—	—	—	套丝机	攻丝机	螺纹铣床	螺纹磨床	螺纹车床	—	—
铣床 X	仪表铣床	悬臂及滑枕铣床	龙门铣床	平面铣床	仿形铣床	立式升降台铣床	卧式升降台铣床	床身铣床	工具铣床	其他铣床
刨插床 B	—	悬臂刨床	龙门刨床	—	—	插床	牛头刨床	—	边缘及模具刨床	其他刨床
拉床 L	—	—	侧拉床	卧式外拉床	连续拉床	立式内拉床	卧式内拉床	立式外拉床	键槽、轴瓦及螺纹拉床	其他拉床
锯床 G	—	—	砂轮片锯床	—	卧式带锯床	立式带锯床	圆锯床	弓锯床	锉锯床	—
其他机床 Q	其他仪表机床	管子加工机床	木螺钉加工机	—	刻线机	切断机	多功能机床	—	—	—

267

附录B 常用金属切削机床的组、系代号及主参数

类	组	系	机 床 名 称	主参数的折算系数	主 参 数	第二主参数
车床	1	1	单轴纵切自动车床	1	最大棒料直径	—
		2	单轴横切自动车床	1	最大棒料直径	—
		3	单轴转塔自动车床	1	最大棒料直径	—
	2	1	多轴棒料自动车床	1	最大棒料直径	轴数
		2	多轴卡盘自动车床	1/10	卡盘直径	轴数
		6	立式多轴半自动车床	1/10	最大车削直径	轴数
	3	0	回轮车床	1	最大棒料直径	—
		1	滑鞍转塔车床	1/10	卡盘直径	—
		3	滑枕转塔车床	1/10	卡盘直径	—
	4	1	曲轴车床	1/10	最大工件回转直径	最大工件长度
		6	凸轮轴车床	1/10	最大工件回转直径	最大工件长度
	5	1	单柱立式车床	1/100	最大车削直径	最大工件高度
		2	双柱立式车床	1/100	最大车削直径	最大工件高度
	6	0	落地车床	1/100	最大工件回转直径	最大工件长度
		1	卧式车床	1/10	床身上最大回转直径	最大工件长度
		5	球面车床	1/10	刀架上最大回转直径	最大工件长度
	7	1	仿形车床	1/10	刀架上最大车削直径	最大车削长度
		5	多刀车床	1/10	刀架上最大车削直径	最大车削长度
	8	4	轧辊车床	1/10	最大工件直径	最大工件长度
		9	铲齿车床	1/10	最大工件直径	最大模数
钻床	1	3	立式坐标镗钻床	1/10	工作台面宽度	工作台面长度
	2	1	深孔钻床	1/10	最大钻孔直径	最大钻孔深度
	3	0	摇臂钻床	1	最大钻孔直径	最大跨距
		1	万向摇臂钻床	1	最大钻孔直径	最大跨距
	4	0	台式钻床	1	最大钻孔直径	—
	5	0	圆柱立式钻床	1	最大钻孔直径	—
		1	方柱立式钻床	1	最大钻孔直径	—
		2	可调多轴立式钻床	1	最大钻孔直径	轴数
	8	1	中心孔钻床	1/10	最大工件直径	最大工件长度
		2	平端面中心孔钻床	1/10	最大工件直径	最大工件长度

（续）

类	组	系	机床名称	主参数的折算系数	主参数	第二主参数
镗床	4	1	立式单柱坐标镗床	1/10	工作台面宽度	工作台面长度
		2	立式双柱坐标镗床	1/10	工作台面宽度	工作台面长度
		5	卧式坐标镗床	1/10	工作台面宽度	工作台面长度
	6	1	卧式镗床	1/10	镗轴直径	—
		2	落地镗床	1/10	镗轴直径	—
	7	1	双面卧式精镗床	1/10	工作台面宽度	工作台面长度
磨床	0	4	抛光机	—	—	—
		6	刀具磨床	—	—	—
	1	0	无心外圆磨床	1	最大磨削直径	—
		3	外圆磨床	1/10	最大磨削直径	最大磨削长度
		4	万能外圆磨床	1/10	最大磨削直径	最大磨削长度
	2	1	内圆磨床	1/10	最大磨削孔径	最大磨削深度
		5	立式行星内圆磨床	1/10	最大磨削孔径	最大磨削深度
	3	0	落地砂轮机	1/10	最大砂轮直径	—
	5	2	龙门导轨磨床	1/100	最大磨削宽度	最大磨削长度
	6	0	万能工具磨床	1/10	最大回转直径	最大工件长度
	7	1	卧轴矩台平面磨床	1/10	工作台面宽度	工作台面长度
		3	卧轴圆台平面磨床	1/10	工作台面直径	—
		4	立轴圆台平面磨床	1/10	工作台面直径	—
	8	2	曲轴磨床	1/10	最大回转直径	最大工件长度
	9	0	曲线磨床	1/10	最大磨削长度	
齿轮加工机床	2	2	弧齿锥齿轮铣齿机	1/10	最大工件直径	最大模数
	3	1	滚齿机	1/10	最大工件直径	最大模数
		6	卧式滚齿机	1/10	最大工件直径	最大模数
	4	2	剃齿机	1/10	最大工件直径	最大模数
		6	珩齿机	1/10	最大工件直径	最大模数
	5	1	插齿机	1/10	最大工件直径	最大模数
	6	0	花键轴铣床	1/10	最大铣削直径	最大铣削长度
	7	0	碟形砂轮磨齿机	1/10	最大工件直径	最大模数
	8	1	齿轮挤齿机	1/10	最大工件直径	最大模数
	9	3	齿轮倒角机	1/10	最大工件直径	最大模数
螺纹加工机床	3	0	套丝机	1	最大套螺纹直径	—
	4	8	卧式攻丝机	1/10	最大攻螺纹直径	轴数
	6	0	丝杠铣床	1/10	最大铣削直径	最大铣削长度
	7	4	丝杠磨床	1/10	最大工件直径	最大工件长度
	8	6	丝杠车床	1/100	最大工件长度	
	8	9	多头螺纹车床	1/10	最大工件直径	最大车削长度

（续）

类	组	系	机床名称	主参数的折算系数	主 参 数	第二主参数
铣床	2	0	龙门铣床	1/100	工作台面宽度	工作台面长度
	3	1	立式平面铣床	1/100	工作台面宽度	—
	5	0	立式升降台铣床	1/10	工作台面宽度	工作台面长度
	6	0	卧式升降台铣床	1/10	工作台面宽度	工作台面长度
		1	万能升降台铣床	1/10	工作台面宽度	工作台面长度
	8	1	万能工具铣床	1/10	工作台面宽度	工作台面长度
	9	2	键槽铣床	1	最大键槽宽度	—
刨插床	2	0	龙门刨床	1/100	最大刨削宽度	最大刨削长度
	5	0	插床	1/10	最大插削长度	—
	6	0	牛头刨床	1/10	最大刨削长度	—
	8	8	模具刨床	1/10	最大刨削长度	最大刨削宽度
拉床	3	1	卧式外拉床	1/10	额定拉力	最大行程
	4	3	连续拉床	1/10	额定拉力	—
	5	1	立式内拉床	1/10	额定拉力	最大行程
	6	1	卧式内拉床	1/10	额定拉力	最大行程
	7	1	立式外拉床	1/10	额定拉力	最大行程
	9	1	气缸体平面拉床	1/10	额定拉力	最大行程
锯床	5	1	立式带锯床	1/10	最大锯削厚度	—
	6	0	卧式圆锯床	1/100	最大圆锯片直径	—
	7	1	夹板卧式弓锯床	1/10	最大锯削直径	—
其他机床	1	6	管接头车螺纹机	1/10	最大加工直径	—
	2	1	木螺钉螺纹加工机	1	最大工件直径	最大工件长度
	4	0	圆刻线机	1/100	最大加工长度	

参考文献

[1] 郑惠萍. 镗工 [M]. 北京：化学工业出版社，2006.

[2] 机械工业职业技能鉴定指导中心. 镗工技术 [M]. 北京：机械工业出版社，2004.

[3] 李秀智. 工件钻削与镗削速算 [M]. 北京：机械工业出版社，2007.

[4] 韩洪涛. 机械加工设备及工装 [M]. 北京：高等教育出版社，2004.

[5] 杨峻峰. 镗工操作技术要领图解 [M]. 济南：山东科学技术出版社，2005.

[6] 吴国梁. 镗工实用技术手册 [M]. 南京：江苏科学技术出版社，2007.

[7] 徐鸿本. 磨削加工禁忌实例 [M]. 北京：机械工业出版社，2007.

[8] 康志威. 磨工现场操作技能 [M]. 北京：国防工业出版社，2007.

[9] 薛源顺. 磨工（中级）[M]. 北京：机械工业出版社，2006.

[10] 李庆令，庄汝浩. 磨工问答 [M]. 武汉：湖北科学技术出版社，1994.

[11] 焦小明，孙庆群. 机械加工技术 [M]. 北京：机械工业出版社，2005.

[12] 胡家富. 铣工（初级）[M]. 北京：机械工业出版社，2006.

[13] 胡家富. 铣工（高级）[M]. 北京：机械工业出版社，2006.

[14] 胡家富. 铣工技能 [M]. 北京：机械工业出版社，2007.

[15] 倪为国，潘延华. 铣削刀具技术及应用实例 [M]. 北京：化学工业出版社，2007.

[16] 聂建武. 金属切削与机床 [M]. 西安：西安电子科技大学出版社，2006.

[17] 陈文. 刨工操作技术要领图解 [M]. 济南：山东科学技术出版社，2005.

[18] 李华. 机械制造技术 [M]. 北京：高等教育出版社，2005.

[19] 梁燕飞，潘尚峰，王景先. 机械基础 [M]. 北京：清华大学出版社，2005.

[20] 刘杰华，任昭蓉. 金属切削与刀具实用技术 [M]. 北京：国防工业出版社，2006.

[21] 杨俊峰. 机床及夹具 [M]. 北京：清华大学出版社，2005.

[22] 徐小国. 机加工实训 [M]. 北京：北京理工大学出版社，2006.

[23] 李秀智. 工件刨削、插削及拉削速算 [M]. 北京：机械工业出版社，2007.

[24] 机械工业部. 初级车工工艺学 [M]. 北京：机械工业出版社，2007.

[25] 蒋森春，王雅洁. 机械加工基础入门 [M]. 北京：机械工业出版社，2006.

[26] 机械工业职业教育研究中心. 车工技能实战训练 [M]. 北京：机械工业出版社，2007.

[27] 机械工业职业教育研究中心. 磨工技能实战训练 [M]. 北京：机械工业出版社，2004.

[28] 杨柳青. 机械加工常识 [M]. 北京：机械工业出版社，2003.

[29] 金禧德. 金工实习 [M]. 北京：高等教育出版社，1995.

[30] 杜可可. 机械制造技术基础 [M]. 北京：人民邮电出版社，2007.

[31] 陈根琴. 金属切削加工方法与设备 [M]. 北京：人民邮电出版社，2008.

[32] 何七荣. 机械制造方法与设备 [M]. 北京：中国人民大学出版社，2000.

[33] 刘守勇. 机械制造工艺与机床夹具 [M]. 2版. 北京：机械工业出版社，2000.

[34] 明立军，文恒钧. 车工实训教程 [M]. 北京：机械工业出版社，2009.

[35] 王岩. 铣工（中级）[M]. 北京：机械工业出版社，2010.